工业企业生产现场管理

孙海身　祝丽华　唐守层 ◎ 主　　编
有色金属工业人才中心 ◎ 组织编写

中南大学出版社
www.csupress.com.cn
·长沙·

编 委 会

◇ **主 任**

谢承杰　徐运国

◇ **副主任**

宋　凯　赵丽霞

◇ **委 员**

刘九青　任清华　徐　征　高鸿斌

胡拥军　张学河

◇ **主 编**

孙海身　祝丽华　唐守层

◇ **副主编**

亓俊杰　卢　瑛　谢娟娟　胡卓民

◇ **参 编**

王　丽　郑　冬　卢　萍　罗　希

郝云柱　杨　璐　陈昱玲　李雅轩

杜　皎　孙立辉　许　毅　宋　健

孟宪超

前言

Foreword

工业企业生产现场管理是指用科学的管理制度、标准和方法对生产现场各生产要素，包括人(工人和管理人员)、机(设备、工具)、料(原材料)、法(加工、检测方法)、环(环境)等进行合理有效的计划、组织、协调、控制和检测，使其处于良好的结合状态，达到优质、高效、低耗、均衡、安全、文明生产的目的。

本书围绕工业企业生产现场管理实际，紧扣立德树人根本任务，顺应有色金属、化工及钢铁行业发展趋势和生产现场管理的发展方向，总结提炼相关行业工业企业生产现场管理经验，以提升班组长生产现场管理水平为目标，设计教学模块与内容。让学生对企业生产现场管理进行系统学习，熟悉工业企业的生产场景、工作要求、技能要求，帮助学生建立工作思维模式，拓宽知识体系，掌握解决现场问题的方法工具，为今后走向工作岗位打基础。

本书内容设计本着全面、够用、实用原则，涵盖工业企业生产现场所需管理知识与技能，通过引入实例，增强学生学习兴趣，提高学生利用技能知识和管理工具解决问题的能力。本书既可作为职业院校教学用书，又可作为企业员工入职培训教材。全书共有12个模块，分别为：初识管理、班组管理基础、数据化管理工具、生产现场管理、质量管理、现场成本管理、现场安全管理、现场设备管理、现场文明生产管理、班组建设基础、新时代企业班组建设、班组绩效管理。每个模块包括学习目标、职业能力目标、学习小结、课后拓展等部分。

本书由有色金属工业人才中心组织编写。乐山职业技术学院王丽编写第1模块，湖南有色金属职业技术学院唐守层编写第2模块，莱芜职业技术学院卢瑛编写第3模块，兰州资源环境职业技术大学郑冬编写第4、5模块，莱芜职业技术学院亓俊杰编写第6、9模块，昆明冶金高等专科学校卢萍编写第7模块，莱芜职业技术学院孙海身编写第8、11模块，湖南有色金属职业技术学院谢娟娟、胡卓民编写第10、12模块。有色金属工业人才中心祝丽华、莱芜职业技术学院孙海身编写前言，负责策划、统稿，有色金属工业人才中心刘九青、郝云柱、杨璐、李雅轩、陈昱玲、常琳佳、广东建设职业技术学院罗希、莱芜职业技术学院杜皎参与校核。在编写过程中，谢承杰、徐运国、宋凯、赵丽霞给予了大量指导与帮助。

由于编者水平所限，教材中不足之处在所难免，恳请读者批评指正。

目录
Contents

模块一

初识管理

单元一　管理基础知识

案例引入

1.1　管理的内涵

　　管理学发展到今天产生了许多管理理论学派和代表人物，到目前为止管理学的各个流派对管理的定义其实还没有一个统一的认识。尽管不同的学者对管理从不同的角度有不同的定义，但管理的内涵有以下几个特点：

　　(1)管理是人类有意识、有目的的活动。管理的目的首先是通过群体的力量实现组织目标。同时管理也要十分关注实现组织中每个人的发展和实现组织的社会责任。

（2）管理应当是有效的。管理不仅要有较高的效率，还要有较好的效果。即不仅要正确做事，而且要力争做正确的事，这样才能又好又快地做事。

（3）管理的本质是协调。协调包括两个方面的内容：一是组织内部各种有形和无形资源之间的协调，使其组成一个有机整体，生成强大的竞争能力；二是组织与外部环境的协调。

（4）协调是运用各种管理职能的过程。在管理学范畴内就是运用计划、组织、指挥、控制等管理职能的过程。

综上所述，管理是指通过计划、组织、指挥、协调、控制及创新等手段，整合人力、物力、财力、信息、技术等资源，以期高效地达成组织目标的过程性活动。

管理一词来源

1.2　管理的属性

1.2.1　管理的自然属性

管理是一种不随个人意识和社会意识的变化而变化的客观存在。它是一种对人、财、物、信息等资源加以整合与协调的必不可少的过程；它是社会劳动的必然要求，资源的整合利用与人的分工协作都离不开管理；管理有着很多客观规律，管理活动只有尊重和利用这些规律才能取得成效。因此，管理也是一种生产力，管理的自然属性也称为管理的生产力属性。

管理的发展阶段及主要理论

1.2.2　管理的社会属性

管理是协调社会组织关系和人与人关系的活动，任何管理活动都是在特定的社会生产关系下进行的，都必然地要体现一定社会生产关系的特定要求，为特定的社会生产关系服务，从而实现其调节和维护社会生产关系的职能。所以，管理的社会属性也叫作管理的生产关系属性。

1.2.3　管理的科学属性

管理的科学属性体现在其客观性、普遍性、可量化性、可预测性上。首先，管理学是从客观实际出发，研究人类社会中各种组织的管理活动及其规律性的学科。这些规律是客观存在的，不受主观意志影响，也不因时空的变迁而改变。其次，管理要讲程序和逻辑，科学的逻辑在管理活动中表现为一种严格的程序化操作，程序性是管理活动的一个重要特征。这种程序性首先体现在管理流程的设计中，然后体现在具体的操作工艺中。最后，管理能够通过量化分析和实证研究来揭示事物的本质和规律，在管理领域，可以通过数据收集、模型构建和统计分析等方法，对组织的运行状况进行精准描述和预测，让管理决策科学合理有效。

1.2.4　管理的艺术属性

管理的艺术属性是指管理在运用时具有较大的技巧性、创造性和灵活性，很难用陈规或原理把它禁锢起来，它具有很强的实践性。学校是培养不出"成品"经理的。随着社会的不断发展和进步，管理的艺术属性将会得到更深入的挖掘和应用。

1.3　管理的要素

管理的要素是指管理系统的构成因素，通常也称为管理系统的资源。管理的要素有不同的分类方法。

1.3.1　从系统上分

管理从系统上分为五大要素：

管理主体：行使管理权力的组织或个人，有政府部门和业务部门等。

管理客体：管理主体所辖范围内的一切对象，包括人群、物质、资金、科技和信息 5 类，人群为基本。

管理目标：管理主体预期要达到的新境界，是管理活动的出发点和归宿点，要反映上级领导机关和下属人员的意志。

管理方法：管理主体对管理客体发生作用的途径和方式，包括行政方法、经济方法、法律方法和思想教育方法。

管理理论：形成的一套系统化的知识体系和实践指导工具。

1.3.2　从内容上分

管理从内容上分为十大要素：

人员：是管理中最基本、最活跃的要素，包含企业决策层、中层、执行层在内的所有人员，为充分发挥人力资源的效能，形成了专门的人力资源管理技术和知识。

资金：是管理的关键要素。资金是企业组织的血液，为最大限度地充分发挥资金的使用价值，形成了专门的投资管理、财务管理技术和知识。

物资：是管理的基础要素，包含厂房、设备、材料等，为最大限度地提高物资的使用效率，形成了专门的物资管理技术和知识。

文化：是管理的软件要素，是企业竞争的软实力，它关乎企业的运营、管理、品牌形象以及员工的成长和发展。

技术：是管理的硬件要素，是企业核心竞争的硬实力，由企业的科技创新实力、装备先进性、企业的自动化水平、智能化水平等组成，形成了专业的技术管理、知识产权管理、设备管理技术和知识。

信息：是管理的软件要素。随着网络信息、大数据的广泛应用，信息资源在企业管理中成为重要的管理资源要素，形成了专业的信息管理技术和知识。

时间：是管理的软件要素。常说的时间就是金钱充分说明了企业的时间进度管理是重要的管理内容，形成了专业的时间管理技术和知识。

组织：是管理的职能要素。如何设计符合企业需求的机构，如何进行机构的分工及定职、定责是企业的基础管理，为确保企业明晰的分工和高效的组织协调运行，形成了专业的组织管理技术和知识。

环境：是管理的重要因素，包含企业所处的政治环境、经济环境、政策环境、社会环境等，有宏观的也有微观的，形成了专业的企业环境管理技术和知识。

社会关系：是管理的协调要素，涉及供应商、客户、金融、政府等利益相关方各种社会关系，形成了专业的公共关系管理技术和知识。

单元二　管理的基本职能

2.1　管理职能的概念

管理是人们进行的一项实践活动，是一项实际工作、一种行动。人们发现在不同管理者的管理工作中，管理者往往采用程序有些类似、内容有些共性的管理行为，比如计划、组织、控制等，人们对这些管理行为加以系统性归纳，逐渐形成了"管理职能"这一被普遍认同的概念。管理职能一般根据管理过程的内在逻辑，划分为几个相对独立的部分。划分管理的职能，并不意味着这些管理职能是互不相关、截然不同的。

最早把管理职能上升为普遍规律的是法国管理学家法约尔。他在 1916 年所写的《一般管理与工业管理》一书中，提出管理就是实行计划、组织、指挥、控制和协调。随着创新赋能企业高质量发展，创新已成为管理职能的核心职能，在所有的管理活动中都强调创新的行为。

管理职能，是对管理过程中各项行为内容的概括，是人们对管理工作应有的一般过程和基本内容所作的理论概括。

2.2　划分管理职能的意义

划分管理职能，有助于管理者在实践中实现管理活动的专业化，使管理人员更容易从事管理工作。在管理领域中实现专业化，如同在生产中实现专业化一样，能大大提高效率。同时，管理者可以运用职能观点去建立或改革组织机构，根据管理职能规定出组织内部的职责、义务和权力以及它们的内部结构，从而确定管理人员的人数、素质、学历、专业、技能、知识结构等。

管理职能间的关系：相互间有内在逻辑关系；管理职能在实际中不可能完全分割开来，而是相互融合在一起的。

2.3　计划职能

2.3.1　计划职能的概念

俗话说"凡事预则立，不预则废"，指的就是工作活动中计划的重要性。

计划职能是指管理者预测未来、确定目标、制定实现这些目标的行动方针的过程，它涉及原因与目的、活动与内容、人员安排、时间安排、空间安排以及手段与方法的选择等问题。

计划在行政职能中处于首要地位，直接关系到其他职能的作用和效果。管理者必须制定计划，以确定需要什么样的组织关系，什么样的人员配备，按照什么样的方针、政策去领导员工，以及采取什么样的控制方法。

2.3.2　计划职能的意义

计划职能的意义在于：
①是实施管理活动的依据。
②可以增强管理的预见性，规避风险，减少损失。
③有利于在明确的目标下统一员工思想行动。
④有利于合理配置资源，提高效率，取得最佳经济效益。

2.3.3　计划职能的应用

企业的各项活动都离不开计划，如涉及企业长远发展目标的战略规划，涉及年度的年度工作计划，涉及生产安排的生产进度工作计划。企业对各项活动都有明确的目标，如投资计划、财务计划、人力资源计划、设备计划、成本计划、质量计划等。

要有效实施企业计划职能，需要企业建立健全计划制定机制，确保计划的制定过程科学、规范、透明。其次，加强市场调研和数据分析，为计划制定提供准确的信息支持。同时需要培养一支具备专业素质和创新思维的计划制定团队。最后，注重计划的执行和监控，确保计划能够得到有效实施并及时调整。

2.4　组织职能

2.4.1　组织职能的概念

组织职能是指管理者根据既定目标，对组织中的各种要素及人们之间的相互关系进行合理安排的过程。包括组织机构如何设计，如何建立健全管理制度，责、权、利如何分配确保责权利相统一，资源如何配置，如何建立有效的信息沟通渠道等。

2.4.2　组织职能的内容

(1)设计并建立组织结构。设计并建立自上而下的职权关系体系、组织制度规范体系与信息沟通模式，以完善并保证组织的有效运行，不同的职级对应不同的职权。组织机构的设计既要符合相关法律法规如《中华人民共和国公司法》的要求，也要符合国家相关规定的要求，还要符合企业的实际情况，确保组织结构高效运行。

(2)为设定的机构进行人员配备与人力资源开发。根据职能需要将合适的人配置在合适的岗位，并通过激励机制最大限度地挖掘人力潜能。

(3)组织协调与变革。组织设计中既有分工也有协作，在工作中难免会发生工作的交叠，有时组织者的主观能动性会导致工作的推诿扯皮而使组织效率降低，故随时需要加强对组织机构和责权利的协调与修订。

2.4.3　履行组织职能的原则

（1）有效实现目标原则。组织结构的设计，必须从组织要实现的目标、任务出发，并为有效实现目标、任务服务。既要防止过于精简导致的职能缺位，又要防止机构臃肿导致的人浮于事、效率低下。

（2）专业分工与协作原则。要按照专业化的原则设计部门和确定归属，同时要有利于组织单元之间的协作。

（3）指挥统一原则。即在设计职权关系时，必须保证指挥的统一性，防止令出多门。

（4）有效管理幅度原则。每个管理者管理幅度大小的设计，必须确保能实现有效控制。

（5）集权与分权相结合的原则。要将高层管理者的适度权力集中与放权于基层有机结合起来。

（6）责权利相结合原则。要使每一个组织单元或职位所拥有的责任、权力和利益相匹配。

（7）稳定性和适应性相结合原则。既要保证组织的相对稳定性，又要在目标或环境变化情况下能够适应或及时调整。

（8）决策执行和监督机构分设原则。为了保证公正和制衡，决策执行机构和监督机构必须分别设置。

（9）精简高效原则。机构既要有效率，又要精简。

2.4.4　组织职能的应用

第一阶段：组织设计过程，包括：

（1）根据组织的宗旨、目标和主客观环境，确定组织结构设计的基本思路与原则。

（2）根据企业目标设置各项经营、管理职能，明确关键职能，并把公司总的管理职能分解为具体管理业务和工作等。

（3）选择总体结构模式，设计与建立组织结构的基本框架。

（4）设计纵向与横向组织结构之间的联系与协调方式、信息沟通模式和控制手段，并建立完善的制度规范体系。

第二阶段：组织运行过程，包括：

（1）为组织运行配备相应的管理人员和工作人员，并进行培训。

（2）对组织成员进行考核，并设计与实施奖酬体系。

（3）反馈与修正。在组织运行过程中，加强跟踪控制，适时进行修正，使其不断完善。

第三阶段：组织变革过程，包括：

（1）发动变革，打破原有组织定势，为建立新组织模式扫清道路。

（2）实施变革。

2.5　指挥职能

2.5.1　指挥职能的概念

指挥职能是管理者所具有的引领权力，是管理者通过一系列指令、调度和协调活动，确保组织内部各项工作的顺利进行，以实现组织目标的过程。

2.5.2　指挥职能的内容

指挥职能的内容是发布指令、监督检查、指导激励和评价考核。现代指挥既需要"高强度"的指挥活动，即凭借职权发布命令，以纪律要求进行监督检查；又需要"低强度"的指挥活动，即以工作业务指导和激励调动员工的积极性，同心协力完成任务。"低强度"的指挥活动越来越被人们所重视，常见的有直接指挥、间接指挥、应急指挥、事权指挥。影响指挥效率的因素主要有：权威，指挥内容的科学性，指挥形式的适宜性，指挥对象，环境。

2.5.3　履行指挥职能的原则

（1）统一性原则：统一指挥原则也称统一与垂直性原则，它是最经典的也是最基本的原则，是指组织的各级机构及个人必须服从一个上级的命令和指挥，只有这样才能保证政令统一、行动一致。如果两个领导人同时对同一个人或同一件事行使他们的权力，就会出现混乱。在任何情况下，都不会有适应双重组织的社会组织，因此在管理中一定要避免政出多门、多头指挥的情况。

（2）权威性原则：不论哪个层次的指挥者，都必须拥有指挥权力，否则是无法担负其责任和完成其使命的。指挥者具有由组织机构正式授予或依法赋予的法定地位而带来的法定权力、强制权力、奖励权力。职位越高，这种职位权力越大。但是具有同一职位权力的不同指挥者，运用指挥权的效果可能是很不相同的，因指挥者的德才因素不同。指挥者这些德才因素也叫指挥者的专长权力和个人影响权力，在指挥下级实现决策目标的过程中起着重要作用。指挥权威不仅包括指挥权力，而且包括指挥者在运用权力的过程中所表现出行为的诸多要素的综合体。这种要素包含指挥者的思想道德水平、才能、知识水平等。

（3）果断有力原则：体现了对组织管理者在组织指挥中迅速制定阶段性计划、有效地组织下属实施决策、随时能够解决问题的能力要求。

（4）准确权变原则：体现了组织管理者在组织指挥中要根据组织所处的内外条件随机应变，没有什么一成不变、普遍适用的"最好的"，只有从实际出发的"适合的"。

（5）合理授权原则：领导者将自己所拥有的一部分权力下授给下级，以期更有效地完成任务并有利于激励下级的一种管理指挥原则，下级完成任务后，上级将权力收回。授权后虽然指挥权下放但责任不下放，因此授权后一定要加强对指挥的督查。

2.5.4　指挥职能的应用

（1）权力指挥：运用组织权力体系中赋予的领导权力实施指挥。

（2）非权力指挥：靠个人的经验、人格魅力、影响力、表率作用等领导者素质实施的指挥。

成功的指挥者既要合理、合法利用权力指挥，又要不断提升自己的管理艺术、管理人格魅力，积累管理经验从而提升自己的非权力指挥能力，实现权力指挥与非权力指挥的有机统一。

2.6 控制职能

2.6.1 控制职能的概念

控制职能指管理者要对组织的运行状况加以监督，通过控制发现计划与实际的偏差，采取有力的行动纠正偏差，保证计划的实行，确保原来的目标得以实现。控制系统越完善，管理者越容易实现组织的目标。

控制职能是与计划职能紧密相关的，它包括制定各种控制标准；检查工作是否按计划进行，是否符合既定的标准；若实际工作与目标或标准发生偏差时，要及时分析偏差产生的原因，纠正偏差或制定新的计划，以确保实现组织目标。

2.6.2 控制职能的内容

(1)时间控制：任何任务的完成都必须具有时限性，节省时间是提高工作效率的重要途径。

(2)数量管制：心中有数，才能统观全局，全局上的很多指标是通过数量反映的，如产量、成本、能耗、利润、人员等。

(3)质量控制：以质量求生存是重要的经营之道，没有质量就没有数量，没有质量就没有效益。

(4)安全控制：包括人身安全、财产安全、保密安全、资料安全。

2.6.3 履行控制职能的原则

(1)事前控制、事中控制和事后控制相结合原则。

事前控制：指组织在一项活动正式开始之前所进行的管理上的努力。它主要是对活动最终产生的决定和对资源投入的控制，其重点是防止组织所使用的资源在质和量上产生偏差。

事中控制：指在某项活动过程中进行的控制，管理者在现场对正在进行的活动始终给予指导和监督，以保证活动按规定的政策、程序和方法进行。

事后控制：它发生在行动或任务结束之后。这是历史最悠久的控制类型，传统的控制方法几乎都属于此类。

(2)预防性控制和纠正性控制相结合原则。

预防性控制：它是为了避免产生错误和尽量减少今后的纠正活动，防止资金、时间和其他资源的浪费。

纠正性控制：它常常是由于管理者没有预见到问题，当出现偏差时采取措施，使行为或活动返回到事先确定的或所希望的水平。

（3）反馈控制与前馈控制相结合原则。

反馈控制：指从组织活动进行过程中的信息反馈中发现偏差，通过分析原因，采取相应的措施纠正偏差。

前馈控制：又称指导将来的控制，即通过对情况的观察、规律的掌握、信息的分析、趋势的预测，预计未来可能发生的问题，在其未发生前即采取措施加以防止。

（4）人工控制与自动控制相结合原则。

人工控制：通过人的经验或直接参与进行的控制。

自动控制：指在没有人直接参与的情况下，利用外加的设备或装置，使机器、设备或生产过程的某个工作状态或参数自动地按照预定的规律运行，随着人工智能、工业互联网、大数据的广泛应用，企业逐步实现由自动控制向大数据智能化控制的升级转型。

2.6.4　控制职能的应用

（1）建立控制标准：对照计划目标确定可量化的控制标准，考虑到客观条件或偶然性因素的影响，标准可设定为一定的范围即控制界限。

（2）评估实际成效：将实际工作成效与标准相比较，并给出客观的评价，从中找出偏差，并为纠正偏差制定措施提供相应的信息。

（3）鉴别并分析偏差：实际工作的结果有可能大于、小于或在控制界限内，说明管理是受控状态，超出控制界限就要针对管理要素进行原因分析，尤其是低于标准要重点分析，经常性超过标准就说明标准偏低应修订标准。

（4）制定纠正措施：针对原因制定纠正措施。

2.7　协调职能

2.7.1　协调职能的概念

在企业管理系统中，对各职能部门之间、人员之间，以及各项管理活动之间的关系进行调整和改善，使其按照分工协作的原则互相配合，互相支持。

在现代管理过程中，受职权划分、人员素质、主客观环境、人际关系、决策行为等因素的影响，管理活动中会存在相互之间的矛盾和冲突等，如果不能及时排除这些矛盾和冲突，协调理顺各个方面的关系，那么可能会导致组织机构的协调运转和计划目标不能顺利实现，尤其是管理事件越复杂，管理层次越高，协调的工作量越大。

在组织机构运行的过程中出现的各种矛盾和冲突，都在协调的范围之内。只有把组织内部和外部的这些关系都协调好了，才能创造良好的内部和外部的关系环境，保证计划、决策的顺利推行和组织目标的最终实现。

2.7.2　协调职能的内容

（1）协调目标。不同单位、部门、人员的工作目标出现矛盾冲突，必然导致行动的差异和组织活动的不协调。因此，协调好不同单位、部门和人员之间的工作目标，成了协调工作的重要内容。

（2）协调工作计划。计划不周或主客观情况的重大变化，是计划执行受阻和工作出现脱节的重要原因。因此，根据实际情况特别是重大情况变化，调整工作计划和资源分配，是协调工作的重要内容。

（3）协调职权关系。各部门、单位、职位之间职权划分不清，任务分配不明，是造成工作中推诿扯皮、矛盾冲突的重要原因。因此，协调各层级、各部门、各职位之间的职权关系，消除相互之间的矛盾冲突，也是协调工作的重要内容。

（4）协调政策措施。政策措施不统一，互相打架，是造成组织活动不协调的重要原因，消除政策措施方面的矛盾和冲突，也是协调工作的重要内容。

（5）协调思想认识。在组织管理过程中，不同部门、单位、人员对同一问题认识不一致，观点、意见不相同，往往导致行动上的差异和整个组织活动的不协调。因此，协调不同部门、单位、人员的思想认识，统一大家对某个问题的基本看法，成了协调组织活动的前提条件和协调工作的重要内容。

2.7.3 协调的方式

（1）会议协调：即召开协调会，把管理活动相关人员召集起来布置工作任务，共商工作问题，共同商议解决办法的方式。

（2）文电协调：通过发文件的形式协调各项工作。

（3）口头协调：通过面对面或电话的形式协调工作。

（4）现场协调：针对问题多、变数多、调整大、时间急的事项，一般采取由活动最高领导在现场协调的方式。

（5）制度协调：通过建立各种规章、规范、制度、程序所进行的协调。

（6）职责协调：调整管理机构的职责权限而开展的协调。

2.7.4 协调职能的应用

（1）了解问题要深入：全面了解协调事项的前因后果，预防协调的片面性。

（2）判断是非要准确：要由表及里、层层分析问题，找出问题的本质规律，系统考虑各方面问题后进行判断。

（3）解决问题要果断：找准原因后及时决策和处理，切忌议而不决。

（4）相应措施要有力：解决措施不仅是解决当前的问题，而是要着眼于预防以后的问题发生，因此将措施形成组织的制度、文件以巩固协调成果，从而不断提升工作成效。

2.8 创新职能

2.8.1 创新职能的概念

创新职能是对生产要素的新的组合，即通过生产要素与生产条件的重新组合，使企业获得潜在的超额利润的管理活动。

2.8.2　创新职能的基本内容

（1）思想创新：思想是人们对客观世界的理性认识。与人的行为一样，企业行为总是在一定的思想观念的支配下产生的。企业每一种经营行为的产生与实行，都是一定观念支配的结果。不同的观念必然支配不同的行为，也自然产生不同的结果，首要的是思想解放的创新。

（2）技术创新：技术创新指从新产品或新工艺设想的产生到商业价值的实现的完整过程，包括原材料创新、产品创新、工艺创新、装备及检测手段创新。

（3）管理创新：管理创新就是在管理实践中引入新思维、新组织、新方法、新手段、新的管理制度和管理模式，以不断改进和完善企业的决策、计划、组织、指挥、控制、协调、领导与用人、激励、沟通等管理职能，提高组织运行效率和促进组织发展的活动。具体包含组织结构创新、组织管理模式创新、管理制度创新、管理环境创新。

（4）文化创新：以社会主义核心价值观为引领创新企业员工的规范，高效地提升企业的内在创新动力机制。企业文化创新要以对传统企业文化的批判为前提，对构成企业文化诸要素包括经营理念、企业宗旨、管理制度、经营流程、仪式、语言等进行全方位系统性地弘扬、重建或重新表述，使之与企业的生产力发展步伐和外部环境变化相适应。

2.8.3　创新的基本条件

创新由创新主体、创新对象、创新手段与创新环境四个基本要素构成。

（1）明确创新的主体：企业中人人都是创新的主体，事事都可以创新，创新时时在、处处在，即使是生产现场一个小小的改进都是在创新。

（2）创新对象：涵盖了组织结构、管理流程、企业文化、思维模式以及技术与数字化转型等多个层面，并相互交织、相互影响，共同构成企业管理创新的完整图谱。

（3）创新手段：是组织应对时代挑战，实现持续发展的技术手段。如通过引入大数据、人工智能等先进技术为企业管理提供更加便捷、高效的管理方式。

（4）创新环境：包括构建开放包容的文化氛围，建立激励认可的机制，提供培训成长的机会以及拥抱数字化智能化的态度，创新的资金支撑，人才技术积累基础条件。

2.8.4　创新的方式方法

（1）延伸法：对原有产品进行再创造使之更为完美。

（2）移植法：对原有产品进行改造使之适用其他用途。

（3）扩展法：利用现有的技术，解决生产生活中的问题。

（4）仿生法：模拟生物的动作、能力解决问题。

（5）变异法：对现有技术通过结合变化构思出新的结构类型。

2.8.5　创新职能的应用

（1）提出一种新发展思路并加以有效实施。

（2）创设一个新的组织机构并使之有效运转。

（3）提出一个新的管理方式方法。

（4）设计一种新的管理模式。

（5）进行一项制度的创新。

单元三　管理者的素质、角色与能力

3.1　管理者的定义和分类

3.1.1　管理者的定义

管理者是从事管理活动的主体，管理者一般由拥有相应的权力和责任，具有一定管理能力从事现实管理活动的人或人群组成。管理者及其管理技能在组织管理活动中起决定性作用。管理者通过实施管理职能来达到组织活动的目标，随着组织规模扩大，技术复杂程度越高，对管理者的专业化、职业化要求越高。

3.1.2　管理者的分类

从事管理工作，负有领导和指挥下级去完成任务、职责的企业成员就是管理者，管理者一般分为基层管理者、中层管理者、高层管理者。基层管理者是处于最前线或最基层的管理者，是从事生产、作业和其他业务工作的管理者，如班组长、车间主任、项目主管等。他们是连接管理者和非管理者的关键环节，他们对市场环境的变化，往往比高层管理者更敏感。高层管理者是必须对组织的整体运作负责的人，他们制定战略与目标，代表企业与外界交往，根据环境的变化和机会确定组织的发展方向和使命。高层管理者的大部分时间用在与企业外部人员的交往上，为企业营造良好的生存环境，少部分时间用于与中层管理者接触，通常有区域经理、项目经理、策划经理。中层管理者是企业的中坚力量，他们执行贯彻高层管理者的意图，把任务落到基层单位，并检查督促协调基层管理者的工作，保证任务的完成，他们要完成高层管理者交办的工作，并向他们提供进行决策所需的信息和各种方案，他们的作用是上情下达、下情上达、承上启下，如人们常说的执行副总裁、总裁、总经理、业务总裁等。

3.2　管理者的素质

3.2.1　政治品德素质

政治品德素质包括：坚持中国共产党的领导，政治立场要坚定，维护国家的利益，有高度的事业心、为组织事业献身的崇高精神。工作敬业勤奋，办事公道，作风正派，不谋私利，不徇私情，一视同仁，公正地对待下属、同事、同行，所作所为符合企业、公众、社会的利益。

3.2.2 知识素质

知识素质包括：

（1）相关的学科知识。包括政治法律、社会学、心理学、广告学、管理学、营销学、经济学、人际关系理论、大众传播学、新闻学、企业文化等学科知识。

（2）管理学的基本理论与实务知识。包括管理学原理、企业形象设计、市场调查与预测、传播效果评估、危机处理、商业谈判、演讲技巧以及会议组织等。

（3）相关从事管理领域的专业技术知识，如从事智能制造领域的管理者，应知道智能制造基本的专业技术特点、技术发展趋势、最新技术发展动态等专业技术常识。

3.2.3 能力素质

能力是指能够积极完成职权范围内各项工作的执行能力，包括组织能力、交际能力、表达能力、应变能力、创新能力、分析判断能力和识人用人能力等。

3.2.4 心理素质

管理者应具有健康的心理、健全的人格、坚强的意志、宽容的心态，富有使命感和同情心，以及具有底线思维的防卫心理和角色转换善解之心。这种管理者往往能使事情或问题得到比较妥当的处理，同时又有利于形成良好的人际关系。

3.3 管理者的角色

3.3.1 与角色相关概念

（1）角色：一定社会身份所要求的一般行为方式及其内在的态度和价值观基础。

（2）角色认知：是指一个人对自己应该在社会与组织中所处地位的认识，时刻履行这一角色的责任与义务。

（3）角色定位：需要认清自己的位置、认清自己位置的职责，正视自己、正视社会，要以强烈的职业意识给自己的事业、未来确定一个角色。

（4）角色行为：是指一个人按照特定的社会与组织所赋予角色的特定的行为模式而进行的行为。

（5）角色期望：是指他人对一个人所承担角色的希望与寄托。

（6）角色评价：是指他人对一个人的角色扮演的评价。

3.3.2 管理者的角色认知

角色将决定一个人的位置、行为、职责及其相关的社会关系构成。管理在企业中应扮演的角色有：管理者、执行者、支持者、资源调配者、训练者、协调者、传播者、监督者，对应有上司、下属、同事和自我四个关系层面的角色。

1. 作为下属的管理者

作为下属的管理者是上司的帮手，是上司的替身，是职责的管理者更是职责的执行人。

作为下属的管理者首先应不折不扣地完成任务,其次是必须为本部门所有情况承担责任。

具体要满足以下要求:

(1)服从上级的指挥。

(2)就如何完成任务提出建议和所需要的帮助。

(3)尽力克服困难,圆满完成任务。

(4)及时向上级汇报任务完成情况。

(5)出现问题时,不推卸、指责和埋怨,主动承担责任,从自身找原因。

(6)遇到困难,走在员工的前边,妥善地解决问题。

与上司的关系处理:以上司为师;尊重上司;在成就上司的过程中成就自己。

具体要满足以下要求:

(1)自动报告你的工作进度——让上司知道。

(2)对上司的询问,有问必答,而且清楚——让上司知道。

(3)充实自己,努力学习,才能了解上司的言语——让上司轻松。

(4)接受批评,不犯二次错误——让上司省事。

(5)不忙的时候,主动帮助他人——让上司有效。

(6)毫无怨言地接受任务——让上司圆满。

(7)对自己的工作,主动提出改善计划——让上司进步。

明确作为下属的四项职业准则:

准则一:下属的职权基础是上司的委托或命令,下属要对上司负责。

准则二:下属是上司的代表,下属的言行是一种职务行为。

准则三:服从并执行上司的决定。

准则四:在职权范围内做事。

2. 作为平级的管理者

作为平级的管理者是同事、是沟通协调的合作关系,应维持好平等关系,做到态度真诚友好,确保信息及时沟通,凡事协商、协调、协助。

3. 作为上级的管理者

作为上级的管理者是领导者、指挥者,也是教练。领导者的任务是让员工以高度的热情、信心来完成任务。领导者应做到为部门设立共同的目标,让大家清楚努力的方向;了解每位员工的特点,尽量给每个员工安排合适的工作;利用各种办法激励员工,让他们保持自信和工作积极性;保持与员工良好的沟通,了解他们的需求与愿望;保持幽默和愉快的心情,在解决困难时表现出你的热情与信心。指挥者的任务就是合理组织人力、财力与物力,以确保任务完成。指挥者应做到就工作任务拿出整体思路和具体行动方案;合理分工,明确职责;做好工作的督导检查,及时发现问题,解决问题。教练的任务是能够发现员工工作中存在的不足,并及时提供指导与培训,以改善他们的行动。教练应做到善于发现员工的问题所在;设立重点目标,制定培训计划;选择合适的时机与方式进行培训;及时评价与跟进,发现新的问题。

3.4　管理者应具备的能力

3.4.1　管理者的专业能力

作为一名现代的企业管理人员，不能把自己的水平和能力仅仅定位在满足于一般的宏观性的企业经营管理上。管理者懂技术，并不是要求作为管理者本身必须对本企业生产经营所涉及的技术样样精通，这样做既不现实，也没必要。但管理者至少要做到以下几点：一是了解和掌握本单位的技术情况，知道本单位的技术水平、技术装备、技术力量，与同行业技术力量相比，本单位技术力量处在何种地位，既要与国内的同行比，也要与国外的同行比。二是掌握本单位的一两项关键性技术，越熟练越好，这样不仅有利于提高企业管理者在员工中的地位和威信，而且有助于管理者有效地解决在管理中遇到的实际问题。三是不断加强技术管理。高度重视技术人员的引进、培养和素质的提高工作，采取有效措施，不断提高本企业产品的高新技术含量。

3.4.2　管理者的管理能力

1. 激励能力

优秀的管理者不仅要善于激励员工，还要善于自我激励。要让员工充分发挥自己的才能努力去工作，变"要我干"到"我愿干"，变"要干好"到"愿干好"，管理者应制定出对员工激励的机制，使员工体会到自己的重要性和工作的成就感。激励的方式并不会使你的管理权力被削弱。相反地，你会更加容易地安排工作，并能使他们更加愿意服从你的管理。管理者激励能力主要体现在激励时机的把握、激励频率的使用、激励程度的把控、激励方向的确定、激励方式的运用上。作为一个管理者，还要善于通过自我激励不断释放工作中的压力，化压力为动力，增强工作成功的信心。

2. 沟通能力

研究表明，工作中70%的错误是不善于沟通，或者说是不善于谈话造成的。沟通协调能力是领导干部所有能力中最重要的一种。沟通是人与人相互之间传递、交流各种信息、观念、思想、感情，以建立和巩固人际关系的综合，是社会组织之间相互交换信息以维持组织正常运行的过程。管理者需要具备良好的沟通能力和沟通技巧，做到主动沟通、事前沟通、事后沟通、及时沟通，反复沟通，以确保有效将自己的管理目标上情下达，提升管理的执行力。沟通中特别又以"善于倾听"最为重要。

3. 协调能力

协调能力是领导干部所有能力中另一种重要的能力。协调是指行政管理人员在其职责范围内或在领导的授权下，调整和改善组织之间、工作之间、人与人之间的关系，促使各种活动趋向同步化与和谐化，以实现共同目标的过程。组织运行中会面临来自方方面面的矛盾和冲突，管理者应该要能敏锐地觉察组织中的人际关系矛盾和工作矛盾，及时沟通协调解决，这需要在实践中不断学习和提高。把握消除矛盾的先发权和主动权，任何形式的对立都能迎刃而解。

4. 决策与执行能力

管理就是决策，没有执行一切管理都是胡扯。执行力就是管理者的办事能力，个人执行力的三要素：意愿、专长、能力。管理者首先要有积极主动做事的态度，态度决定成败，要不断提升自己与执行力相匹配的能力，有能力才会更好地去执行。

5. 规划与统筹能力

管理者的规划能力，并非着眼于短期的策略规划，而是长期计划的制定。卓越的管理者必须深谋远虑，而且要适时让员工了解公司的远景，才不会让员工迷失方向。特别是进行决策规划时，要能妥善运用统整能力，有效地利用部属的智慧与既有的资源，避免人力浪费。

6. 团队建设能力

有句话是这样说的："一个领袖不会去建立一个企业，但是他会建立一个组织来建立企业。"根据这种说法，当一个管理者的先决条件，就是要有团队建设能力，获得团队的目标认可、价值认同和情感认同，企业中需要鹰一样的领袖，更需要雁一样的团队，因此管理者需要强有力的团队建设能力。

7. 培训能力

培训是组织和团队可持续发展能力的基础。知识技术日新月异，管理手段创新不断，不断培养优秀人才，是管理者须具备的重要能力。

3.4.3 管理者的综合素质能力

1. 控制情绪的能力

一个成熟的管理者应该有很强的情绪控制能力。管理者要懂得管理好自己的情绪，尽量构建起和谐、理解、愉悦的工作环境，懂得使用生气的技巧，有些优秀的管理者善于使用生气来进行批评，这种批评方式可能言语不多，但效果十分明显。

2. 幽默的能力

幽默能使人感到亲切，幽默是管理的艺术。幽默的管理者能使他的下属体会到工作的愉悦，幽默可以使工作气氛变得轻松，使他的下属能够准确、高效地完成工作，很能聚焦起为他效力的员工。富有幽默艺术的管理者，能摆脱很多尴尬的场景，即使是批评也能最大限度地保全下属的面子，不会使下属感到难堪，可以利用幽默批评下属，这种幽默不是天生的，是可以培养的。

3. 语言表达的能力

良好的沟通首先在于管理者的语言表达能力。管理者的语言表达应是逻辑清楚、重点突出、言简意赅、富有激情、机智幽默，让他人明白自己的观点，并鼓动他人认同这些观点。管理者的语言艺术应做到创新而不忘规范、灵活而不失原则、内容与形式并重。演讲是管理者锻炼语言表达最常用的方式，优秀的领导者都有很好的演讲能力，特别是一些著名的政治家，无一例外是语言艺术的高手。演讲的意义并不局限于演讲本身，演讲可以改善口头表达能力、增强自信、提高反应能力，语言表达能力可以在实践中不断培养起来。

4. 倾听的能力

很多管理者都有这样的体会，一位因感到自己遭遇不公而愤愤不平的员工找你评理，你只需认真地听他倾诉，当他倾诉完时，他的心情就会平静许多，甚至不需你作出什么决定来解决此事。这只是倾听的一大好处，善于倾听还有其他两大好处：①让别人感觉你很谦虚；

②你会了解更多的事情。每个人都认为自己的声音是最重要、最动听的，并且每个人都有迫不及待地表达自己的愿望。在这种情况下，友善的倾听者自然成为最受欢迎的人。

【学习小结】

本模块了解了管理的发展史，管理的定义，辨识了管理的基本职能，也学习了提升管理者素质、能力的方法。管理是一门实践性很强的课程，需要在实践中锻炼成长。

【课后拓展】

1. 对于即将进入社会的你来说，给自己制定一个科学合理的三年职业发展计划并细化到每年度。

2. 假如你准备创办一家小公司，请对你的小公司进行组织设计，并明确各组织机构的责权利内容。

3. 在企业中，小张是你的班组长，小李是你的车间主任，当两个人给你布置不同的工作任务时，你听谁指挥？为什么？

4. 企业在制定劳动定额时，出现了四种不同意见：一是劳动定额是为了考核用的，所以应该选行业最先进的标准；二是定额标准应结合企业的实际情况，并有助于员工积极性的调动；三是为使绝大多数员工能超额完成任务，应选择较低的标准；四是考虑到操作员技能的差异性，定额标准宜取最先进和最低标准的平均值。如果你是车间主任，选择哪一种意见作为定额标准的制度意见？

5. 你作为车间主任，现在生产现场出现了产品质量的问题，请问你如何通过有效的协调来解决产品质量的问题？

6. 华为从2万元起家，用25年时间，从名不见经传的民营科技企业，发展成为世界500强和全球最大的通信设备制造商，创造了中国乃至世界企业发展史上的奇迹！请查阅资料阐述华为实施了哪些管理创新措施。

【思考题】

1. 简述管理职能有哪些。

2. 管理者应具备哪些素质？

3. 管理者应具备哪些能力？

模块二

班组管理基础

【学习目标】

1. 掌握班组及班组管理的基本概念、主要内容、班组长角色认知的方法。
2. 了解班组管理各项内容的使命、任务和要求。
3. 了解班组长应当具备的能力。

【职业能力目标】

1. 培养建章立制、资源调配的能力。
2. 培养沟通协调、团队合作的能力。
3. 培养集思广益、分析判断和持续创新的能力。

单元一　班组管理基础知识

案例引入

1.1　班组基础知识

1.1.1　班组的概念

班组是企业最基本的生产单位，是企业内部最基层的劳动和管理组织，是企业生产经营活动的终端。

班组作为企业组织生产经营活动的基本单位，是企业各项工作的落脚点，企业大政方针、战略规划的实现均取决于班组的组织状况和执行过程。因此，班组运转情况的好坏直接关系到企业管理水平的高低和经济效益的好坏。

1.1.2　班组的基本使命

企业班组的设立一般根据工艺的要求或者区域管理的要求，按照班组性质的不同可以划分为管理型班组、生产型班组、服务型班组等。但无论班组设立的原因是什么，也无论班组的类型如何，它们都有一个基本使命：即以最高的效率和最低的成本生产（提供）最高品质的产品（服务）。

上述基本使命要求班组在生产运营活动中达成以下目标。

（1）生产高质量的产品或提供高质量的服务。质量关系到市场和客户，关系到企业产品价值的最终实现。因此，任何班组、个人都必须树立质量意识，力求以最高的品质标准生产产品或提供服务。

（2）组织高效率的生产运营活动。如果质量关系到企业的生存，效率则关系到企业的效益。班组要以精益生产、高效运营为准则，通过不断地创新，挖掘生产潜力，改进操作工艺和管理方法，生产出高质量的产品。

（3）节能降耗，低成本制造。班组要通过节约原材料、能源等方式控制制造成本，减少不必要的作业和人工成本，降低生产费用，最终降低产品的完全成本，提升企业的成本竞争优势。

（4）预防安全事故。班组要坚持安全第一的原则，把预防安全事故作为所有工作的前提条件。

1.1.3　班组工作的定位

班组工作的定位既要从班组的实际情况出发，又要确保班组与外部之间建立良好的关系，并形成内部良好的运行模式。因此，班组工作与企业工作、职能部门的工作不同，明确班组工作的定位需要考虑以下问题。

（1）从班组内部看，其岗位可以是串联的作业岗位（班组内部岗位包括前后作业工序），也可以是平行的作业岗位（相同的作业工序分成不同的班组）。这些生产活动需要班组规范管理，精心组织，合理安排人力，妥善整合资源，确保班组有条不紊地开展各项工作。

（2）从横向看，不同的班组执行不同的生产工序，往往上道工序的工作效率、工作质量对下道工序存在着必然的影响，也为下道工序提供条件和服务。因此，上道工序应当视下道工序为客户，使下道工序满意，只有这样，才能使企业的最终客户满意。

（3）从纵向看，班组是企业最基层的生产运营单位，班组的主要工作内容、工作任务都是上级下达的，服从上级指挥并完成每一项生产运营的操作活动和班组建设任务是班组工作的基本特点。

总之，把顾全企业大局作为班组工作的基本要求，把管理规程与业务流程作为企业处理横向关系的基本规范，把客户的要求作为班组生产作业活动的出发点和落脚点，才能做好班组工作的定位，处理好各方面的工作关系，使班组从实际出发，做好日常的运营工作，并在此基础上开展班组内部建设，使班组发挥积极作用并创造出最大的价值。

1.2　班组管理

1.2.1　班组管理的概念

班组管理是指班组围绕生产任务，对生产三要素(劳动者、劳动资料、劳动对象)进行有效整合，通过计划、组织、指挥、协调和控制过程实现责任目标所进行的创造性活动。

班组管理的主要职能是行动和执行，按班组目标任务组织生产，实行标准化和规范化作业，做好现场管理和基础管理。按其职权范围和职责，有效和高效地完成既定目标。

1.2.2　班组管理的基本原则

(1)以客户为导向。明确目标计划就是客户的需求，下一道工序是上一道工序的客户，即下一道工序是上一道工序的需求方，这样每道工序之间就形成了需求链；以需求为导向就是以客户为导向，班组目标制定的过程就是一个客户需求的倒推过程。班组只有按客户中心理念运作，企业才能在市场中立于不败之地。

(2)以效率和效益为中心。提高企业的经济效率应该是三个量化指标的总和，即利润、市场份额和企业市场价值。

(3)以人为本。要按照班组的组织结构和岗位设置，为各职位配备称职的人员，做到人力资源合理配置，获得最佳的组织效能。要激发每位组织成员的才能，使每个成员都能成为发挥聪明才智有创造力的人。要积极做好人才的培养工作，发掘每一个员工的特点。要变控制式、命令式和惩罚式的管理方式为理解和参与式管理，为组织成员营造一个能发挥创造力的环境。

1.2.3　班组管理的目标

(1)打造有活力、充满朝气的基层团队。
(2)塑造"激情工作，快乐生活"班组氛围。
(3)完善班组各项管理制度，实现规范化管理。
(4)提高班组工作效率，打造高绩效团队。

单元二　班组管理的主要内容

班组管理工作的性质，决定了落实企业各项管理制度和员工参与管理是班组管理的特点，也决定了班组管理是企业管理的基础。其内容具有广泛性、针对性与时效性，班组管理的内容包括：班组生产管理、班组品质管理、班组成本管理、班组安全管理、班组设备管理、班组现场文明生产管理等。

2.1 班组生产管理

2.1.1 班组生产管理的概念

班组生产管理是指在生产管理过程中,各个班组应根据自己的实际和特点,运用科学管理方法,合理地组织生产活动,充分发挥班组全体成员和设备的能力,用最少的人力、物力消耗创造出最佳的安全和经济效果的生产活动。

班组生产管理是对班组生产活动全过程所进行的管理,是班组最基本的日常管理活动,是企业生产经营管理的基础。

2.1.2 班组生产管理的任务与要求

1. 班组生产管理的任务

(1)提供优质的产品和服务。不论是生产班组还是服务班组,都必须牢固树立"质量第一"和"为客户提供优质服务"的观点,保证生产出高质量产品和提供优质的服务。

(2)合理组织劳动力。严格按照定额定员组织生产,加强思想政治工作,充分调动和发挥班组成员的工作积极性和主动性。

(3)合理利用资源。积极开展班组经济核算,减少物资和能源消耗,降低产品的生产成本。

(4)抓好安全生产。各生产班组一定要贯彻"安全第一、预防为主"的方针,落实安全生产技术措施和劳动保护措施,不断改善班组生产环境和条件,杜绝安全事故的发生。

(5)实现生产目标。必须保证完成车间下达的任务,实现班组的生产目标,包括产品品种、数量、质量、效率、成本、安全等重要指标,实现生产过程的安全、优质、低耗、高效。

(6)提高班组技术水平,推动科学技术进步。充分利用班组现有技术条件,健全班组各项日常技术管理制度,建立良好的生产技术工作秩序,积极组织班组职工进行科学技术研究和新技术、新设备、新工艺、新材料的应用。

2. 班组生产管理的要求

(1)计划性。按照车间下达的生产计划来制定班组的实施计划,保证按计划完成班组生产任务,满足企业生产全过程的需要。

(2)经济性。在班组组织生产时,降低生产消耗,尽最大努力提高班组生产的经济效益。

(3)均衡性。在产品的生产过程中,按照生产作业计划的进度和要求,各个生产环节和工序在相同的时间内,完成相等或递增的工作任务,实现均衡生产。

(4)时效性。在生产过程中,各种原材料、成品和半成品,都应按必要的品种、规格、时间和数量来供应,以避免占用过多的物资和资金。

(5)安全性。在班组的生产过程中,必须保证每个成员的安全,防止各类事故的发生,切实做到安全促进生产、生产必须安全。

(6)文明性。在生产过程中要严格执行班组的各项生产管理制度,保持良好的生产环境和生产秩序,使生产的各个环节有条不紊地协调和衔接。

(7)规范性。严格执行企业技术管理规定和各类技术标准。

2.1.3 班组生产管理的主要内容

（1）组织。组织是指班组生产过程组织与劳动过程组织的统一。生产过程组织就是合理地组织产品生产过程的各个阶段、各个工序在时间和空间上的衔接协调。劳动过程组织则是正确处理班组成员之间的关系，以及班组与班组之间，班组成员与劳动工具、劳动对象的关系。班组的生产组织具有相对的稳定性，但也要根据单位的要求和班组的发展需要作出相应的调整。

（2）计划。计划是指生产计划和生产作业计划。通过编制与执行生产计划和生产作业计划，充分合理地利用班组的生产能力和各种条件，实现均衡有节奏的生产，按时保质保量地生产出规定的产品或下道工序满意的产品。

（3）准备。准备是指工艺技术准备、人力准备、物资能源准备和机器设备准备。

（4）控制。控制是指对生产全过程实行全面控制。从范围上来看，控制包括班组生产组织、生产准备和生产过程的各个方面；从内容上来看，控制包括生产进度、产品质量、原材料消耗、生产费用、库存等方面的控制。

2.2 班组品质管理

2.2.1 班组品质管理的概念

班组品质管理是指班组围绕企业产品质量要求，运用传统管理和全面质量管理的方法，对生产的产品质量进行有效控制的过程。具体地讲，就是班组对生产过程的每一个环节的质量工作进行计划、组织、协调、控制、检查和处理的全过程。其目的是生产合格产品或提供优质服务，以满足市场和客户的需要。

2.2.2 班组质量管理的基本任务

班组质量管理的基本任务主要体现在：一是培养职工的质量意识；二是使职工养成规范操作的良好工作习惯；三是最大限度地避免生产事故；四是保证产品质量和服务质量，提高工作效率。班组现场工作质量水平直接决定着产品和服务的质量。因此，班组长在现场必须进行科学的质量管理，保证产品和服务质量，并组织职工进行质量改进活动。

2.2.3 班组品质管理的主要内容

（1）加强品质管理教育。班组长一定要把加强质量教育、增强班组成员的质量意识，作为质量管理工作的"第一道工序"来抓。质量教育工作大体上包括两个方面内容：一是"质量第一"的理念和质量管理基本知识的教育。班组长要善于结合生产班组质量管理工作中存在的问题，从质量形势、质量信息、质量标准等方面提高职工的质量管理知识和增强质量意识；二是技术教育和培训。班组长在组织职工参与企业培训活动的同时，还要根据班组质量管理工作的需要，发挥组织成员之间的"传、帮、带"作用，进行技术基础教育和操作技能的训练，从而提高班组成员的技术业务水平，以达到提高产品质量的目的。

（2）强化品质责任。要围绕产品质量全过程建立质量责任制，确保每个环节都有明确的工作质量标准。同时要把质量要求做到条例化,并与职工收入挂钩考核。

(3)搞好现场品质管理。现场品质管理是质量形成过程中的重要阶段,是对生产现场或服务现场进行的质量管理。现场质量管理的目标,是生产符合设计要求的产品,或提供符合质量标准的服务。

(4)积极开展 QC 小组活动。班组要围绕企业的经营战略、方针目标和现场存在的问题,以改进质量、降低消耗、提高人的素质和经济效益为目的组织起来,运用质量管理理论和方法开展 QC 小组活动。

2.3 班组成本管理

2.3.1 班组成本管理的概念

成本是企业经营水平的综合反映,直接影响着企业生产效率。班组作为企业生产经营的核心细胞,加强生产成本的核算和控制是班组管理的重要职能。班组成本管理是在上级或班组长的领导下,以班组经济核算为中心,把职工组织起来所进行的全员管理。它是企业成本管理的最基层组织。

2.3.2 班组成本管理的基本任务与要求

班组成本管理的基本任务是通过对生产过程和经营活动各个环节的严格核算和控制,以尽可能少的人力、物力消耗和资金占用,取得最大的经济效益,为公司和职工提供更多的经济收益。因此,全面实行车间班组成本管理,要求在核算的深度和广度上,逐步做到全厂的、全员的、全过程的核算与管理。

班组成本管理的基本要求主要有三点:一是根据企业和车间成本管理的目标,确定班组成本管理目标;二是根据成本管理的目标,建立一整套目标管理制度;三是抓好各项制度落实,提高班组成本管理水平。

2.3.3 班组成本管理的主要内容

(1)落实班组经济核算。根据上级下达的任务、计划和要求,结合班组生产特点,将产品产量、品种、质量及工时利用与原材料、工具消耗等指标,组织班组进行成本核算。

(2)组织群众监督管理。对各项指标的执行情况,开展班组经济核算群众监督活动,促进产品产量、质量、工时等指标的完成,实现原材料、工具消耗等指标的不断降低。

(3)开展班组经济活动分析。定期检查与总结各项指标的完成情况,对产品产量、质量、工时率及原材料、工具消耗等指标的完成情况进行检查和总结,分析原因,肯定成绩,积累经验,找出差距,制定措施,改进班组成本管理工作。

2.4 班组安全管理

2.4.1 班组安全管理的概念

班组安全管理是班组在生产活动中为实现安全目标而进行的安全管理活动的总称。班组实行安全管理是减少安全生产事故最切实、最有效的途径。班组长对班组范围内安全工作负全面的组织领导责任，承担各项安全规章制度、文件精神的落实和执行工作；结合班组实际情况起草、设计班组安全生产管理流程，拟定班组各类安全操作技术规程及划分班组安全生产管理责任；监督、检查安全规程规章制度的落实情况，及时纠正现场安全生产活动中的违章行为，同时要对班组员工在安全生产过程中的行为实施激励。

2.4.2 班组安全管理的基本任务与要求

1. 班组安全管理的基本任务

首先要保障劳动者享受安全保护的基本权利；其次要保护职工的身心健康和家庭幸福；最后要确保企业生产发展和社会稳定。

2. 班组安全管理的基本要求

(1)管生产必须管安全。管生产必须同时管安全，是国家对企业的要求，是企业管理的重要原则之一。它体现了安全与生产的辩证关系及其重要性，要求企业的领导必须对安全生产高度负责。

(2)以人为本。一切资源中，人力资源是最重要的资源，是一种力量或能量。劳动安全管理就是调动、引导和组织这种力量，去实现预期目标。安全生产中的决定因素是人，所以调动、引导、组织人去实现安全目标，就是班组安全管理的重要内容。因此，在安全生产中要特别注意关心职工生活，尽最大可能满足职工的合理要求，满足他们基本的物质需要；要注重企业文化建设，教育引导职工追求高层次的精神需要，同时做好激励工作，增强职工的责任感和事业心，在确保安全生产中展示自身的价值。

(3)抓小防大。安全管理中，应遵循"抓小防大"的原则。"抓小"的目的在于防止大事故的发生，就是不放过任何小的事故苗子，把安全隐患消灭在发生之前，防患于未然。而对已发生的事故，要如实报告，按照"四不放过"的原则，分析原因，吸取教训，制定整改措施，防止事故再次发生。

2.4.3 班组安全管理的主要内容

1. 安全生产管理

班组安全生产管理是指通过改善劳动条件，在防止伤亡事故和职业病等方面采取一系列措施，保护劳动者在生产过程中的安全与健康的组织管理工作的总称。

2. 安全技术管理

班组安全技术管理是为了防止和消除生产过程中的各种不安全因素可能引起的伤亡事故，保障员工的人身安全所采取的技术措施，它是安全生产工作的基本组成部分。

3.职业健康管理

职业健康管理是指对生产过程中产生的不利于员工身体健康的各种因素所采取的一系列治理措施和卫生保健工作。

2.5　班组设备管理

2.5.1　班组设备管理的概念

班组设备管理，主要是指关于班组使用设备的保养、维护和抢修等管理工作。班组的设备主要是指厂房、电器、机器、仪器、衡器、容器、工具、运输车辆、劳动保护装置，以及其他生产必备的器材等。怎样正确地使用设备，及时地维修设备，不断地加强设备管理，已成为班组生产管理中一个十分重要的内容。因此，班组在使用机器设备时，应该使设备始终处于最佳的技术状态，充分发挥机器设备应有的作用，做到合理使用，减少磨损，保持良好性能，发挥最佳工效，延长使用寿命，节省使用成本，保证正常生产，努力提高经济效益。

2.5.2　班组设备管理的基本任务与要求

班组设备管理的基本任务是严格贯彻设备维修保养制度，正确使用和维护机器设备，并通过一系列技术和经济措施，使设备始终保持良好状态进行运转，将班组的生产活动建立在最佳物质技术基础上，保证生产的顺利进行。

班组设备管理的基本要求包括：

(1)做好设备操作人员的培训工作。设备操作人员必须进行设备操作的应知、应会培训，经过培训合格取证后方可进行设备操作。

(2)正确合理地使用设备，提高设备的工作效率。

(3)加强设备的维护保养及故障处理，延长设备的使用寿命。

(4)及时对设备进行更新改造，提高设备的性能。

(5)记录好设备运行台账，收集设备运行数据，做好设备的运行数据管理。

2.5.3　班组设备管理的主要内容

(1)做好设备的合理使用工作。每台设备都有自己的性能和使用要求。因此，为了保持设备的良好技术状态，必须合理地使用设备，要求设备操作人员严格按操作规程使用设备，坚决制止超使用范围、超负荷使用设备。

(2)做好设备的维护保养工作。加强设备定期维护保养可以使零件减少磨损，延长使用寿命，是积极的预防措施。这就要求设备的操作者和专职保养员，定时清扫设备、定时润滑设备，保持电器系统、冷却系统、机械传动系统的正常运转。

(3)做好设备的检查修理工作。班组应该有计划地进行设备的检查，凡在检查中发现隐患、已损坏的零件与元件应向上一级组织汇报，并要求及时修复或调换。

(4)做好设备的制度管理工作。从设备运到生产班组起，无论是验收、登记，还是保管、报废，在整个设备寿命周期内，班组管理者都应该建立各项管理制度和责任制度，做到科学管理。

2.6 班组现场文明生产管理

2.6.1 现场文明生产管理的概念及特点

现场文明生产管理就是运用科学的管理思想、方法和手段，对现场的各种生产要素，包括人、机、料、法、环等进行优化组合，合理配置，通过计划、组织、控制、协调和鼓励等一系列管理活动，保证现场能按企业预定的目标，实现安全、优质、低耗、高效运行。

现场文明生产管理的特点主要包括以下几方面：

(1)综合性。生产现场是人、机、料等诸多生产要素的结合点，也是生产、技术、质量、成本、物资、设备、安全、劳动环境等各项专业管理的落脚点。因此，现场文明生产管理具有十分鲜明的综合性，是一项综合管理，也是一项纵横交叉的立体式的综合性管理。

(2)基础性。现场文明生产管理属于作业性质的企业管理的基础。它是以管理基础工作为依据，以标准、定额、计量、信息、原始记录、规章制度和教育等为内容的基础工作，充分体现了现场文明生产管理的基础性。

(3)动态性。现场文明生产管理各生产要素是以人流、物流和信息流运行状况为依据的，而"三流"在生产现场是瞬息万变的。在一定的生产技术组织条件下，现场各生产要素的配置是在投入与产出的转换过程中实现的。这是一个不断变化的动态过程。因此，现场文明生产管理应根据变化了的现状，不断提高生产现场对环境变化的适应能力，从而不断提高企业的市场竞争能力。

(4)直观性。现场是从事生产活动的主要场所，是企业各项专业管理的集结点，是一个开放性的系统，综合而又真实地反映了企业的素质，具有很强的直观性。形象地说，企业素质的优劣将在现场逐个"曝光"。

(5)群众性。现场文明生产管理的核心是人。现场的一切生产活动和各项管理基础工作，都要由人去掌握、去操作、去完成。这就要求生产现场的所有职工必须参与班组管理，做到自我控制，并通过开展班组民主管理活动，不断提高自身素质，以企业主人翁的高昂热情，圆满完成班组各项生产任务。

2.6.2 现场文明生产管理的基本要求

从法律和综合角度来讲，国家明确提出了加强现场文明生产管理的六项基本要求：环境整洁、纪律严明、设备完好、物流有序、信息准确、生产均衡。

(1)环境整洁。即各种设备、物品实行定置管理，各类标志设置齐全，标记清晰；作业场地区域划分明确，工具备件摆放整齐，道路畅通；生产工作场所地面整洁，墙壁无积尘，环保符合国家规定，创建和保持既符合作业要求，又适应人的生理、心理需求的文明整洁的卫生环境。

(2)纪律严明。即工艺(作业)规程、操作规程和安全规程齐全合理，并加以严格执行；关键岗位、特殊工种实行持证上岗，劳保用品按规定配备齐全，使用得当；上岗人员按要求整齐着装，佩戴标志，精神饱满，坚守岗位，认真履行职责，坚持标准化作业，遵章守纪，一丝不苟。

（3）设备完好。遵守设备操作、维护、检修规程；设备及附件齐全、完好、整洁；各类设备技术状态良好，运行正常，综合运用各种现代化管理方法，实现设备的"管、用、修"全面优化；设备完好率达到规定要求，故障率（故障延时）低于规定指标。

（4）物流有序。生产现场固定物（设备、机具等）实行定置管理；流动物（原材料、半成品、检修品等）实行定量化，摆放有序，便于存取。

（5）信息准确。各种原始记录、台账、报表（班组生产记录、设备状态测试记录、交接班记事本）等要如实填记，满足规范、工整准确、传递及时的要求；生产作业过程中的指令信息要及时下达，执行情况要及时反馈。

（6）生产均衡。各部门严格按月、旬、日班计划均衡组织生产，保质保量，在确保安全的基础上，努力提高工效。具体地讲，就是要岗位配置科学，班次设定合理；优化人员配置，人员流向合理；机关人员精干，生产一线人员充足；消除人浮于事、窝工待工现象；严格定岗定责，激励机制有效。

2.6.3　现场文明生产管理的主要内容

现场文明生产管理本书指 8S 管理。8S 管理的内容有：整理、整顿、清扫、清洁、素养、安全、节约、学习。

（1）整理：指的是把有用的东西和没有用的东西区分开来，把没有用的东西清理出去；增加作业面积；确保物流畅通、防止误用等。

（2）整顿：指把有用的东西规范地放在规划好的区域内；工作场所整洁明了，一目了然，减少取放物品的时间，提高工作效率，保持工作秩序区井井有条。

（3）清扫：指的是对工作区域或货品存放区域进行打扫；清除现场内的脏污、清除作业区域的物料垃圾。

（4）清洁：指的是在完成清扫的基础上，对各区域或机器设备进行清洁；使整理、整顿和清扫工作成为一种惯例和制度，是标准化的基础，也是一个企业形成企业文化的开始。

（5）素养：指的是员工要养成良好的工作习惯，提高自己各方面的素质（如工作能力、工作态度等）。

（6）安全：指的是安全第一，既要保证员工的生命安全，又要保证公司的财产安全。

（7）节约：所有员工在工作中都要有节约的思想，并付之行动。

（8）学习：指员工要学习新技能、新知识，使员工的素质符合公司发展的要求。

单元三　班组长的角色与任务

3.1　班组长基础知识

3.1.1　班组长的地位

班组长是企业中最小的一把手,是班组管理的直接指挥和组织者,也是企业战略最基层的执行者。班组长一般直接管辖3~20位班组成员,不过管理职能因公司及部门有所不同,其称呼也有所不同,有主管、组长、班长、工序长、室经理等。

在实际工作中,中高层管理者的决策做得再好,如果没有班组长的有力支持和密切配合,没有一批懂管理的班组长来组织开展工作,那么管理者的政策就很难落实。总之,班组长的地位可以用16个字来概括:职位不高,决策不少,"麻雀"虽小,职能俱全。

3.1.2　班组长的使命

班组长的使命是在生产经营现场完成生产经营任务,提升班组成员能力、个人素质,通常包括以下六个方面:

(1)完成生产经营任务。按时、按质完成公司、部门交给的生产经营任务。

(2)提高产品服务质量。产品服务质量关系到企业的兴衰,班组长要带领员工积极减少工作差错,为改进生产质量而努力。

(3)提高工作效率。通过不断地寻找浪费、消除浪费、挖掘生产潜力、改进操作和管理方法,使员工的工作安排、操作方式方法更加合理。

(4)降低成本。降低成本包括经营成本的节省、能源的节约、人工成本(如消除浪费、提高效率、减少加班)的降低等。

(5)防止工伤和重大事故。要坚持安全第一,防止工伤和重大事故,力所能及地改进生产安全性能,确保班组严格按照操作规程办事等。

(6)创建学习型组织。通过学习型班组的创建,提高班组成员士气,养成自我超越的习惯。

3.2　班组长的基本任务

3.2.1　班组长基本任务的总体概括

(1)事务管理。事务管理,就是班组长做一些例行工作方面的管理,比如员工是否准时上下班、员工是否按要求穿着工装、员工是否准时打卡等事务性的、琐碎的事情。

（2）生产管理。以制造业为例，生产管理就是指管理生产现场的人、机、料、法、环等方面。

（3）辅助上级。辅助上级，就是班组长要及时向上司汇报现场的问题，给上司提出提升管理的建议。班组长要想获得晋级优势、让上司满意，就要当好军师，及时汇报。

3.2.2　班组长基本任务的分解

（1）完成目标。完成目标是班组长的首要使命。例如，绩效管理的核心内容就是 KPI，即关键性指标。

（2）做计划。许多班组长不善于做计划，不重视计划，认为计划不如变化快。然而凡事预则立、不预则废，做计划永远是有必要的。计划的时间不要太长，和企业的现实相匹配即可。

（3）调动资源。人、机、料、法、环都是资源，班组长要善于调动、利用各种资源，调动员工的工作积极性。

（4）上情下达。班组长要善于向上汇报信息，向下传达要求，做好"传声筒"，起到纽带作用。

（5）开会。班组长要学会开会，这是一种能力，是最常见的沟通方式之一。对于那些管理经验较少，不知道如何给员工开会的班组长来说，不要害怕开会，可以先模仿他人如何开会，在尝试和实践中提升自己的能力。

（6）培训员工。培训是一种领导方式，班组长要做好领导，就要学会给员工培训。

（7）监督指导。班组长要监督和指导员工的工作，发现问题后及时指导。

（8）营造班组氛围。班组长要营造一个好的班组氛围——企业文化。

总之，班组长的性格特点和作业方式对整个班组的影响很大，言传不如身教，班组长要求下属时首先要自己做好。

3.3　班组长角色行为

角色行为是指在对角色规范认知、对角色评价认知的基础上，实现自己所扮演角色的行为表现。班组长的角色行为的特征不仅体现了班组的整体目标，同时也体现了班组长个人的素质。

3.3.1　知识技能是班组长角色扮演的基础

从优秀的工人成长为优秀的班组长，其所拥有的生产操作知识、生产操作技能和工作经验往往发挥很大的作用。但如果班组长不主动学习，只局限于原有的生产操作方面的知识技能，就难以成为一名合格的班组长，也难以取得成功。只有具备现代企业班组建设和现场生产管理的知识技能，才具备胜任班组长的资格条件。这些知识技能包括以下几个方面。

（1）现代企业班组建设知识技能。现代企业班组建设知识技能包括班组基础管理、学习型组织建设、技能型班组建设、创新型班组建设、班组文化建设、绩效管理等。

（2）现场生产管理知识技能。现场生产管理知识技能包括作业管理、物料管理、生产安全管理、设备管理、质量管控、现场 8S 管理、节能降耗管理、班组信息管理、现场环境管理等。

3.3.2 角色行为是班组长取得高绩效的关键

知识就是力量，但只有通过适当的行为，才能将知识转化为绩效。因此，班组长的行为特征是其能否成为优秀班组长的关键，是班组长潜能的具体体现。要想成为取得高绩效的班组长，就应该努力提升自己扮演角色的能力，具体需要做到以下几个方面。

(1)做好角色认知工作。企业和班组成员对班组长有很多期待，班组长要通过了解班组历史、学习企业规章制度、分析岗位说明书、与班组成员进行沟通等活动，将班组长角色的社会期待内化为对自己的主观要求，哪些应该做，哪些必须做，哪些不能做，要做到心中有数。

(2)致力角色实践。班组长要努力使自己的角色行为与企业及班组成员的期待相一致，不断纠正角色在实践中的偏离倾向，同时要向优秀班组长学习，不断提升自己履行班组长职责、义务的能力和水平。

(3)协调角色冲突。班组既是企业生产运营的终端，也是社会体系的组成部分。因此，班组长有时会同时担任多种角色，而不同的角色各有其角色期待，不同的角色期待可能会产生角色冲突。班组长要正视角色冲突，提高协调自身角色冲突的水平，努力在不同情境下扮演好应该扮演的角色。

3.4 工业企业班组长的角色

一般情况下，由于行业的工作环境、工作内容有差异，班组长在开展工作的过程中要扮演不同的角色。通过对工业企业优秀班组长岗位说明书(以下简称岗位说明书)的分析和优秀班组长事迹的研究，可以发现工业企业班组长应该扮演好安全生产管理者、团队领导者、劳动楷模、技能导师的角色。

3.4.1 以岗位说明书为依据认知班组长基本角色

岗位说明书是岗位职责、任职条件、绩效考核的依据，也是班组长认知自己所要担当的角色的重要依据。一般情况下，班组长可以通过岗位说明书的岗位职责部分总结归纳出自己应当扮演的角色。以下内容选自某企业岗位说明书。

1. 计划职能
(1)充分理解上级部门下达的作业计划。
(2)对本班组人、财、物等方面的需求进行预算。
(3)根据企业整体计划与关联班组进行协调。
(4)与班组成员讨论形成本班组作业计划。

2. 指挥职能
(1)向班组成员解释企业的方针政策及指示精神。
(2)告知班组成员班组作业计划和作业方案。
(3)明确班组成员的岗位与作用。
(4)安排工作，明确时限。

3. 组织职能
(1)对班组人力进行安排。

（2）合理配置班组物资资源。

（3）发挥表率作用，带领员工完成作业计划。

（4）修正班组成员对工作需要、作业计划等的误解。

（5）组织学习培训，提升班组成员技能。

（6）统筹安排好现场作业、成本核算、安全环保、材料管理、设备保养等，确保高质量完成作业任务。

4. 控制职能

（1）根据作业计划及工作标准检查班组成员工作。

（2）对表现优秀的员工给予适当奖励，对违规的员工及时指出问题并慎用负激励。

（3）倾听班组成员建议并消除其抱怨和不满。

（4）协调上级部门解决班组成员实际困难等。

上述岗位说明书中有关职能表述部分明确了班组长必须要扮演两个角色，即安全生产管理者和团队领导者。

安全生产管理者是在确保安全的前提下，班组生产运营活动具体的组织者和促进者。与安全生产管理者相适应的职能：与计划职能相关的四项职能，与指挥职能相关的四项职能，与组织职能相关的六项职能。

团队领导者是在达成组织目标的过程中推动员工学习和发展的创造者。上述岗位说明书组织职能中有关"组织学习培训，提升班组成员技能"、控制职能中有关"对表现优秀的员工给予适当奖励，对违规的员工及时指出问题并慎用负激励"等内容均为团队领导者角色的具体表述。

3.4.2 以优秀班组长为标杆归纳提炼班组长角色

要学就学最好的！在实际工作中，要成为优秀的班组长，必须善于学习优秀班组长的行为特征。优秀班组长在工作中不仅能够扮演好安全生产管理者、团队领导者的角色，还能够扮演好劳动楷模和技能导师的角色。

1. 劳动楷模

柳祥国召开第一次班组会，就把自己摆进去。他说："落后，不是工人阶级的脾性，也老是挨打！为了改变班组拖后腿的状况，我一个月不休息，你们也少休两天，咱们大伙一起，努力摘掉落后帽子！"柳祥国将起袖子下决心："没人干的脏活累活，我来干！没人愿意加的班，我来加！别人认为傻子才会做的事，我来做！"

——摘自株洲冶炼集团股份有限公司职工柳祥国事迹

1997 年，邵志村从技工学校毕业被分配到大冶有色冶炼厂的反射炉岗位工作。反射炉岗位艰苦程度超乎他的想象：吐着火舌的高温熔池，隔着衣服都能把皮肤灼伤；清理溜槽要抢起 18 磅的大锤，一锤下去隔夜饭都得吐出来。随着冶炼系统改造升级，反射炉换成了诺兰达炉，诺兰达炉虽比反射炉先进，但有个严重的技术缺陷，就是生产过程中余热锅炉极易结焦，堵塞烟道，必须人工清理，只要遇到诺兰达炉检修，他总是第一个钻进闷热炉膛，用风镐清理炉底结块，等到人从里面爬出来，两个手掌被汗水泡得皱巴巴的，腰疼得都直不起来。

——摘自大冶有色金属有限责任公司职工邵志村事迹

从以上班组长的事迹中,可以发现很多类似的精神特质。优秀班组长都在用自己辛勤的劳动和汗水扮演着劳动楷模的角色。

2. 技能导师

氧化钼多膛焙烧炉因同时点燃各层所有燃烧器,导致炉内温度过高,物料升华现象严重,结料较多,产品质量下降,天然气损耗大。王伟中留心观察,钻研技术,发现焙烧炉料烧结结块的根本原因在于温度偏高,他创新性地采取了关闭部分炉层的燃烧器,调整进气孔的开度大小,从而控制物料反应速度,使高温炉层温度比原来降低40 ℃;利用物料自燃放热,为焙烧提供热量,有效遏制了焙烧过程中物料的烧结和升华,保证了产品质量,提高了金属回收率,天然气消耗显著降低,节约了成本。"王伟中低温焙烧法"在金钼集团首届职工技术创新活动中获得命名奖励。

——摘自金钼集团有限公司职工王伟中事迹

艾爱国19岁进湘钢当工人,从学徒干起,在焊接岗位上工作了半个多世纪。1983年,冶金工业部组织联合研制新型贯流式高炉风口,其中风口的锻造紫铜与铸造紫铜的焊接成为需重点攻克的难点。艾爱国主动请缨,希望承担紫铜焊接的工程,并提出了当时国内尚未普及的"手工氩弧焊接法"。1984年,经过反复推敲,高炉新型风口的焊接工作顺利完成,使得高炉的寿命延长了半年,每年可节能增效近百万元。工作几十年,他刻苦钻研,成为我国焊接领域的领军人。

——摘自湖南华菱湘潭钢铁有限公司职工艾爱国事迹

作为班组长,技能、经验在很大程度上决定了其在班组中的地位,但优秀的班组长深知,"一个人强不算强,大家强才是真的强"。因此,他们总是能够主动学习,分享知识和经验,积极提升班组成员的技能水平,很好地扮演了员工技能导师的角色。

3.4.3　工业企业班组长的角色

根据上述班组长岗位说明书、工业企业优秀班组长事迹,不难发现,为充分发挥班组长的作用,他们需要在日常管理中扮演以下四种角色。

(1)安全生产管理者。安全生产管理者应发挥计划、指挥、组织的作用,确保员工按照标准、流程和目标开展工作,保障班组安全运营,并实现上级下达的生产目标。

(2)团队领导者。团队领导者应发挥领导者的作用,其一般不依靠班组长的权力"制服"员工,而是采用创造良好环境、鼓舞团队士气、影响团队理念和思想等方式打造班组团队精神,引领团队完成具有挑战性的目标,班组长是班组内部公认的领导者。

(3)劳动楷模。劳动楷模应做到爱岗敬业、身先士卒、勇于担当、吃苦耐劳、忘我工作、连续作战、挑战极限,其是班组内部甚至全体劳动者中工作态度的最佳表现者。

(4)技能导师。技能导师即促进员工知识扩展和技能提升的导师。为此,班组长应具有较高的知识技能水平,善于分析、解决问题,并能持续改进,当员工需要时,能为员工提供改进绩效的意见、建议和方法,日常工作中积极与他人分享知识,促进员工知识技能水平的提高。

上述四种角色中的"安全生产管理者"是由班组长的职责所决定的,这个角色扮演得成功与否决定了班组长是否合格。而高绩效班组的班组长在成功发挥安全生产管理作用的同时,往往还能够发挥团队领导者、劳动楷模、技能导师的作用,或者在其中一两个角色中具有突出的表现。

【学习小结】

本模块主要介绍了班组及班组管理的基本概念，班组管理的主要内容以及班组长基本任务。通过这些基础知识的学习和训练，培养学生建章立制、资源调配、沟通协调、团队合作的能力；锻炼学生分析、解决问题的能力，激发学生持续创新的潜能。培养学生遵纪守法的意识和社会责任感，培养学生的管理能力和团结协作精神，使学生养成良好的职业素养，领会工匠精神、劳动精神、劳模精神的真正内涵。

【课后拓展】

王某是某冶炼集团的工人技术骨干，好钻研，为人老实厚道，多次在公司岗位操作技能比武中名列前茅。2020 年 3 月，车间领导任命王某为某生产班组的班长，担任班长后，王某更加任劳任怨，每天从早忙到晚，生产操作、技术问题很少能难倒他。他不太爱说话，私下里和领导、班组成员几乎没有什么来往。班组成员身体不舒服，家里有什么事，情绪有什么波动，他很少注意到。车间调度会他很少发言，班前会也只是简短几句布置一下任务。每月进行奖金分配时，他认为大家工作任务差不多，没必要进行具体的经济核算。他认为班长最重要的是以身作则，带头完成各项工作任务。

王某是个称职的班长吗？班长的主要工作任务包括哪些？他的问题主要是什么？

模块三

数据化管理工具

1. 了解数据的概念、数据的采集及数据采集的基本原则。
2. 熟悉现场记录管理的内容；掌握数据统计分析的基本方法。
3. 了解企业数据化管理发展趋势。

培养运用基本的数据处理工具完成日常数据处理工作的能力，做到严谨细致。

单元一　数据思维与数据化管理

案例引入

1.1　工业大数据认知

1.1.1　工业大数据的概念

当前，随着新一代信息技术的迅猛发展，人类已经进入以智能化为核心的第四次工业革命。智能化的基础是数据，因而数据变得越来越重要。

数据与信息密不可分，是信息的表达形式和载体。数据最简单的就是数字，也可以是符号、文字、语音、图像、视频等。工业数据是指工业企业在产品全生命周期各个阶段开展各类业务活动所产生的数据，包括工业企业在研发设计、生产制造、经营管理、运维服务等环节中生成和使用的数据，以及工业互联网平台中的数据等。工业数据的综合通常称为工业大数据。

1.1.2　工业大数据的分类

工业企业生产经营活动各环节产生的数据即工业大数据的来源。企业的员工信息、固定资产、产品信息等属于资源信息数据，是静态数据。员工考勤数据、企业的产能、与客户的交易等属于资源活动记录数据，是动态数据。从数据描述对象与企业的关系角度以及动态和静态数据来分类，主要包括六大类。

(1)企业资源的信息数据。企业资源包括企业员工、财务、资产和信息四大类，资源数据是静态数据。

(2)企业资源活动的记录数据。包括员工考勤数据、销售交易数据等公司经营管理活动产生的数据，具有极强的时效性，是动态数据。

(3)企业经营活动所接触外部资源的信息数据。企业客户的资源信息数据，工商、税务、市场监管等政府部门的信息数据等，是静态数据。

(4)企业观测到相关资源活动的记录数据。交易市场原材料价格、产品价格、客户的订单数量等数据，是动态数据。

(5)企业主动采集或者采购的外部数据。企业做的市场调研数据等，既包含静态数据，又包含动态数据。

(6)外部开放数据和公共数据资源。政府公布的人口数据、经济数据以及权威机构发布的研究数据等，包含静态数据和动态数据。

1.1.3　工业大数据的价值

1. 企业的核心资产

工业大数据对企业的价值体现在内部经营管理和外部市场两个方面。企业内部经营管理主要体现在如何降低运营成本和提高科学决策水平两个方面。如金属冶炼、机械制造等重资产行业，延长设备寿命就是降低运营成本的重要手段。生产加工过程中测量的数据就对研究延长设备的使用期限起着重要的作用。

工业大数据的价值在外部市场的体现就是提高产品的附加值。全球领先的锂离子电池研发制造公司宁德时代新能源科技股份有限公司，建立了一套电池监控平台，对监控的电池状况数据进行分析不仅可以优化设计，还能给整机厂提供及时的维修服务，同时把平台开放给4S店，让4S店进行众包维修服务，由单纯的销售产品，变成了产品+服务的收费模式，大大提升了附加值。

2. 调控企业经营活动的依据

网购已成为人们日常生活的一部分，通过大数据分析电商平台的网购数据和浏览数据，会总结出销量最好的产品、消费者的偏好以及消费者潜在的消费对象，这些数据会反向传递调节电商平台的订货品类、订单量等，然后会影响生产企业的经营决策、销售策略等，最终影响原材料价格。

3.驱动企业转型

在制造业，依靠工业互联网平台，不仅能实现客户个性化定制，同时能通过后续的服务提升价值，由单一的产品销售向产品+服务模式转变。在建筑行业，依托 BIM、CIM 技术，由单一的工程建设向投资、基建、运营转型。通过设计、建设、运营过程中积累的大量数据，以及对这些数据的分析利用，可以优化相关标准，通过向其他企业输出标准的方式实现数据资产变现。在采矿业，核心企业可以通过产业互联网平台，实现采矿机械的产业链协同，把整机生产、供应、备件销售、设备维护，金融租赁等相关企业链接到平台上，从而衍生出新的商业模式。

1.2 数据思维

数据思维就是根据数据来思考事物的一种思维模式，是一种量化的思维方式，是重视事实、追求真理的思维定式。

在新闻报道中，经常看到这样的表述：国家统计局发布的数据显示，5 月份，全国工业生产者出厂价格同比上涨 6.4%，环比上涨 0.1%；工业生产者购进价格同比上涨 9.1%，环比上涨 0.5%。工业生产者出厂价格比去年同期上涨 8.1%，工业生产者购进价格上涨 10.8%。用数据来描述，具有较高的说服力，这就是数据化的表达。用科学、准确的数据来支撑就是数据思维模式下的表达。

数据思维并不是将事物单纯的数字化。数据思维并不排斥定性的描述和结论，但形成定性结论的基础是数据。2022 年国家统计局发布的 5 月份的数据，全国规模以上工业增加值同比增长 0.7%，4 月份为下降 2.9%，环比增长 5.61%。分三大门类看，采矿业增加值同比增长 7.0%，制造业增长 0.1%，电力、热力、燃气及水生产和供应业增长 0.2%。装备制造业增加值同比增长 1.1%，4 月份为下降 8.1%。工业生产由降转增，装备制造业回升明显。大家看这段话，既有数字，又有对比，还有结论，而如果仅有数字，没有对比，也就无从下结论，这就是典型的数据思维表达方式。

1.3 数据化管理

数据化管理是指运用分析工具，对客观、真实的数据进行科学分析，并将分析结果运用到生产、营运、销售等各环节的管理方法。数据化管理的目标在于为管理者提供真实有效的科学决策依据，宣导与时俱进地充分利用信息技术资源，促进企业管理可持续发展。

数据化管理的一般流程包括分析需求（目标任务）—收集数据—分析数据—数据可视化、分析报告—应用。在企业生产现场一般是根据工作任务完成数据采集工作，然后进行整理分析，总结汇报。下面本书以冶炼企业为例，介绍企业生产现场一般需要采集的信息数据。冶炼企业生产现场采集数据主要包括：①生产设备自动化仪器仪表收集到的数据，包括设备运行的状态参数、工况数据以及使用过程中的环境参数等；②各类人工收集并保存的数据，包括物料记录、设备的维护保养记录、点检巡检记录、设备基础信息、安全记录、检查记录、交接班记录等；③其他相关外部信息，如其他同类设备的相关数据等。

1.3.1　工业大数据的采集

工业企业对大数据的采集主要来源于生产一线，采集的方法主要有询问法、现场记录法和自动生成报表法。

（1）询问法。询问法主要是指管理者对现场一线作业人员，通过提出问题、回答问题的方式，了解现场情况并及时对信息作出相应的更新。

（2）现场记录法。现场记录法主要是指管理者根据生产一线需要编制记录表，旨在准确及时地记录现场设备运行情况、物资出入库统计情况、生产质量情况、安全运行情况等。

（3）自动生成报表法。自动生成报表法主要是指管理者依托设备高度集成自动化，利用后台服务软件远程采集设备运行、生产状态信息（如设备运行电流、电压、温度及生产矿石吨位等），并自动生成数据统计表格。以这种方式生成的数据，最大的特点是便于统计和保存。数据统计自动化、智能化已经成为数据化管理的发展趋势。

1.3.2　数据采集的基本原则

（1）可靠性原则。可靠性原则是指采集的数据必须是真实对象或环境所产生的，必须保证数据来源是可靠的，必须保证采集的数据能反映真实的状况。可靠性原则是数据采集的基础，也是所有职业在数据记录过程中必须遵循的道德规范。

（2）完整性原则。完整性原则是指采集的数据在内容上必须完整无缺，必须按照一定的标准要求，采集反映事物全貌的数据。完整性原则是数据利用的基础。

（3）实时性原则。实时性原则是指采集的数据必须实时，及时获取所需的信息，一般有三层含义：一是指数据自发生到被采集的时间间隔，间隔时间越短就越及时，最快的是数据采集与数据发生同步；二是指在企业或组织执行某一任务而急需某一数据时能够很快采集到该数据；三是指采集某一任务所需的全部数据所花费的时间，花费的时间越少越好。实时性原则能够保证数据采集的时效。

（4）准确性原则。准确性原则是指采集的数据与应用目标、工作需求的关联度比较高，采集到的数据的表达是无误的，是属于采集目的范畴之内的，相对于企业或组织自身来说具有适用性，是有价值的。信息关联度越高，适应性越强，就越准确。准确性原则保证数据采集的价值。

1.3.3　现场数据记录管理

1. 物料记录管理

物料记录管理需要充分发挥班组长、领料员、仓库管理员等的作用。班组长要全面管控，确保物料记录准确无误。物料管理清单见表3-1。

表 3-1　物料管理清单

序号	物料记录表名称	序号	物料记录表名称
1	物料请购单	14	包装材料收发管理台账
2	采购计划单	15	包装破损物料台账
3	物料验收记录表	16	包装破损物料检查台账
4	物料（成品）复验申请单	17	异常情况报告单
5	物料入库单	18	异常情况检查记录
6	原辅料收发管理台账	19	不合格产品台账
7	物料退库单	20	不合格产品处理报告单
8	库存物料复验记录	21	不合格产品销毁单
9	温湿度记录	22	不合格产品销毁记录
10	不合格产品/物料处理记录	23	成品入库拒收单
11	物料货位卡	24	物料储存条件表
12	成品货位卡	25	物料盘存报告单
13	成品收发管理台账	26	损耗报告单

2. 设备记录管理

设备记录主要包括作业记录、异常记录、故障记录等。设备记录必须要有固定的记录格式，常见的设备记录表单有设备台账记录、设备运行记录、设备巡检记录、设备点检记录、设备维修保养记录、设备故障报告单、设备报修申请单等。

设备记录管理主要应做好以下工作。

(1)设备管理部门建立设备记录档案，主要保存设备技术资料、设备台账、设备运行资料、设备检查记录、设备维修保养记录等。

(2)班组值班人员做好设备运行记录，设备管理人员做好设备巡检记录，设备维修人员做好设备维修记录，并在相关记录表中签字。

(3)班组将所有设备记录按时(月)整理成册，并妥善保管。

(4)班组定期开展统计、分析和总结工作，掌握设备运行状况。

(5)班组做好设备记录借阅、销毁等工作，同时做好设备记录的保密工作。

3. 设备点检记录管理

设备点检记录管理包括：设备点检记录、点检标准、检修记录、设备档案记录管理。

4. 安全记录管理

生产班组常用的安全记录有：安全台账记录；安全会议纪要；安全检查记录；安全培训记录；班组人员信息登记表；特种作业人员信息详情表；安全检修告知书；危险作业证审批表；危险源公告；安全活动记录；应急演练记录；有毒有害检测记录。

几种常见的安全记录要求如下：

(1)安全台账记录。安全台账记录要确保记录内容的规范性、真实性和严肃性，具体要求如下：

①台账由班组专人填写，用蓝黑墨水钢笔或水笔填写，字迹工整清楚，记录真实完整，班组长负责审核。

②每年的安全措施都应重新审核，修编后写入有关制度，班组员工被告知后应签字。

③将安全措施完成情况简明扼要汇总，每半年总结一次。

④在安全器具、防护用品登记表上，应登记其名称、数量、发放情况等，确保内容完整、清晰。

⑤异常情况应按要求及时记录。

⑥班组员工发生违章或被通报须进行安全考核的同时，应填入安全台账。

⑦填写故障记录表、员工伤亡事故登记表的同时，应填入安全台账。

⑧做好安全活动记录，明确记录活动目的、活动内容、参与人员、参加领导审批意见等。

⑨安全记事栏应详细记录安全方面的事件及其他安全情况。

（2）安全会议纪要。安全会议纪要的主要内容包括会议时间、地点、议题、参加人员、主持人、记录人、会议议定事项等。

（3）安全检查记录。安全检查记录的主要内容包括安全措施及落实情况，以及现场安全组织、安全防护、个人保护、现场防火、安全标志、临时性用电系统及设备的情况等。

（4）安全培训记录。安全培训记录的主要内容包括培训方案、培训实施表、培训人员表、培训成绩表。培训管理人员拟定培训方案，培训方案应包括培训的目的、内容、时间、参培人员等内容，待领导审核批准后组织实施。培训管理人员在培训实施前应制作培训签到表，便于参培人员签字后存档，同时应做好实施记录，培训结束后安排相关内容的考试，参培人员考试成绩要记录在案，考试不及格者须重新进行学习培训。

5. 现场情况管理记录

（1）培训记录表。××车间设备组培训人员登记表见表3-2。

表3-2　××车间设备组培训人员登记表

| 姓名 | 性别 | | 年龄 | 现在岗位 | | | 姓名 | 性别 | | 年龄 | 现在岗位 | | |
	男	女		管	专	工		男	女		管	专	工
小计							小计						
申报单位意见	年　　月　　日						人力资源部培训中心意见	年　　月　　日					

（2）安全隐患整改记录。

安全隐患整改通知书如下。

安全隐患整改
回执单等

安全隐患整改通知书

××安环字〔2022〕××号

××车间：

2018年××月××日，按照工厂要求，由××、××职能部门相关人员对硫酸一系列制酸区域进行安全生产检查，发现存在以下问题，须尽快落实整改。

1. 净化水管支架腐蚀，存在断裂风险。

2. 1#动力波循环泵旁堆放备用管道，存在绊倒隐患。

检查人员（签名）：××、××、××

被检查单位负责人（签名）：××

安全环保部（公章）

××××年××月××日

1.3.4　质量记录管理

1. 质量记录主要内容

质量记录通常以文字、图表和数据的形式来体现，其主要内容包括：产品规范；工艺要求及原材料说明；人员资质和记录；原材料实验报告；产品生产各阶段检验报告；产品允许偏差或认可的详细记录；不合格材料及处理的记录；产品质量投诉和纠正措施记录；质量审核报告和评审记录；供应商记录；控制和纠正措施记录；测量和监视装置校准记录；其他记录。

2. 质量记录控制要求

质量记录控制包括标识、填写、保管、处理等要求。

(1)标识要求。过程记录要标有原材料批次编码、产成品代码，便于过程追溯。

(2)填写要求。

①填写内容必须完整、清晰，数据必须真实、准确。

②按时按点记录，签字审批完整。

③专人管理，确保记录文件妥善保管。

④用蓝黑墨水钢笔或水笔填写。

⑤不得随便更改，确需更改时，须由原填写人在修改处用细实线"＼"划掉，在上方或旁边填写正确内容，并在更改处签字盖章。

⑥对于没有执行或不需要执行的项目，填写细实线"／"。

(3)保管要求。

①定时建档保存，便于查找。

②一般按质量记录流水线排列，同时制定查阅、借阅、保密相关制度。

③不得损坏、丢失记录，保持记录干净整洁。

④对具有永久性保存价值的记录，应当列册归档，一般记录归档期不得低于产品的寿命期或责任期。

(4)处理要求。过期的质量记录应予以销毁，具体销毁程序应依据本单位档案管理相关规定办理，对重要、涉及技术秘密的档案，销毁时应保留销毁记录。

1.3.5　检查记录管理

检查记录包括安全检查记录、设备检查记录、质量检查记录、环境检查记录等。

1.安全检查记录

安全检查记录主要包括巡检记录、安全检查会议记录、整改方案、安全检查月报等。记录的主要内容包括消防器材、设施、设备安全检查、问题及纠正记录，班组安全生产工作情况汇报，安全操作规程执行情况，岗位危险源识别和防范措施落实情况，员工劳动保护和职业健康措施落实情况等。

2.设备检查记录

设备检查记录主要包括设备日常点检表、设备定期点检表、设备限期整改书、设备整改报告等。

3.质量检查记录

质量检查记录主要包括首检记录及巡检记录。首检记录即首次检查记录，是指出现特定情况时，对制造的第一件或第一批产品进行检验的记录。巡检记录是指在现场按照一定的时间间隔或检验频率，对关键工序的产品质量和加工工艺进行监督检验的记录。

4.环境检查记录

环境检查记录主要包括环境卫生检查记录、噪声检查记录、有毒气体检查记录、粉尘检查记录及环境改善检查记录等。

1.3.6　交接班记录管理

1.交接班概述

交接班一般发生在处于相同作业场所、执行同一生产计划、使用相同设备进行交替作业的班组之间。根据当天的情况，班组长认真填写交班记录，向下一个班组交代相关信息，以便下一个班组能正确掌握情况，避免操作失误造成事故。

2.交班要求

（1）交班班组长应在下班前组织班组员工对所属区域内的设备运行状态进行全面检查，发现问题及时解决，不得把问题遗留给下一个班组。

（2）交班前，交班人员应将机器设备、仪表擦拭干净，整理好现场记录，打扫现场卫生，清理各种工器具、防护用品、消防器材等，做好交接班的准备工作。

（3）交班时，交班者应向接班者详细交代本班组生产及相关情况，做到"十交""六不交"。

"十交"：交本班组生产情况，交原材料和成品数量、抽样次数和时间，交故障或事故情况（包括原因、处理经过和处理结果），交设备运转和维护保养情况，交仪器、仪表、工具的保管使用情况，交记录表单的填写使用情况，交室内外及设备卫生情况，交设备"跑、冒、滴、漏"及机械用油情况，交安全生产情况，交上级领导指示要求。

"六不交"：原材料、成品数量不清楚不交，设备运行或产品产出不正常不交，事故原因查不清或未处理不交，工具不全不交，记录表不齐全、不整洁不交，设备和现场卫生不整洁不交。

3. 接班要求

(1)接班人员必须按规定时间提前到岗,进行接班前检查,听取交班班组长介绍上一班生产情况,接班班组长提出本班工作要求。

(2)接班人员应和交班人员对口交接,认真听取交班者介绍情况并进行仔细检查。

(3)交班人员和接班人员共同核查当班生产运行情况,包括原材料数量、成品数量、抽样次数和时间、设备运行情况(班中是否发生安全事故及处理方式和结果)、工艺运行参数、生产记录、现场卫生(设备及工作区域是否清洁、垃圾桶是否倾倒、成品堆放是否整齐)、工具、消防设备等,接班人员应针对"十交""六不交"逐项核实。

(4)当出现下列情形时,接班人员可以拒绝接班。①交班,项目交代不清;②存在重大生产安全隐患;③故障或事故原因不清或未处理完毕;④设备运转或工艺参数不正常;⑤工具不全,设备、现场不清。

4. 交接班程序

(1)交接班必须在现场当面进行,交接双方应严格按照操作规程和巡回检查制度规定的路线和内容进行检查交接。

(2)接班人员检查无异议后,交班、接班班组长分别在交接班记录表上签字,完成交接手续,交班人员方可离开。

(3)接班人员未按时到场时,交班人员不得离开工作岗位,由交班班组长报告车间主任。

(4)交接班双方在交接班过程中发生争执,应由双方班组长协商解决,协商不成的请示车间值班人员或车间主任,在此期间交班人员应保持正常操作直至争议解决。交接班过程中发生问题由交班者负责,接班后发生问题由接班者负责。交接班记录见表3-3。

表3-3　交接班记录

交接项目	交接内容			
生产情况				
原材料和成品数量、抽样				
故障或事故				
设备运转和维护保养				
仪器、仪表、工具保管				
记录表单的填写使用				
室内外及设备卫生				
"跑、冒、滴、漏"及机械用油				
安全生产情况				
领导指示				
到岗人员				
交班人:　　　　接班人:		交接班时间	年　月　日	

单元二　Excel 数据管理工具

2.1　数据统计管理

数据统计是数据管理的基础性工作,是以某一特定单位对数据或其相关媒介进行统一的计量。数据统计服务于数据分析,为信息管理提供依据。

2.1.1　数据统计的基本方法

(1)描述统计。描述统计是通过图表或数学方法,对数据资料进行整理、分析,并对数据的分布状态、数字特征和随机变量之间的关系进行描述的方法。描述统计分为集中趋势分析、离中趋势分析和相关分析三大部分,班组在日常统计工作中将数据统计整理成折线图、曲线图、直方图等,都是描述统计方法的具体应用。

(2)推断统计。推断统计是在统计数据的基础上,进一步对其反映的问题进行分析、解释,并给出推断性结论的方法。

2.1.2　统计台账的管理

(1)企业建立统计台账要本着"专业归口,全面积累,综合部门重点掌握"的原则,通过分工负责,建立健全不同层级的统计台账。

(2)企业建立统计台账的工作应与定期统计报表的编制和统计分析的工作密切结合,台账登记要及时、准确、完整。

(3)统计台账应由主管该业务的统计人员妥善保管,不得随意处置。统计人员调动工作,必须办理移交手续,不得将其带走或销毁。

(4)凡是对外提供的综合统计资料,要以综合统计数据为准,专业统计资料以各职能部门数据为准。综合统计人员负责相关数据的汇总、协调和统一。

(5)建立健全原始记录是企业统计工作的基础,企业需要逐步完善原始记录的管理,做到统一、规范、合理。

(6)统计资料全面反映了班组的生产运营情况,为了保证统计资料的完整性和可查阅性,企业要严格按照档案管理制度的相关要求及时存档保存各类统计资料。

2.1.3　文字说明和分析报告

统计报表必须附有文字说明和分析报告,目的在于使企业挖掘统计数据所反映的生产运营中的问题,了解计划完成情况,并提出改进意见。

(1)文字说明是根据统计报表中各项主要指标反映的问题,说明问题产生的原因,影响及后果等,它是统计分析的基础形式。

（2）分析报告以检查计划为重点，测定计划完成程度，分析计划完成或未能完成的原因，并提出相应的改进意见。分析报告使用文字说明能使分析更加详细和深入。

2.1.4 统计工作的交接

（1）统计人员调换工作，必须做好交接。统计人员调换岗位前，须在1周之内培训接替人员，使其能独立工作；必须将经办工作情况全面向接替人员交代清楚；必须将手头上或实际工作中所有的统计资料与统计工具列出清单并移交。

（2）统计资料主要包括原始凭证、统计手册、台账、报表、文件、历史资料等。

（3）统计人员在交接工作未办妥前，不得擅离工作岗位，不得因工作调换或交接而影响统计工作的正常进行。

2.2 数据分析管理

数据分析管理是指企业选择科学的方法，对收集到的生产现场数据进行汇总整理，审核数据的有效性，并进行分析、判断、归纳、推理，从而获取所需要的信息，为生产运营决策提供专业支撑的过程。

常用的现场数据分析方法可以分为定性分析法和定量分析法，见表3-4。

表3-4 现场信息分析方法对照表

项目	定性分析法	定量分析法
分析对象	现场信息涉及的工作性质、特点和发展趋势	现场信息的数量特征、数量关系
分析依据	直觉、经验、逻辑思维能力	统计数据、数学函数计算
基本方法	归纳法、演绎分析法、比较分析法、推理分析法、结构分析法	回归分析法、时间序列分析法、决策分析法、优化分析法、投入产出分析法
适用情况	收集的现场信息资料或数据不足，或通过现象分析就可以得出结论	现场信息、数据完整，统计基础扎实，必须通过分析数据才能揭示数据特征及发展趋势

2.3 生产信息管理系统

2.3.1 生产信息管理系统概述

生产信息管理系统由硬件、软件、仪器设备、操作人员、相关文件资料（如操作手册、SOP）等组成。

生产信息管理系统通过对自动化、智能化硬件设施的投入来提升生产管理数字化、精准化、高效化和现代化水平，实现与生产工艺、信息技术、管理手段的深度融合。例如，依托生产信息管理系统的分析平台，使关键的控制指标参数及重要设备的启停实现邮件提醒推送，不仅将操作人员从以往烦琐的电话提醒中解脱出来，也确保了相关人员第一时间得知信息，为生产安全运行、技术经济指标持续优化创造了更快捷、更便利的条件。

2.3.2　生产信息管理系统的组成

生产信息管理系统一般包括生产信息、综合报表两大部分。

1. 生产信息部分

(1)生产计划。生产信息部分通过信息系统传递不同周期(月、周、日)的生产计划和生产指令。

(2)产量技术指标。生产信息部分由系统生成或者由班组录入产品的基础数据,进而形成各种产量指标、工艺指标,并进行数据汇总,最终形成相关技术指标报表。

(3)能耗及物耗指标。生产信息部分及时跟踪系统运行过程中的能耗和物耗指标,对能耗指标异常进行提醒,对物耗指标与库存进行平衡,确保生产的连续性。

(4)指标调控。生产信息部分对设备运行情况、能耗物耗指标情况及工艺工序进行实时监控并进行相应调控,力求生产状态保持最优。

2. 综合报表部分

综合报表部分在系统内自动生成生产技术报表(周、月、季和年报表)、产销存报表等。

2.3.3　生产信息管理系统的使用

1. 操作注意事项

(1)操作人员在操作生产信息管理系统时应当严格遵循操作标准。

(2)操作人员应严格遵守"先培训、后上岗"的上岗要求。

(3)操作人员在操作过程中发现问题应及时向信息主管部门或相关技术人员反映,以便快速处置。

2. 操作权限要求

(1)操作人员的操作权限要与岗位职责相匹配。

(2)操作人员岗位如有变动,应及时申请变更、调整、撤销操作权限。

(3)操作权限不得给未经授权者。

2.3.4　Excel 数据处理与分析

Excel 是微软的一款办公软件。尽管各企业都建设有适用本行业企业的信息化管理平台,但在日常工作中 Excel 仍然是较为常用的数据处理工具。

1. 纸质数据的电子化

尽管企业都建有比较完善的生产信息管理系统,但在很多场景下纸质统计仍然是有效的数据采集辅助手段,例如企业生产现场的数据采集。在用 Excel 批量处理数据之前,需将纸质数据电子化。纸质数据转换为电子表格的方式有多种。

(1)PDF 文件转换 Excel。将纸质数据通过扫描仪或者手机扫描软件扫描成 PDF 文件,用 PDF 阅读器打开文件,选择"文件"→"导出到"→"Microsoft Excel 工作簿"。

(2)图片识别软件转换 Excel。将纸质数据通过扫描仪或者手机扫描软件扫描成图片文件,用图片识别软件或者图片识别微信小程序转换成 Excel 文件。

两种方式生成的 Excel 文件都会有格式或者数据上的错误,需要检查纠错。

2. 案例

本书以行政综合管理场景(办公用品采购管理)为例介绍 Excel 数据处理与分析。

在企业的日常运作中,办公用品如各种书写用具、纸张、笔记本、装订机、文件袋等的采购,一些其他用品的采购如公司的绿化植物、办公室的饮用水、易损电器、员工的工作餐等,都归行政部门管理。必须对采购进行有效的统计和管理,才能顺利地完成这项任务。Excel 在此类应用场景中也发挥着非常好的效果。

处理步骤:

1. 创建基础资料表

新建表 1,命名为"供应商管理表",输入经常性采购商品的信息和供应商的信息,见图 3-1。

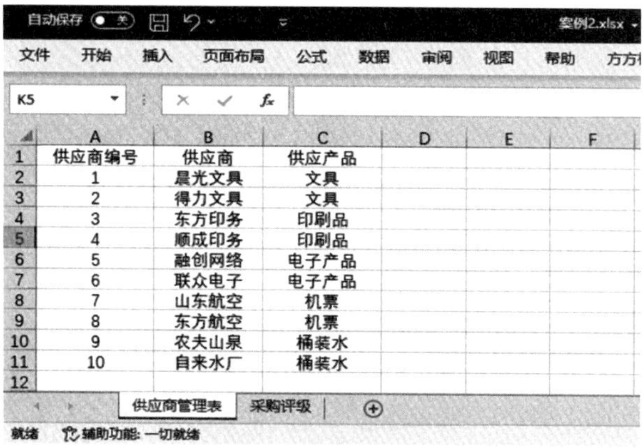

图 3-1　基础资料表

2. 制作采购评级表

添加表 2"采购评级",依次输入月份、供应商编号、供应商、供应产品、月得分、评级、建议等信息,用 VLOOKUP 函数,批量拷贝"供应商管理表"中供应商和产品信息,见图 3-2。

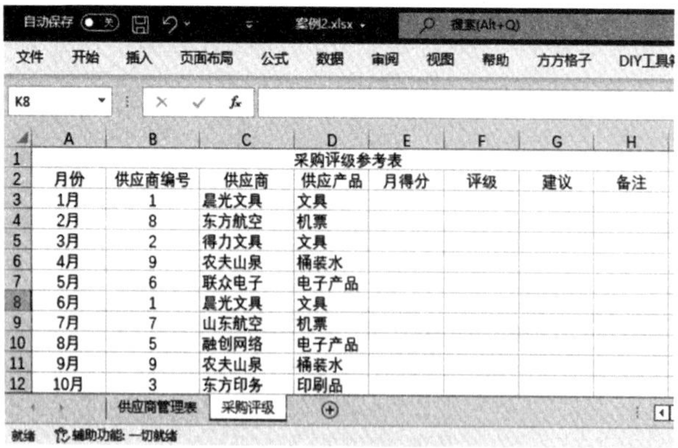

图 3-2　采购信息表

根据以往记录和今后发生的现实，为供应商评分。用 IF 函数编制分级公式，评分大于等于 85 显示 A，大于等于 80 且小于 85 显示 B，大于等于 75 且小于 80 显示 C，大于等于 60 且小于 75 显示 D。用 IF 函数根据评级给出建议，A 级优先选择，B 级正常选择，C 级可以选择，D 级不选择，见图 3-3。

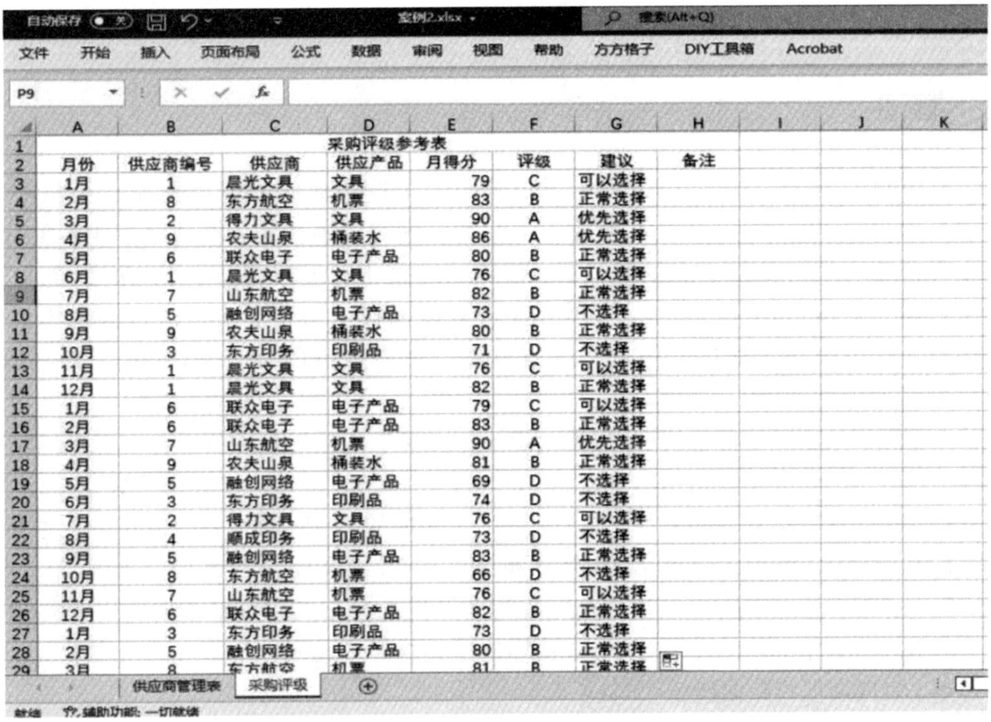

采购评级参考表

月份	供应商编号	供应商	供应产品	月得分	评级	建议	备注
1月	1	晨光文具	文具	79	C	可以选择	
2月	8	东方航空	机票	83	B	正常选择	
3月	2	得力文具	文具	90	A	优先选择	
4月	9	农夫山泉	桶装水	86	A	优先选择	
5月	6	联众电子	电子产品	80	B	正常选择	
6月	1	晨光文具	文具	76	C	可以选择	
7月	7	山东航空	机票	82	B	正常选择	
8月	5	融创网络	电子产品	73	D	不选择	
9月	9	农夫山泉	桶装水	80	B	正常选择	
10月	3	东方印务	印刷品	71	D	不选择	
11月	1	晨光文具	文具	76	C	可以选择	
12月	1	晨光文具	文具	82	B	正常选择	
1月	6	联众电子	电子产品	79	C	可以选择	
2月	6	联众电子	电子产品	83	B	正常选择	
3月	7	山东航空	机票	90	A	优先选择	
4月	9	农夫山泉	桶装水	81	B	正常选择	
5月	5	融创网络	电子产品	69	D	不选择	
6月	3	东方印务	印刷品	74	D	不选择	
7月	2	得力文具	文具	76	C	可以选择	
8月	4	顺成印务	印刷品	73	D	不选择	
9月	5	融创网络	电子产品	83	B	正常选择	
10月	8	东方航空	机票	66	D	不选择	
11月	7	山东航空	机票	76	C	可以选择	
12月	6	联众电子	电子产品	82	B	正常选择	
1月	3	东方印务	印刷品	73	D	不选择	
2月	5	融创网络	电子产品	80	B	正常选择	
3月	8	东方航空	机票	81	B	正常选择	

图 3-3　采购分级表

通过“筛选”可以查看各月份供应商的评级信息。可以根据工作需要对图表做进一步美化，如修改颜色等，见图 3-4。

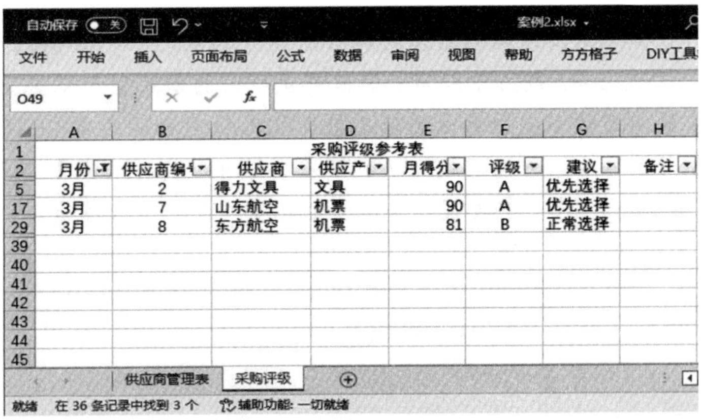

采购评级参考表

月份	供应商编号	供应商	供应产品	月得分	评级	建议	备注
3月	2	得力文具	文具	90	A	优先选择	
3月	7	山东航空	机票	90	A	优先选择	
3月	8	东方航空	机票	81	B	正常选择	

图 3-4　采购评级表

单元三 工业大数据与智能化管理

3.1 概述

在中国制造 2025 等战略决策的引导下，国内工业企业纷纷以智能制造为核心，融合工业自动化、智能物流、工业大数据、工业物联网等多项技术，推动制造业转型升级。新的生产形态产生海量的工业生产数据，传统的信息化管理方式已经不能满足企业发展的需求。新一代信息技术的发展，尤其是工业物联网技术为企业实现从数据采集、车间生产的数字化控制到设备状态信息实时监测和自适应控制的整个生产环节的智能化管理提供可靠的技术支撑。

数据管理工具也随着信息技术的发展不断迭代更新，先后出现了数据仓库、Hadoop 等数据管理工具。

数据仓库是在企业管理和决策中面向主题的、集成的、与时间相关的，不可修改的数据集合。Hadoop 是根据 Google 提出的由分布式文件系统 GFS、大数据分布式计算框架 MapReduce 和 NoSQL 数据库系统 BigTable 理论所开发的分布式系统基础架构。大数据平台是一种通过内容共享、资源共用、渠道共建和数据共通等形式来进行服务的工作平台，包括数据采集、数据处理和数据展示。

3.2 工业大数据智能化管理实例

下面以能源化工行业和钢铁冶金行业为例介绍生产企业数据管理解决方案。

▶【案例1】能源化工行业

某能源控股有限公司是国内规模最大的清洁能源分销商之一。目前已形成天然气销售、综合能源服务两大核心业务，致力于成为全球最具竞争力的创新型智慧企业。企业面临的安全生产问题之一是管网气体泄漏。腐蚀破坏是导致气体管网泄漏的重要原因之一，因此，对管网采取阴极保护必不可少。智能阴极保护数据采集仪可以实时采集管道阴极保护数据传送至智能运营中心（图3-5），中心在发现异常时立刻示警并发起维修信号。

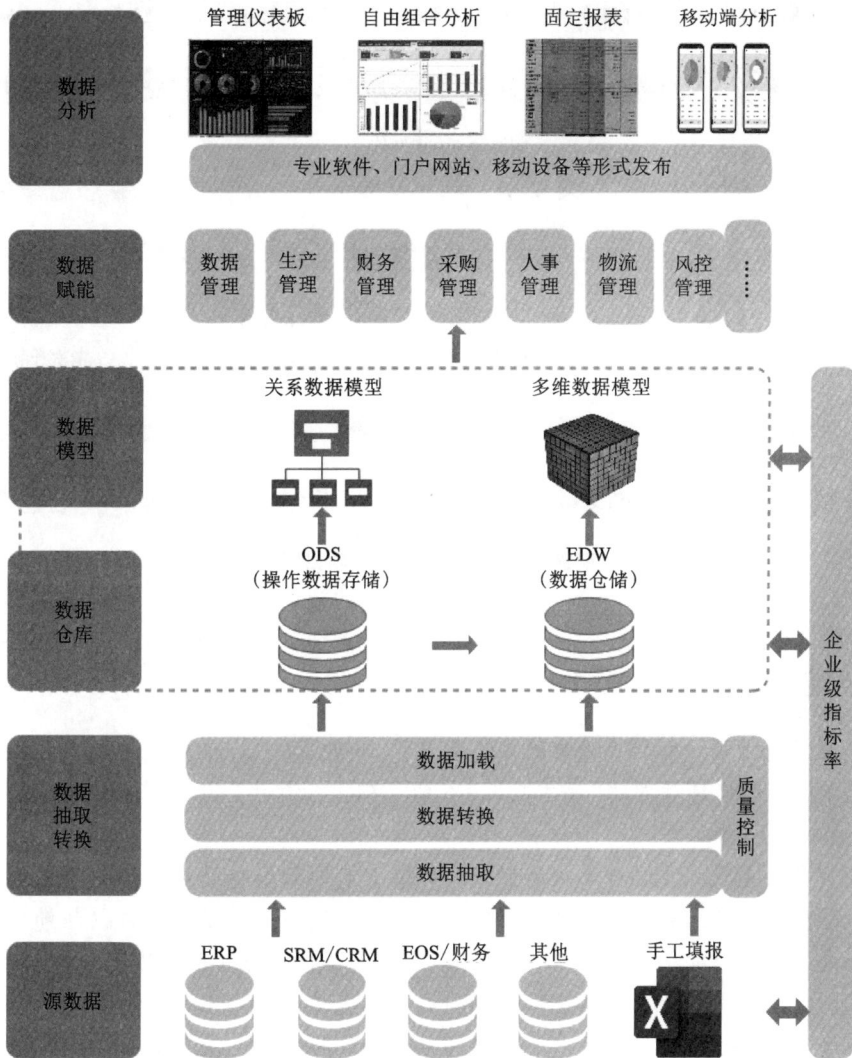

图 3-5　该企业数据智能化管理整体解决方案示意图

▶【案例 2】钢铁冶金行业

×钢铁公司"智慧管控中心项目"以数据平台为核心,通过集成企业生产、能源、物流、安全、环保工艺过程数据,构建以生产、能源、物流、环保、安全等为主题的数据模型,形成数据资产,最后基于工业互联网、大数据分析、人工智能等关键技术,提供现场看板、报表中心、主题分析、管理驾驶舱、即时通信和信息推送等功能。该项目不仅可以全面支持管控大厅应用场景,而且能够满足各职能部室、生产厂、公司领导日常各类业务和管理需求,并可为客户和供应商以及相关政府部门提供信息推送服务,将助力企业建设一站式数据与智能决策综合管控平台(图 3-6),为"智慧×钢"战略目标的顺利实现提供重要支撑。

制造应用	设备监控诊断	厂区能耗管理	产品质量追溯	生产工艺管理	人员绩效管理	产品库存统计
微服务	生产要素组件	可视化组件	报表管理组件	质量管理组件	设备维护组件	能源成本组件	空间定位组件
	制造分布式中间件					
	监控模型	产品模型	预警模型	绩效模型	产线优化模型
算法模型	监控模型	产品模型	预警模型	绩效模型	产线优化模型
数据处理	产线接入 设备采集时序存储	系统接入 批量抽取同步	图像音视频 非结构化存储	数据仓库 清洗计算调度
数据	产品图样	设备台账	工艺参数	工序数据	节拍数据	订单数据	库备数据
数据源	生产设备	控制设备	传感设备	手持设备	多媒体设备	仓管系统	运管系统	生产执行系统	行业指数

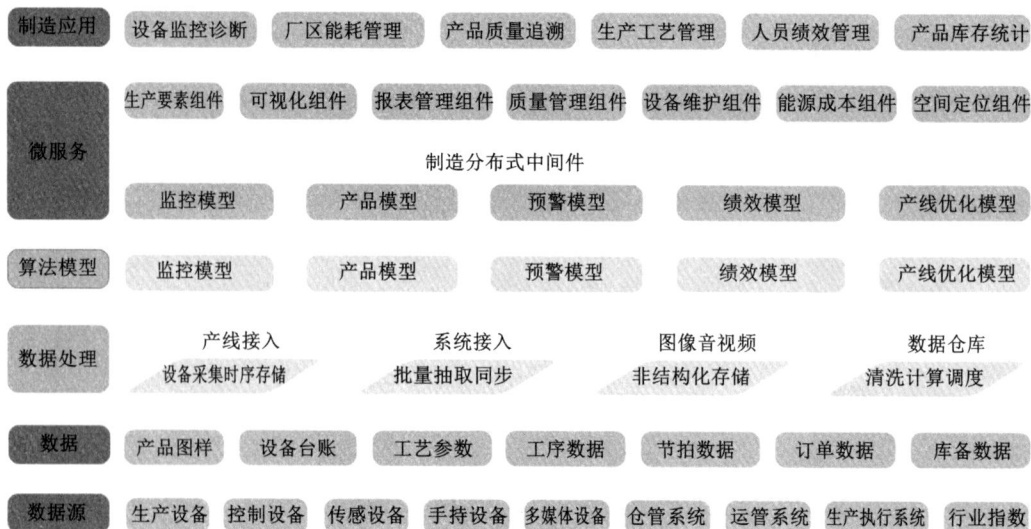

图 3-6 ×钢铁公司"智慧管控中心项目"架构示意图

【学习小结】

本章讲解了现场记录管理，这是班组信息管理的初级形式，也是充分利用现代信息管理方法，有效开展班组信息管理的"基本功"。在此基础上，学习了有关信息统计分析和信息管理实务的内容。

在企业装备大型化、操作自动化的时代，掌握上述知识很有必要。班组利用网络信息技术、信息管理技术对班组建设中的各个环节、工作流程进行规范管理，可以帮助班组管理实现方式自动化、过程标准化、沟通信息化、资料数字化，打通管理层在线检查、及时指导的通道，提高信息共享和班组考核的效率。信息化是班组落实精益管理的基础支撑，其可以把相对成熟、合理、准确的管理方法固化下来并强制执行，将复杂的事情简单化、简单的事情流程化、流程的事情表格化、表格的事情数据化、数据的事情信息化，为建立面向未来的智慧型班组打下良好的基础。

【课后拓展】

活动案例：

名称：信息传递。

目的：让参与者了解信息传递和记录的重要性，明白信息准确对工作的实际指导意义。

人数：每队 5 人，组成 1 个班组。

时间：10～15 min。

方式：以 1 个班组为单位，多队开展对抗赛。

活动介绍：厂长领取任务卡(两个几何图形的组合)，正确将任务卡上的信息有效传递给车间主任，车间主任收到信息后，将信息有效传递给班组长，班组长收到信息后，指挥班组员工(班组员工蒙上眼睛)用绳子在规定区域内完成拼图任务。班组人员拼出来的图形与任务卡图形一致即完成任务。

活动角色设置：

1.厂长 1 人：在指定位置接受任务，将任务正确传达给车间主任，并接收车间主任的反馈。

2.车间主任 1 人：在指定位置正确接收厂长下达的任务，将任务有效传达给班组长，接收班组长的反馈，并将反馈传达给厂长。

3.班组长 1 人：接收车间主任传达的任务，将任务分配给班组员工，指挥班组员工完成任务，并将过程中出现的问题及时反馈给车间主任。

4.班组员工 2 人：接收班组长安排的任务，按照班组长的指挥完成任务，过程中需要戴眼罩，遇到问题可向班组长汇报。

活动规则：

1.厂长领取任务卡后可观看图形 20 s，20 s 后交回。竞赛过程中，厂长可再申请观看一次图形，时间不超过 20 s，其间，其他班组员工停止作业活动。厂长传递信息只能用肢体语言(不能说话)，传递完信息需要戴上隔声耳机。

2.车间主任接到任务后，同样用肢体语言(不能说话)向班组长传达任务，任务传达完毕需要戴上隔声耳机。

3.班组长接收任务后，指挥两名班组员工在规定区域内完成拼图任务。班组长不可触碰班组员工和绳子，两名班组员工需要戴眼罩完成任务。班组员工、班组长踩边框线属于违规。

4.拼图期间若遇到问题，班组长可向车间主任反馈，车间主任反馈到厂长，厂长解答后，再逐级传达(问题反馈和解答过程只允许用肢体语言，不允许说话)。每个参赛队只允许反馈一次问题。

5.按规定要求完成任务，用时最短的队为获胜队。

模块四

生产现场管理

【学习目标】

1. 掌握现场及生产现场的基本概念，发现现场管理的问题。
2. 掌握计划管理的重要性，凡事有制定计划的意识。
3. 掌握计划执行中的方法和步骤。

【职业能力目标】

1. 培养根据作业现场环境制定切实可靠的现场管理标准并发现现场存在问题的能力。
2. 培养根据生产管理的目标制定具有可操作性的计划，并组织开展生产和管理工作的能力。

单元一　生产现场管理基础知识

案例引入

1.1　概述

1.1.1　现场及生产现场

1. 现场概念

现场通常包含"现"与"场"两个因素。"现"指现在、现时，强调的是时间；"场"指的是地点、场所。所以，现场就是赋予了一定时间的特定区域。广义上，凡是企业用来从事生产经营的场所，都称之为现场。如厂区、车间、仓库、运输线路、办公室以及营销场所等。狭义上，特指企业内部直接从事基本或辅助生产过程组织的地点，是生产系统布置的具体体现，是企业实现生产经营目标的基本要素之一。狭义上的现场也就是一般大家默认的。

2. 生产现场概念

生产现场就是从事产品生产、制造或提供生产服务的场所，即劳动者运用劳动工具，作用于劳动对象，完成一定生产作业任务的场所。它既包括生产一线各基本生产车间的作业场所，又包括辅助生产部门的作业场所，如维修车间、试验室和检修场地等。生产现场集中着工厂主要的人力、物力、财力，它由劳动者、机器设备、原材料、作业方法、作业环境、信息等要素组成。在我国习惯把生产现场简称为车间、工厂或生产第一线。国外有些企业也把产品销售部门与场所列为现场。狭义地讲，生产现场指的是加工制造业即第二产业的生产作业场所。而广义地说，现场同时涵盖国民经济的第一产业、第三产业的作业场所，同时也包括政府基础组织、社区基础组织、中介组织等社会基础层面的作业与工作场所。

简单地说，生产现场就是指直接从事生产、试验的作业场所。生产现场是各种生产要素有机组合的活动场所，包括劳动者、劳动手段、劳动对象、生产方法、生产环境等生产要素，简称"人、机、料、法、环、测"。

在产品生产过程中，形成的人流、物流、信息流都在生产现场有序、均衡、协调地按照预定的目标进行流动。其中人流是生产现场核心，操纵着物流和信息流现场活动。

3. 生产现场管理的重要性

生产现场是企业所有活动的出发点和终结点。生产现场能直接创造效益，能提供大量的信息，是问题萌芽的场所，也最能反映出员工思想动态。

生产现场是一个有组织的机体，具有很强的主体性，解决生产现场的问题是企业活动的主要任务。这就需要充分地发挥现场管理者的智慧和主观能动性，以适应新形势的发展。其根本目的是保证在长期安全稳定的前提下创造更高的经济效益，最终服务于社会、企业的利益相关者和全体员工。为了实现阶段目的，要求现场必须高效率地运作。

生产现场管理是用科学的管理制度、标准和方法，对生产现场的各个要素进行合理有效的计划、组织和控制，使其处于良好状态，保持正常运转，并不断得到改进，以求达到优质、高效、低耗、均衡、安全地进行生产。生产现场通常是由车间主任、工段长或班组长负责管理，使生产现场处于受控状态。

1.1.2　现场管理的概念及特点

1. 现场管理的概念

简单地说，现场管理就是运用科学的管理制度、标准、方法和手段，对现场的各种生产要素进行合理配置和有效地使用，以达到优质、低耗、高效、安全、文明生产的目的。

现场管理是以科学化和制度化方式为主的管理。生产现场的管理制度都是在科学的方法基础上建立的，生产现场是生产作业场所，一切活动都要遵循规章制度，尤其是要严格执行以安全生产规程、设备操作规程和工艺技术规程等一系列规章制度，既要完成生产作业任务，又要节本降耗，提高效率，还要避免人身事故、生产设备事故和产品质量事故带来的损失。

现场管理的对象是各种生产要素，包括现场的人员、设备、工具、原料、在制品、动力、场地环境等。

现场管理追求的目标是优质、低耗、高效、均衡、安全、文明生产。

2. 现场管理的特点

班组现场管理以现场设备或服务对象为中心，注重对实物进行就地的分析。现场、现物、现实是生产辅助班组现场管理的核心。其主要特点如下：

(1)基础性。企业生产管理一般可分为三个层次，即最高领导层的决策性管理、中间管理层的承上启下协调管理和班组的现场执行管理。现场管理属于基层班组的管理，是一个企业管理的基础。基础越扎实，管理水平越高，企业对外部环境的承受能力和应变能力就越强，企业生产经营目标，以及各项计划、指令和各项专业管理要求，就能顺利地在班组得到贯彻和落实。

(2)系统性。班组的现场管理也是从属于企业管理系统中的一个子系统。这个系统包含人、机、料、法、环、测等生产要素，通过生产现场的转换过程，完成各种生产、维修、检修、化验、服务等工作，同时，反馈各种信息，以促进各方面工作的改善。

(3)参与性。现场管理的核心是人。现场的一切生产活动、各项管理工作都要由现场的人去掌握、去执行、去完成。所以优化现场管理仅靠少数人员是不够的，必须依靠现场所有员工的积极性和创造性，要发动广大员工参与管理。

(4)开放性。生产现场管理是一个开放系统，在系统内部以及外部环境之间，经常需要进行物质和信息的交换与反馈，以保证生产有秩序地长期稳定进行。各类信息的收集、传递和分析、利用，要做到及时、准确、齐全，尽量让所有人员能看得见、摸得着、心中有数。

现场种种生产要素的组合，是在投入与产出转换的运动过程中实现的。优化现场管理是由低级到高级不断发展、不断提高的动态过程。在一定的条件下，现场生产要素的优化组织，具有相对的稳定性。唯技术条件稳定，有利于生产现场提高质量和效益。但是由于环境的变化，以及新设备、新工艺、新技术的采用，原有的生产要素组合和生产技术条件不能适应了，必须进行相应的变革。现场管理应根据变化的情况对生产要素进行必要的调整和合理配置，提高生产现场对环境的适应能力，从而增强服务能力。所以，稳定是相对的，有条件的变化则是绝对的。"求稳怕变"或"只变不定"都不符合现场动态管理的要求。

(5)规范性。现场管理要严格执行技术标准、操作规程，遵守工艺纪律及各种行为规范。现场的各种制度、各类信息的收集、传递和分析，都要标准化，做到规范、齐全。例如，需要大家共同完成的作业任务、质量控制、成本核算等，可将计划和完成情况制成图或表，利用各种方式定期公之于众(班组公开栏或者现场展板)，让现场人员都知道自己应该干什么和干得怎么样；与现场生产密切相关的规章制度，如标准作业程序、安全操作规程、岗位责任制等亦可张贴出来，以便现场人员共同遵守执行。现场区域划分、物品摆放位置、危险处等应设有明显标志。各作业生产环节之间、各道工序之间的联络，可根据现场工作的实际需要，建立必要的信息传导制度并监督执行。

1.2 生产现场管理内容

生产现场管理主要涉及五大生产要素，即人员、物料、安全、设备、现场5S管理。

1.2.1 人员管理

人员管理包括劳动分工和调动现场人员工作积极性两大内容。

1. 劳动分工

劳动分工是每个作业人员专门从事的某一部分生产过程。现场劳动分工应遵循以下原则：

(1)首先保证从事现场生产以及在生产作业活动中起关键作用的工作。

(2)把不同的工艺阶段分开。生产作业过程由不同的工艺阶段构成，比如准备阶段、加工阶段、装配阶段等，要将其分开。

(3)把准备性工作和执行性工作分开。比如维修设备之前要准备材料、备件、工具、调整设备等。

(4)把技术含量不同的作业任务分开。

(5)防止因分工过细带来的消极影响。

2. 调动现场人员工作积极性

现场人员是指直接从事现场作业与服务的人员。生产投入要素中，人是现场作业中最重要的，因为其他要素都是由人去完成的。只有调动了人的积极性，作业效率和质量才能提高。因此其管理水平的高低与班组人员工作的积极性有着直接的因果关系。

1.2.2 物料管理

合理地保管、使用原材料是降低生产成本、提高企业竞争力的重要环节。在生产现场，物料管理主要体现在原料和半成品的搬运、转移、出库和入库过程中，不仅要井然有序，更要保证不遗漏、不损坏、不浪费。

生产现场的物料有广义和狭义之分，狭义的物料就是指材料或原料，而广义的物料包括与产品生产有关的所有的物品，如备品、备件、原材料、辅料、包装材料等。

1. 物料管理的主要任务

(1)保证班组生产作业活动的正常进行。首先必须做好物料的计划和领用，通过合理的保管、发放，保证按质、按量、按时满足生产过程的各种需求，从而保证生产作业不间断地进行。

(2)节约物料消耗，避免过度浪费。要通过物料消耗定额的制定、贯彻和检查，督促和配合工段加强物料管理以降低物料的消耗，同时，减少物料在储运过程中的损耗。

(3)提高物料周转效率。提高物料的周转效率，压缩库存物料，就可以使更多的资金和物料投入再生产之中，这就要求班组根据生产需要制定精确的物料计划。

(4)充分发挥物料的使用效果。应避免物料的长时间闲置和囤积，防止大材小用，做好收旧利废，控制使用等方面的工作，要严格物料管理制度和审批手续，有效杜绝物料流失、盗窃等漏洞。

2. 生产现场的物料管理

物料在生产过程中有两种状态：一是流动状态；二是静止状态。物料管理就是对生产现场物料活动进行计划、组织和控制活动。

在生产现场加强物料管理包括：领发料前检验、查看质量保证书；限额发料，定额领料；

投料防止差错、质变和混用;认真填写有关原料消耗的记录、台账和报表;严格工艺纪律,防止跑、冒、滴、漏等损失和浪费;密切注意生产节奏,及时供料,防止断料,避免生产停顿;做到工完料净场地清,及时清扫散失的原材料。

3. 物资的验收和入库

物资到厂后,必须及时验收入库。要对入库物资的品种、规格、数量、质量及随货凭证或供货合同认真进行逐一核对,如有不符,应做好验收记录,并通知相关人员。

物料搬运是指物料在生产工序、班组、工段、车间、仓库之间流转,以保证连续生产作业。物料搬运和码放要注意如下几点:①便于物料搬运;②实现搬运自动化;③合理安排搬运路线,减少或消灭重复路线;④堆放高度的限制;⑤防护用具的使用;⑥搬运器具管理;⑦异常跌落品的处理。

4. 物料的领取和使用

在发放物料时,必须遵循相关规定要求,做到依据完整、数量准确、质量完好、迅速及时。班组长领料时,必须核对质量和数量是否相符。

(1)执行限额发料制。班组长向仓库领取材料时,必须按生产计划和定额填写领料单,精打细算,降低库存占用。

(2)发料依据完整。发放物资时,仓库管理人员应确认来料名称、编码、规格、数量,并且有授权人员签字批准。

(3)发料数量准确。仓库发料要坚持"四核对",当面核对清点交领料人。班组长要配合仓库管理人员做好工作。

(4)物资的退库。账外物资是指在账上已经领出,而实际上并没有投入生产使用或没有全部使用的物资。退库时要恢复原状,不良物料退库时要将不良内容和责任写清楚,要有相关人员确认。

(5)物料紧急放行。紧急放行的物料,必须按上级程序文件的规定,办理审批手续后才可发放,做好记录,跟踪生产情况,一旦发现异常要能够立即追回。

(6)物料的使用。按物料的作用和特点、特性设计合适的工位器具,防止在使用中划伤碰伤;相似或相近的物料要分开摆放,防止混淆。

5. 物料的保管和存放

(1)物料保管的原则:①确保物料仓储损耗在规定范围以内;②物料存放要标识清楚,规范有序;③库区内要留有一定的通道;④要符合防火和安全的要求;⑤要有利于提高仓库面积的利用率。

(2)物资存放的方法。物料在存放时实行"三分保管""四号定位""五五摆放"法。

1.2.3 安全管理

针对人在生产过程中的安全问题,运用有效的资源,发挥人的智慧,通过人的努力,进行有关决策、计划、组织和控制等活动,实现生产过程中人与机器设备、物料、环境的和谐,达到安全生产的目标。安全生产基本概念如下:

(1)安全与危险。安全,泛指没有危险,不出事故的状态。危险是指系统中存在导致发生不期望后果的可能性超过人们的承受程度。从危险的概念可以看出,危险是人们对事物的具体认识,必须指明具体对象,如危险环境、危险条件、危险状态、危险物质、危险场所、危险人员、危险因素等。

（2）危险因素、有害因素。危险因素是指在生产过程中能对人造成伤亡或对物造成突发性损坏的因素（强调突发性和瞬间作用）。有害因素是指能影响人体健康，导致疾病，或对物造成慢性损坏的因素（强调在一定时间内的积累作用）。有时为方便起见，对两者不加以区分，统称危险、有害因素。

（3）事故与事故隐患。

①事故是指人（个人或集体）在为实现某种意图而进行的活动中，突然发生的、违反人的意志、迫使活动暂时或永久停止的事件。

②事故隐患，泛指生产系统中可能导致事故发生的人的不安全行为、物的不安全状态和管理上的缺陷。

（4）危险源、危险点、危险物品。

①危险源是指可能造成人员伤害、疾病、财产损失、作业环境破坏或其他损失的根源或状态，具体表现形式为有能量或危险物质。从这个意义上讲，危险源可以是一次事故、一种环境、一种状态的载体，也可以是可能产生不期望后果的人或物。

②重大危险源是指长期地或者临时地生产、搬运、使用或者储存危险物品，且危险物品的数量等于或者超过临界量的单元。

③危险点是指事故的易发点、多发点、设备隐患的所在点和人的失误的潜在点。

④危险物品是指易燃易爆物品、危险化学品、放射性物品等能够危及人身安全和财产安全的物品。

（5）职业健康安全管理体系。职业健康安全管理体系是指为建立职业健康安全方针和目标以及实现这些目标所制定的一系列相互联系或相互作用的要素。它是职业健康安全管理活动的一种方式。

（6）安全生产。安全生产是指使生产过程在符合物质条件和工作秩序下进行，防止发生人身伤亡和财产损失等生产事故，消除或控制危险有害因素，保障人身安全与健康、设备和设施免受损坏、环境免遭破坏的总称。

（7）安全生产管理。安全生产管理是针对人们在生产过程中的安全问题，运用有效的资源，发挥人们的智慧，通过人们的努力，进行有关决策、计划、组织和控制等活动，实现生产过程中人与机器设备、物料、环境的和谐，达到安全生产的目标。

（8）本质安全。本质安全是指设备、设施或技术工艺含有内在的能够从根本上防止发生事故的功能。

（9）安全生产方针。《中华人民共和国安全生产法》指出：安全生产方针为坚持"安全第一、预防为主、综合治理"。

（10）安全生产责任制。安全生产责任制应包括：生产经营单位各级领导、各职能部门、管理人员及各生产岗位的安全生产责任权利和义务等内容。

安全生产责任制是生产经营单位岗位责任制和经济责任制的重要组成部分，是生产经营单位各项安全生产规章制度的核心，同时也是生产经营单位最基本的安全管理制度。

（11）安全生产管理制度。安全生产管理制度是指为加强企业生产工作的劳动保护、改善劳动条件，保护劳动者在生产过程中的安全和健康，促进企业事业的发展，根据有关劳动保护的法律、法规等有关规定，结合企业实际情况制定的符合国家法律法规要求的各项安全措施的统称。

（12）安全生产检查"三违"是指"违章指挥，违章操作，违反劳动纪律"的简称。安全生产检查是指对生产过程及安全管理中可能存在的隐患、有害与危险因素、缺陷等进行查证，以确定隐患或有害与危险因素、缺陷的存在状态，以及它们转化为事故的条件，以便制定整改措施，消除隐患和危险有害因素。

（13）三级安全教育。三级安全教育是指职工上岗前或转岗后的厂级安全教育、车间级安全教育和班组（岗位）安全教育，是企业安全生产教育制度的基本形式。

（14）"四不伤害"。四不伤害是指"不伤害自己、不伤害别人、不被别人伤害、保护他人不受伤害"。

（15）特种作业。特种作业是指容易发生事故，对操作者本人、他人的安全健康及设备、设施的安全可能造成重大危害的作业。特种作业的范围由特种作业目录规定。

（16）高处作业。高处作业是指人在一定位置为基准的高处进行的作业。国家标准《高处作业分级》（GB/T 3608—2008）规定：凡在坠落高度基准面 2 m 以上（含 2 m）有可能坠落的高处进行的作业，都称为高处作业。

1.2.4 设备管理

设备是生产辅助班组重要物质基础。保养维护好设备，合理地使用设备是现场管理的重要内容。其中尤其要重视设备的维护工作。可以这样说，要想为生产一线提供一流的服务就要有一流的设备、工器具维护水平，大家要像爱护自己的眼睛一样爱护设备，采取"预防为主"的管理措施，比如做好班前、班后的点检和润滑保养等工作，及时发现并排除设备的潜在隐患，实现高效的服务质量。

1. 设备管理的意义

设备管理是班组的重要日常工作之一。生产设备不仅包括企业生产所使用的机器设备和检验检测设备，还应包括生产设施、辅助工具，以及工卡量具等附属器具。设备管理的意义有以下几点：

（1）设备管理是班组管理的重点。生产设备是生产力的重要组成部分和基本要素之一，是从事生产经营的重要工具和手段。管好用好生产设备，提高设备管理水平对促进班组建设起着极其关键的作用。

（2）设备管理是班组生产作业的保证。班组的生产（作业）活动是建立在最佳的物质技术基础之上的，在产品的设计、试制、加工等全过程的生产经营活动中，无不体现出设备管理的重要性。如果疏于管理，先进设备也不可能生产出优质产品，同时还会增加生产成本，造成浪费。如果生产设备缺零少件，带病运转，就不能发挥设备应有效能；假如设备损坏、停机，不但不能发挥设备优势，反而影响了班组工作。

（3）设备管理是降本效益的基础。提高企业经济效益，简单地说，就是增收节支。在这一系列的管理活动中，设备管理具有特别突出的地位。提高设备效率、减少设备故障，是实现增收的重要条件。在生产过程中，原材料转化为生产成品主要是靠生产设备实现的，如果设备状态差，就会增大原材料消耗，甚至出现废品。加强设备管理，提高设备运转效率，降低设备能耗，也是节约能源的重要手段。假如设备管理不好，零部件消耗大，设备维修费用支出就高；设备运转一定的周期后还要进行大修，大修费在设备管理中也是一项重要的支出,设备管理抓得好,设备大修理周期就可以延长,大修理费用在整个设备生命周期内所占的比重就可以下降,从而为降低生产成本打下基础。

2. 全员设备维修制

全员设备维修制,又称全员生产维修制,简称 TPM。全员设备维修制的基本特点是"三全",即全效率、全系统、全员。其要点是:

(1)设备维修方式。坚持预防维修理念,强调操作工人参加的日常检查,设备维修方式包括日常维修、事后维修、生产维修、改善维修、预知维修、维修预防等。

(2)设备分级管理,对重点设备实行预防修理。全员设备维修制的预防性修理,一般放在重点设备上,对一般设备修理采取事后修理,即在设备发生故障后才进行修理,以节省维修费。

(3)设备维修目标管理。推行设备维修目标管理,确定设备维修工作的方向和具体目标,将其作为评定维修绩效的依据,目标管理的程序包括目标的制定阶段、实施阶段和总结阶段。

(4)培养设备管理的意识和习惯。全员设备维修制强调意识和习惯保证作用,不需要再开展其他新的活动,通过坚持 5S 管理实现管理目标。

1.2.5　现场 5S 管理

5S 管理活动起源于日本,主要内容包括整理(seiri)、整顿(seiton)、清扫(seiso)、清洁(seiketsu)和素养(shitsuke),因为这 5 个日语词的罗马拼音的第一个字母都是"S",所以简称为"5S 管理"。

1)5S 管理的基本内容

(1)整理:区分要用和不要用的东西,不要用的东西清理掉。

(2)整顿:要用的东西依规定定位,定量地摆放整齐,准确地标识。

(3)清扫:清除场内的脏污,并防止污染的发生。

(4)清洁:将前 3S 实施的做法制度化、规范化,贯彻执行并维持成果。

(5)素养:人人依规定行事,养成好习惯。

2)5S 管理的方法要求

(1)整理。

①整理的目的。腾出空间,精简现场,充分利用空间;节约时间,减少无用的管理;防止误用无关的物品;营造清爽的工作场所。

②整理的方法。

首先,按整理判定基准分类,并清除不需要的物品。

其次,设立明晰可辨的标准。明确"要什么""不要什么"。标准要可量化、具有可操作性。员工依据标准,可以很清晰地区分什么是需要留下的,什么是没必要留下的。

一般而言,办公用品、文具、有用文件、图纸、作业指导书、报表,正常的设备、机器、照明或电气装置,附属设备(滑台、工作台、料架),正常使用的工具,正常使用的办公桌、工作椅、使用中的工具柜、个人工具柜和更衣柜等都是需要留下的。不再使用的设备、工夹具、模具,不再使用的办公用品,工作台上过期的作业指导书等都是不需要留下的。将不要的东西按"整理判定分类基准表"规定的方法处理并定期检查。

（2）整顿。

①整顿的目的。整顿是将现场经过整理留下来的物品有条理地定点、定容器与定量放置，使工作场所一目了然、需用之物随手可取，方便寻找、减少找寻时间、创造一个整洁的工作环境。

②整顿的要领。

首先，整顿要做到任何人特别是新员工或其他部门的员工都能立即取出所需要的东西。

其次，对于放置处与被放置物，要易取、易归位，如果没有归位或误放应能马上知道，要在画线定位、放置方法和标识方法上下功夫。

最后，使用后能迅速恢复原样。

③整顿的方法。

首先，用5W1H方法发现存在的问题。通过5W1H法对作业现场进行分析，尤其是对平面布置、搬运路线和物品的摆放进行分析。并对发现的问题追本溯源，一直分析到能采取措施为止。

其次，合理放置，方便取放。服务和生产作业现场，作业的对象大多是人员流和物流。要使物件拿出容易，放回方便，秩序明确，容易查找和归位。在工作场地使用的零件和材料有很多是相似的，整顿时要避免混淆。用标牌、指示牌等对整顿结果进行标识。

④整顿的标准。

有图必有物。定置管理图内要标示出物类和区域。

有物必有区。物有所归，划区管理堆放，区域明确。

有区必挂牌。信息标准化，标牌颜色、大小、文字、数字大小和字体，按照企业文化标准执行。

有牌必分类。每一类物品按所处的工艺状况标明专门的分类标志。将生产现场物品分成A、B、C三类。按图定置。定置管理必须通过现场调查分析，确定出定置管理图，用定置图表示区域。物品按类存放。各类物品在各类区域内定置，做到各就各位，不占用通道。账物一致。使物品的台账或定置图与实物相符。

（3）清扫。

清扫就是清理工作场所的垃圾、污物，更重要的是找到污染源，清除污染源。污染通常来自设备和管道的跑、冒、滴、漏、灰尘或沙粒等。

设备的清扫。设备一旦被污染就很容易出故障，并缩短使用寿命。为此，对设备、工装和工具要坚持定期清扫和检查，保持本色和整洁。建立清扫责任制，划分责任区。保持清扫工作日常化，杜绝污染。清扫的过程就是检查的过程。

①清扫的目的是将工作场所打扫干净，保持工作场所清洁，为员工营造好的环境。要指出的是：清扫不是额外负担，它本身就是工作的一部分，而且是所有岗位都要做的工作，清扫是要用心来做的。

②清扫的步骤是清扫一般是从地面开始、从大到小、由里到外。按定置图标识区域和界线，调查和清除污染源。

（4）清洁。

清洁就是维持整理、整顿、清扫（3S）的成果。所以，全员都要参与整理、整顿活动，所有人都要清楚该干什么，并形成文件和规定。

①实施清洁的方法和要领。

制定手册。实施清洁的手册,规定作业场所地面的清扫程序、方法和清扫后的状态;规定设备动力部分、传动部分、润滑、油压、气压等部位的清扫、检查程序及完成后的状态。

制定检查考核标准。

制定清扫计划,规定责任者及日常的检查程序和方法。

②明确清洁的状态。清洁的状态具体包括:地面、窗户、墙壁、操作台、工具、工装、设备、货架和放置物品处的清洁。

③定期检查。除了日常工作中的自检,还要定期检查。一是检查现场的清洁状态,二是检查现场的图表和指示牌设置是否合理。

(5)素养。

素养就是通过教育,使大家养成能遵守规章制度的良好习惯,做到按规章办事和自我规范。进而延伸到仪表、行为等,最终达到全员素质的提升。

素养内容:①持续推动前 4S 至习惯化;②制定共同遵守的有关规则、规定;③制定行为守则;④新进人员加强教育训练;⑤提升班组凝聚力。

小结:现场管理是以人为主体、以物为中心的,靠场所来调节和实现的有机的动态系统,通过对人员、物料、安全、设备、现场 5S 和其他辅助管理提升作业质量和作业效率。现场管理如何,环境如何,直接关系到人的安全、健康。企业的各项管理都是以班组管理为基础的,而现场管理是班组管理的基础,定置管理(5S)又是现场管理最基础的工作。班组通过现场管理可为员工提供一个舒适、安全的工作场所;可以提升员工的工作热情;提高现场的生产效率;稳定质量;延长设备的使用寿命;提升企业的效益。

单元二　生产计划管理

如何减少1100万的损失

2.1　概述

在管理学中,计划具有两重含义。一是计划工作,是指根据对组织外部环境与内部条件的分析,提出在未来一定时期内要达到的组织目标以及实现目标的方案途径。二是计划形式,是指用文字和指标等形式所表述的组织以及组织内不同部门和不同成员,在未来一定时期内关于行动方向、内容和方式安排的管理事件。

计划的种类很多,可以按不同的标准进行分类。主要分类标准有:计划的重要性、时间界限、明确性和抽象性等。但是依据这些分类标准进行划分,所得到的计划类型并不是相互独立的,而是密切联系的。比如,短期计划和长期计划,战略计划和作业计划等。

2.1.1 表现形式

计划的表现形式有：

(1)文章式，即把计划按照指导思想、目标和任务、措施和步骤等分条列项地编写成文，这种形式有较强的说明性和概括性，经常用于全局性的工作计划。

(2)表格式，即整个计划以表格的形式表述，经常用于时间较短，内容单一或量化指标较多的工作计划。

(3)时间轴式，即整个计划按照主时间轴一次列开，内容按照实施先后顺序编制。

2.1.2 编制方法

实践中计划编制的方法主要有目标管理法、滚动计划法和折叠网络计划技术等方法。

1. 目标管理法

目标管理法是以泰罗的科学管理和行为科学管理理论为基础形成的一套管理制度，其概念是管理专家彼得·德鲁克(Peter Drucker)1954 年在其名著《管理实践》中最先提出的，其后他又提出"目标管理和自我控制"的主张。德鲁克认为，并不是有了工作才有目标，而是相反，有了目标才能确定每个人的工作。所以"企业的使命和任务，必须转化为目标"，如果一个领域没有目标，这个领域的工作必然被忽视。因此管理者应该通过目标对下级进行管理，当组织最高层管理者确定了组织目标后，必须对其进行有效分解，转变成各个部门以及个人的分目标，并将其告知全体成员，管理者根据分目标的完成情况对下级进行考核、评价和奖惩。

2. 折叠滚动计划法

这种方法根据计划的执行情况和环境变化定期修订未来的计划，并逐期向前推移，使短期计划、中期计划有机地结合起来。由于在计划工作中很难准确地预测将来影响组织生存与发展的政治、经济、文化、技术、产业、顾客等各种变化因素，而且随着计划期的延长，这种不确定性就越来越大。因此，如机械地按几年以前编制的计划实施，或机械地、静态地执行战略性计划，则可能导致巨大的错误和损失。滚动计划法可以避免这种不确定性带来的不良后果。具体做法是用近细远粗的办法制定计划。

3. 折叠网络计划技术

折叠网络计划技术是 20 世纪 50 年代后期在美国产生和发展起来的。这种方法包括各种以网络为基础判定的方法，如关键路径法、计划评审技术、组合网络法等。这是一种科学的计划管理方法，它是随着现代科学技术和工业生产的发展而产生的。20 世纪 50 年代，为了适应科学研究和新的生产组织管理的需要，国外陆续出现了一些计划管理的新方法。1958 年美国海军武器部在研制"北极星"导弹计划时，应用了计划评审方法(缩写为 PERT)进行项目的计划安排、评价、审查和控制，获得了巨大成功。20 世纪 60 年代初期，折叠网络计划技术在美国得到了推广，一切新建工程全面采用这种计划管理新方法，并开始将该方法引入日本和西欧其他国家。

2.1.3 作业计划制定

作业计划是基于工作目标要求所形成的有策略、有步骤、有重点的预先行动安排。包括工作内容、负责人、方法措施、时间节点等。班组作业计划是实现班组作业任务的一项最基本也是最重要的管理措施。包括计划的研制、作业的组织、实施、检查分析和调整等。

1. 作业计划要素

（1）工作内容：做什么（what）——工作目标、任务。计划应规定在一定时间内所完成的目标、任务和应达到要求。任务和要求应该具体明确，有的还要定出数量、质量和时间要求。

（2）工作方法：怎么做（how）——采取措施、策略。要明确何时实现目标和完成任务，就必须制定出相应的措施和办法，这是实现计划的保证。措施和方法主要指达到既定目标需要采取什么手段，动员哪些力量与资源，创造什么条件，排除哪些困难等。总之，要根据客观条件，统筹安排，将"怎么做"写得明确具体，切实可行。

（3）工作分工：谁来做（who）——工作负责。这是指执行计划的工作程序和时间安排。每项任务，在完成过程中都有阶段性，而每个阶段又有许多环节，它们之间常常是互相交错的。因此，订计划必须把握全局，哪些先干，哪些后干，应合理安排。而在实施过程中，又有轻重缓急之分，重点和一般也应该明确。

（4）工作进度：什么时间做（when）——完成期限。在时间安排上，要有总的时限，还要有每个阶段的时间要求，以及人力、物力的安排。可使作业人员知道在一定时间内，一定条件下，把工作做到什么程度，以便争取主动，有条不紊地进行。

2. 作业计划

（1）制定目的。

编制生产辅助班组作业计划的目的，是把班组全年的作业任务，通过统筹计划安排，分解成月、周、日作业计划，使班组的各方面资源得到充分利用、合理组织，从而保证全年作业任务落到实处。

（2）制定原则。

①全局原则。在制定计划时，不仅要考虑如何更好地完成作业目标，而且还要考虑对全局可能产生的影响。

②重点原则。既要认清主次和轻重缓急、抓住关键及重点，又要解决好影响生产的问题。

③求实原则。在制定计划之前，要充分考虑班组自身的人力、物力资源及各种客观因素，制定出具有可行性和挑战性的计划。

④创新原则。要求针对任务、目标及对未来情况进行分析，创造性地提出新思路、新方法、新措施。

⑤弹性原则。制定计划必须留有余地，减少不确定因素的影响，保证目标的实现。

（3）生产辅助班组作业计划的分类。

①按作业计划时间周期分：日计划、周计划、月计划、年计划。年计划侧重于全年的重点检修、改造项目的规划，包括关键项目、关键策略等内容；日、周、月等短周期计划侧重于作业任务的时间、人员、实施方法的安排。

②按作业内容分：设备日常维护计划、设备检修计划、设备安装计划、设备改造计划等。

③按照行文格式分：文章式、表格式、时间轴式三种。

生产辅助班组作业计划的制定步骤：确定作业计划目标。根据目标要求，收集相关的资料、图纸，分析相关信息。根据信息分析结果，制定科学合理的作业计划。报请上级领导批准审核。

④案例。

某企业年度生产主要计划见图 4-1。

序号	类别	名称	单位	年计划数	备注
		指标			
1	安全环保类	轻伤以上事故	次	0	
2		安全隐患整改情况（问题数/整改数）	%	100	
3		一般以上环保事件	次	0	
4	产量类	废铝液产量	t	151292	
5		铝产品产量	t	151259	
6		其中：外销铝液	t	143559	
7		铝锭及其他	t	7400	
8		成型生阳极产量	t	149151	力争16×10⁴t
9		碳素焙烧块产量（自用外销）	t	140351	
10		代焙阳极产量	t	121800	
11		外销阳极	t	70000	力争8×10⁴t
12		自产煅后焦产量	t	53000	
13		电解槽大修槽数	台	47	
14	消耗类	原铝液氧化铝单耗	kg/t	1915	
15		原铝液阳极毛耗	kg/t	465	
16		原铝可比交流电耗	kW·h/t	13008	
17		铝液综合交流电耗	kW·h/t	13450	
18		原铝压缩空气单耗	m³/t	724	
19		原铝液氧化盐单耗	kg/t	17	
20		焙浇块沥青单耗	kg/t	160	
21		焙烧块天然气单耗	m³/t	75	
22	当年公共类	电流效率	%	92.2	
23		效应系数	次/（槽·日）	0.07	
24		200 kA电解槽寿命	天	2555	
25		"五标一控"（A+B槽占比）	%	92	
26		阳极导杆组下线率	%	7	
27		200 kA电解槽大修工期	天	21	
28		重点设备非计划停运次数	次/月	2	
29		电解厂	次/月	0	
30		碳素厂	次/月	2	成型每月2次
31		动力厂	次/月	0	
32		流槽外壳面料净消耗	t	10800	消化系统挂账
33		库存定额	亿元	月定额	
34		电解劳动生产率	t/（人·年）		
35		电解质销售	t		
36	财务效益类	电价	元/（kW·h）	0.4	
37		电解铝完全成本	元/t	12221	
38		焙烧块制造成本	元/t	3807	
39		组块加工成本	元/t	255	
40		生产经营净金流	万元	33000	
41		业务外包费	万元	2966	
42		利润总额			
43		其中：分公司	万元	25000	
44					
45	质量类	原铝液99.70以上率	%	95	
46		电解质高度合格率	%	95	
47		铝液高度合格率	%	95	
48		原铝液99.85以上槽占比		55	
49		阳极品极率：一级	%	68	
50		二级	%	100	

图 4-1 某企业年度生产主要计划

针对大型工业企业，年度计划必须包括安全环保、产量、消耗、成本及质量等关键指标。辅助班组月作业计划见图 4-2。

2017年5月检修计划 单位：碎矿电工班						
检修日期	序号	检修内容	检修时间／日	检修人员	特殊工种	检修负责人
第一周	1	设备的防暑降温准备工作	2	4	电工	
	2	二季度电机润滑保养	3	4	电工	
	3	变压器检查、维护	1	2	电工	
第二周	1	高压断路器的检查、润滑、保养	1	6	电工	
	2	圆锥厂房照明维护	1	3	行车工、电工	
	3	1号中碎控制箱更换	1	5	电工	
第三周	1	筛分4号风机电气部分改造	3	4	行车工、电焊工、电工	
	2	筛分检修开关更换	1	5	电工	
	3	5号小车集电器更换	1	4	电工、电工	
第四周	1	圆锥循环水自动控制改造	3	4	行车工、电焊工、电工	
	2	9号小车滑线更换工作	1	4	行车工、电工	
	3	筛分厂照明维护	1	4	行车工、电工	

图4-2 辅助班组月作业计划

3.作业计划要点

（1）制定作业计划要依据班组的作业能力、所担负的工作任务和上级的工作计划安排，统筹制定。

（2）操作有先后，计划要有序。要根据作业任务的因果关系、轻重缓急安排顺序。最简单的计划形式，是列出一张时间表。

（3）为了提高时间的利用率，还可以考虑不同作业任务之间的穿插安排、并行安排、综合安排。在确保安排好重点作业任务的时候，要适当兼顾那些必须顾及的非重点作业任务。

（4）制定计划的误区："为制定计划而制定计划"。

①没有明确的目的。

②对计划的重要性认识不够。

③日常工作随意性大，计划性不强。

④制定的计划不符合实际，操作性不强。

2.2 作业计划的实施与调整

2.2.1 作业计划实施的必要性及调整原则

作业计划实施过程中，与制定的计划会出现偏差，为了更好地完成作业任务，必须修改与调整原定计划，使之与变化以后的实际情况相适应。由于作业计划的完成，往往受诸多主观、客观因素影响，

案例：焦头烂额的6天检修计划　案例：如何提前两天完成改造

所以作业计划执行过程中对原定计划进行调整不但是必要的，而且也是可行的。但更为准确地讲，作业计划执行过程中的调整究竟有无必要还应视具体情况而定。

（1）当作业计划执行过程中产生的进度偏差体现为某项工作的实际进度超前，若超前幅度不大，计划不必调整；当超前幅度过大，则计划必须调整。

（2）当进度偏差体现为某项工作的实际进度滞后时，是否调整原定计划通常应视进度偏差和相应工作总时差及自由时差的比较结果而定。

2.2.2 作业计划的实施调整方法

1. 滚动计划法

滚动计划法是根据作业计划的执行情况和环境的变化定期修改作业计划,并逐渐向前滚动推进,最终依据计划完成目标。

2. 甘特图法

甘特图又称为横道图、条状图。以提出者亨利·L·甘特先生的名字命名。甘特图内在思想简单,即以图示的方式通过活动列表和时间刻度形象地表示出任何特定项目的活动顺序与持续时间。基本是一张线条图,横轴表示时间,纵轴表示活动(项目),线条表示在整个时间上计划和实际的活动完成情况。它直观地表明任务计划在什么时候进行及实际进展与计划要求的对比。管理者可知一项任务还剩下哪些工作要做,并可评估工作进度,如图4-3所示。

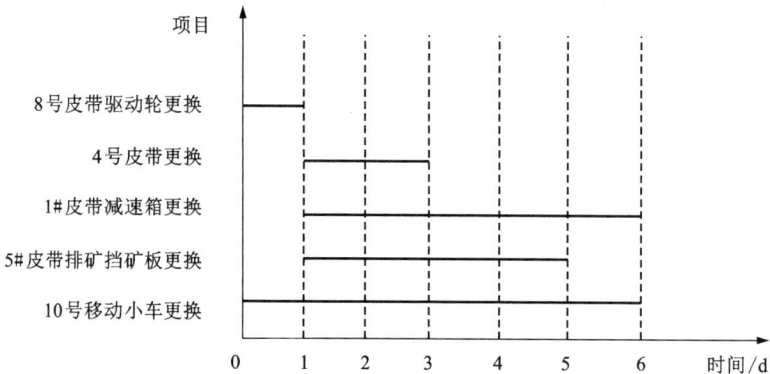

图4-3 某厂生产辅助班组年检计划表

2.2.3 作业计划实施调整原则

作业计划实施过程遵循"前紧后松"原则;前期在保证安全、质量的前提下尽可能往前赶,为后期可能出现的意外因素及检查调整预留更多的处置空间。

(1)进度计划的调整原则。进度计划执行过程中如实际进度与计划进度不符,则必须修改与调整原定计划,从而使之与变化以后的实际情况相适应。

(2)进度计划的调整方法按上述进度计划的调整原则,计划工作进展超前或滞后均可引起进度计划调整,其中针对工作进度超前的情况调整目的是适当放慢工作进度,为此其进度计划的调整方法是适当延长某些后续工作的持续时间。

2.2.4 作业计划调整内容

作业计划调整内容有:①工作量的调整;②工作(工序)起止时间的调整;③工作关系的调整;④资源提供条件的调整;⑤必要目标的调整。

2.2.5 计划实施的控制

计划实施的控制要：①管理工作始于计划制定，终于计划的控制；③衡量实际工作，获取偏差信息；④分析偏差原因，采取矫正措施；⑤在计划的实施过程中，可采取事前、事中、事后控制。

2.3 作业方案

2.3.1 作业方案概念

方案是指从目的、要求、组织、方法、进度等都部署具体、周密，并有很强可操作性的策划。方案是计划中内容最为复杂的一种。由于一些作业任务比较复杂，不作全面部署不足以保证按期完成目标，因而需制定具体的作业方案，班组作业方案一般有作业目标、作业前准备、作业重点、实施步骤、实施措施、控制措施、具体要求等内容。

班组作业方案是根据作业计划要求，把人员、工器具、材料、备件等因素科学统筹，合理分工，周密部署，完成计划目标。

案例：科学的施工
方案保工程进度

2.3.2 制定作业方案的目的

(1)生产辅助班组制定作业方案的目的：对比较复杂的工作任务做出全面的部署，对作业的人力、物力合理分配、统筹安排，使作业能有条不紊地进行，在保证安全作业的前提下，取得任务的成功。

(2)通过作业方案，可以清晰地知道作业目的、作业要求、作业准备工作、作业程序以及安全注意事项。

(3)确定作业的时间、地点、作业人员，保证作业的顺利实施。

(4)可以让相关作业人员提前做好准备工作，以保证每个作业人员准备充分，发挥每个作业人员积极性，提高作业效率，保证作业流程的正常运行。

2.3.3 制定作业方案的原则

(1)明确作业目标：制定前要明确作业任务和相关要求。

(2)勘查作业现场：制定前要勘查作业现场，辨识危险源。

(3)方案切实可行：制定的方案要切合实际，具备可行性。

(4)体现重点节点：方案中对重点、节点要有控制措施。

(5)确保安全质量：方案中要有确保作业安全和质量的措施。

2.3.4 制定作业方案的步骤

(1)明确作业任务内容、要求。

(2)现场勘查，辨识危险源，制定相应的安全措施。

(3)作业前准备：技术准备和物资准备。

（4）作业过程控制：要点、节点及相应的控制措施。

（5）作业结束的检查、清理。

（6）试车。

（7）签字交验。

应急抢修作业是指为了有效应对可能出现的企业生产中的突发设备故障，降低其造成的后果和影响而进行的一系列有计划、有组织的抢修作业。

应急作业包括事前预防、事发应对、事中处置和事后分析，通过建立必要的应对机制，采取一系列必要措施，保障企业生产经营的有关活动。

制定应急方案的意义：一是可以科学规范突发事件应对行为，使应急过程有条不紊。二是可以合理配置应对突发事件的各种资源。三是提高应急决策的科学性、时效性和安全性。

单元三 作业进度控制管理

为按时、保质保量完成生产任务，企业需要建立生产任务安排与作业进度控制机制，通过生产日报系统、生产现场巡视、生产看板管理等，对质量和进度进行的合理监督。

生产辅助班组的班组长应当掌握作业进度控制的方法和措施，通过跟踪检查，深入分析进度、组织协调等，及时进行进度控制改善。

3.1 概述

3.1.1 作业进度与进度控制

作业进度是指作业项目活动在时间上的排序，它反映的是作业项目的进展以及对维修活动的有效协调和控制。维修项目实施过程中通常也用时间表述维修项目的实施进度情况，维修用时是项目整体进度情况的总体表述。成本、质量和进度是维修项目管理的实质，它们共同决定维修任务是否顺利完成。

作业进度控制，就是要依据任务单，按照完成任务的时间要求，编制出可行的作业进度计划，以及进行各种资源的配备和保障，并在维修作业实施过程中经常检查跟踪实际进度是否按照计划进度进行，如果出现偏差，应及时找出原因，然后采取必要的措施或者修改调整原计划，以确保维修任务按期完成。

按作业项目的主体不同，作业进度控制可分为工段（部门）的进度控制，班组长的进度控制和班组作业人员的进度控制。虽然三者都是针对同一作业任务，采用的控制手段也大致相同，但是其工作内容、控制方法和控制深度却有较大不同。

工段（部门）的进度控制比较宏观，主要控制总的进度和阶段目标的完成情况，根据成本及现场生产的需要合理调配，遇到突发情况时决定对进度的修改等重大事项。班组作业人员的进度控制就是根据领取的任务单，对照任务完成时间、质量要求、成本要求，按照技术标准和操作标准进行分工合作，按时保质、保量完成作业任务。

总的来说，进度控制要求班组长按照动态控制原理，运用现代管理手段和方法，依据项目任务单，协助作业人员，用最合理的作业方案、组织方式，在保证维修质量和控制成本的前提下，按照任务单的要求完成维修任务。

3.1.2　作业进度控制的原则

1. 目的性

项目作业进度按计划进行时，实施进度符合计划，计划的实现就有保证；否则就会产生偏差。此时应采取措施，尽量使作业任务按调整后的计划继续进行。但在各种因素干扰下，又有可能产生新的偏差，需继续控制改善，进度控制就是这种动态循环过程。

2. 系统性

为实现项目的进度控制，首先应编制项目的各种计划，包括进度和材料、备件计划等。为了保证项目进度，有专人负责作业任务的检查、统计、分析及调整等工作。当然，不同的人员负有不同的进度控制责任，形成一个进度控制系统。所以无论是进度计划，还是控制活动，都是一个完整的系统。进度控制实际上就是用系统的理论和方法解决问题。

3. 封闭性

作业项目进度控制的全过程是一种循环性的例行活动，其中包括制定计划、实施计划、跟踪检查、比较与分析、确定调整措施和修改计划。这形成了一个封闭的循环系统，进度控制过程就是这种封闭循环中不断改善的过程。

4. 信息化

信息是作业项目进度控制的依据，作业项目的进度计划信息从上到下传递到作业人员，以使计划得以贯彻落实；项目的实际进度信息则自下而上反馈，以供分析并进行决策和调整，使进度计划仍能符合预定目标。为此需要信息畅通，以便不断地传递和反馈信息，所以作业项目进度控制的过程也是一个信息传递和反馈的过程。

5. 弹性

作业项目要求编制计划时，能根据统计经验估计各种因素的影响程度和出现的可能性，并在确定进度目标时分析可能出现的意外因素，从而为进度时间留有余地。在控制项目进度时，可以利用这些弹性调整项目完成时间或协调人员，以使项目最终能按时完成目标任务。

6. 网络计划技术的运用

大数据时代，网络计划技术不仅可以用于编制进度计划，而且可以用于计划的优化、管理和控制。网络计划技术是一种科学且有效的进度管理方法，是进度控制的发展方向。

3.1.3　作业进度控制的作用

作业进度控制的最终目的是确保维修、保障、化验分析的任务按预定的时间完成或提前交付使用，班组在作业中进度控制的总目标是按时、保质、保量完成。因此，生产辅助班组进度控制的主要作用是：

(1)检查并掌握作业任务实际进度情况。

(2)把作业任务实际进度情况与计划相比较，若有不同之处，分析出引起变化的原因。

(3)确定补救的方法与措施。

（4）及时调整计划，使目标得以实现，任务顺利完成。

3.2 作业进度控制的措施和方法

3.2.1 作业进度控制措施

1. 组织措施

（1）建立进度控制目标体系，明确作业项目现场进度控制人员及其职责分工。

（2）建立作业项目进度报告制度，并进行进度信息沟通。

（3）建立进度计划实施中的跟踪检查分析制度。

（4）建立进度改善会议制度。

2. 技术措施

（1）跟踪检查现场的进度计划，使作业人员能在合理的状态下作业。

（2）每天安排具体进度控制细节，指导作业人员实施进度控制。

（3）尽可能采用网络技术及其他科学适用的计划实施方法，对作业项目进度实施动态控制。

3.2.2 作业进度控制方法

控制方法的好坏，直接影响设备大修、检修、抢修、质检化验任务完成时间及质量，是班组作业管理的一个重要环节。作业进度控制方法为：

1. 使用进度跟踪检查工具

班组长在进行作业跟踪控制的过程中，要有具体的工具及目标，并制作相应的表格，然后对照表格进行进度跟踪。最常用的有"班组作业进度跟踪表""班组维修进度检查表""班组作业过程记录""班组作业日志""班组作业进度分析"等。

（1）班组作业进度跟踪表通常用于质检化验作业中，可对整个质检化验过程进行跟踪，也可用于设备大修和年终检修的过程跟踪。

（2）班组维修进度检查表通常用于设备检修及抢修的过程跟踪记录。

（3）班组作业过程记录通常是作业小组对本小组完成作业任务的整个过程进行记录。

（4）班组作业日志具体指班组长对班组每天作业计划及计划完成情况的控制跟踪。

（5）班组作业进度分析是通过对班组任务完成情况的跟踪分析，找到最佳作业流程及改善措施。

2. 开展作业进度分析

为了更好地完成班组各项作业任务，班组长要及时了解和掌握班组作业进度以及作业过程中遇到的各种突发情况，并和作业计划进行比较分析，制定出最佳的作业方案。作业进度控制通常采用作业进度分析表、因果图、甘特图等，通过对作业过程中的人员、物料、设备、方法和环境进行分析比较，减少不经济、不安全、不合理的部分，使其达到降低成本，提高效率的目的。

（1）作业进度分析表。可以通过该表了解班组作业的具体情况，如果出现异常，可以快速找到原因，并及时纠偏。作业进度分析表包含对技术、备件、作业效率、人员安排、辅助设备及其他方面原因的统计记录，以此为分析依据。

（2）因果图。班组所有成员从人、机、料、法、环五大方面展开讨论与分析，并将每个方面具体化，直到最末端，从中找到影响作业进度的主要原因，并进行改善。讨论时要充分体现民主，可采用头脑风暴法，集思广益，将意见记录下来并进行归纳分析。

（3）甘特图。以图示的方式通过活动列表和时间来直观反映作业进度实施情况的方法。

3. 作业进度改善

（1）作业开始前计划准备。班组在每日工作任务的管理中，要根据本周或当日的作业内容进行充分准备，保证作业内容的顺利完成。包括：安全隐患排查、作业标准准备、作业计划准备、人员安排、备件、辅助设备、专用工具、突发意外预案。

（2）作业过程中检查改进。跟踪班组作业进度，及时发现和分析作业中存在的不足，并制定相应的解决措施。如：检修作业中，要安排巡检、监督控制检修作业过程及进度，发现作业中出现的异常，特别是检修项目内容的增减、人员配置、备件、设备、操作标准执行等变化，及时制定改善措施，对计划进行调整。

（3）作业完成后及时总结。将任务完成情况与作业进度计划进行对比，看是否符合要求，并进行分析总结，找到偏差原因，为以后的改善工作积累经验。

4. 作业进度异常处理

（1）目的。

为了确保顺利完成生产任务，加强对生产现场的进度控制，有效处理进度异常情况，合理规避或减轻风险，减少工厂损失，特制定作业进度异常处理方案。

（2）填制作业：进度异常分析表。

汇总作业进度异常分析情况，可以从中找出异常的规律，查找出异常的缘由，作业进度异常分析表如表4-1所示。

表4-1　作业进度异常分析表

时间	生产批数	改变批数	更改原因								备注
			停工待料	订单更改	效率低	人员不足	设备故障	放假	安排不当	其他	
说明											

（3）影响进度的原因分析。

影响生产现场作业进度的原因主要包括以下几个方面。

①设备故障问题。数据分析来源为设备完好率，尤其是关键设备的完好率。

②停工待料问题。数据分析来源为因供应不及时、前后工序衔接不好造成生产停工的时长。

③质量问题。主要表现为废品率高于标准，原因包括设备精度下降、物料质量问题、操作人为因素、加工工艺问题等。

④员工缺勤问题。生产现场人员可能因个人的、家庭的、社会的、自然的突发事件而缺勤。

⑤工艺问题。工艺不合理或更新频繁,影响作业进度。

⑥计划与执行问题。生产计划安排不合理,影响生产进度。

(4)进度异常的应对。

通过对进度异常的分析,相关人员应针对相关原因采取合理措施进行整改,以有效控制生产进度,具体对策如表4-2所示。

表4-2　作业进度异常应对策略表

异常项目	异常现象	应对策略
计划不当(应排未排)	影响生产及交货	1. 报告通知相关部门 2. 依交期管理制度处理
应生产未生产	影响生产进度	1. 生产看板反映 2. 发出异常报告通知相关部门
应完成未完成、应入库未入库	影响出货	1. 生产看板反映 2. 发现时即刻反映
补生产(尾数)	影响出货	1. 查核在制品状况 2. 发出新的生产命令

【学习小结】

严格执行技术、操作标准是班组完成好作业任务的前提。有了标准,才能根据具体工作内容,制定详细、周密的作业计划。在作业管理中,一定是先计划,后实施,反对并杜绝随心所欲,事后补救作业管理模式。作为一名合格的基层管理者,不仅需要计划周密,还要适时地修改、调整、完善、更新计划,以适应现场不断变化的需要。同时,还要协调好岗位、工种、工序、上下级之间的关系,做到责任明确。在遇到突发情况时,要及时做出判断,分清权限范围,权限外的要及时上报,权限内的按照制度、标准、规程及时判断处置。一个好的管理者要学会跟踪、检查、监督、改善、总结,并善于调动大家的工作积极性,才能保质、保量、按时、安全地完成好班组各项作业任务。

【课后拓展】

1. 作为班组长该如何看待现场管理?

2. 生产辅助班组现场管理的核心内容有哪些?

3. "现场是反映班组管理的一面镜子",这句话,你是如何理解?

4. 游戏:接龙运输

游戏目的:让游戏参与者认识作业管理的重要性。

人数:每队5人

时间:10~15 min

场地:室外(图4-4)

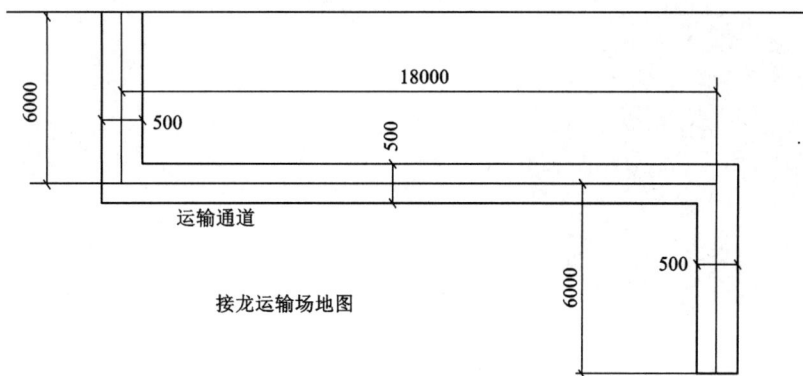

图 4-4　接龙场地图(单位：cm)

用具：乒乓球两个，长度为 2 m 的半圆形管 4 根(以小球外径加 10 mm 为内径)，管有相应的软度。

游戏方式：两队对抗赛

游戏步骤：

(1)竞赛方式。

参赛队两人一组，共分两组，设队长 1 名，5 人合力，按照规定路线，完成小球的接龙运输，到达指定位置。

(2)竞赛规则。

①双方选手在队长的带领下进入竞赛集结处，经裁判许可后，按照岗位分工到达指定位置，竞赛开始计时。

②两人单手抬半圆形管的两端指定位置处(管两端有标线，不得进入线内或手握线)，传递过程中，手越线或手握线，均为违规，退回起点重新开始。

③传球过程中，球在哪组，该组抬球的两个人不能走动或移动，走动或移动即为违规。

④小球在传输过程中，允许小球后退。

⑤小球在管内时，手不允许碰球，碰球即为违规。

⑥小球落地，须回到起点重新开始。

⑦选手在规定划线内完成任务，不得出线(队长除外)，一人脚踩线，即为违规。

⑧队长全程只可以发布口令，不允许直接参与运输。

⑨一旦违规须重新回到起点开始传送。

⑩经裁判裁定，率先按照标准抵达终点的为获胜队。

模块五

质量管理

【学习目标】

1. 掌握班组质量检查的方法。
2. 了解班组在质量管控方面的管理和职责。
3. 掌握分析问题、解决问题、监督控制的方法，避免不良品的产生。
4. 了解质量控制的工具，利用工具解决生产中出现的问题。
5. 掌握质量问题统计方法，利用工具方法改进过程质量，追求卓越。

【职业能力目标】

1. 培养根据现场工作环境，制定切实可行的品质管理标准，并发现产品质量存在的问题的能力。
2. 培养根据品质管理的目标制定可行性计划，并组织开展生产管理工作的能力。

单元一　质量管理基础知识

案例引入：无控制的设计开发如何定型?

1.1　概述

1.1.1　质量和质量管理定义

国际标准化组织(ISO)2005 年颁布的 ISO9000：2005《质量管理体系基础和术语》中对质

量的定义是：客体的一组固有特性满足要求的程度。

质量的定义有两个方面的含义，即使用要求和满足程度。人们使用产品，对产品质量提出一定的要求，而这些要求往往受到使用时间、使用地点、使用对象、社会环境和市场竞争等因素的影响，这些因素变化，会使人们对同一产品提出不同的质量要求。因此，质量不是一个固定不变的概念，它是动态的、变化的、发展的；它随着时间、地点、使用对象的不同而变化，随着社会发展、技术进步而不断更新和丰富。

用户对产品的使用要求的满足程度，反映在对产品的性能、经济特性、服务特性、环境特性和心理特性等方面。因此，质量是一个综合的概念。它并不要求技术特性越高越好，而是追求诸如：性能、成本、数量、交货期、服务等因素的最佳组合，即所谓的最适当。

质量管理（quality management）是指确定质量方针、目标和职责，并通过质量体系中的质量策划、质量控制、质量保证和质量改进来使其实现的所有管理职能的全部活动。

国际标准和国家标准的定义为质量管理是"在质量方面指挥和控制组织的协调的活动"。

1.1.2 质量特性

一般来说，质量特性可以概括为以下几个方面：

(1)物理特性(如：机械的、电的、化学的或生物学的特性)。

(2)感官特性(如：嗅觉、触觉、味觉、视觉、听觉)。

(3)行为特性(如：礼貌、正直、诚实)。

(4)时间特性(如：准时性、可靠性、可用性)。

(5)人因功效特性(如：生理的特性或有关人身安全的特性)。

(6)功能特性(如：飞机的最快速度)。

质量特征反映是以质量标准作为衡量尺度的。产品质量标准是按产品的质量特性所规定的一系列技术经济参数，包括对产品的功用、规格、包装及检验规则、检验方法等所作的技术规定。

1.2 质量管理的发展

质量管理作为一个独立的职能从企业管理中分离开来，到现在已经经历了三个阶段：质量检验阶段、质量统计控制阶段、全面质量管理阶段和零缺陷管理。

1.2.1 质量检验阶段 QI(1920—1940)

特点：专业检验人员按照技术文件的规定，采用各种检测技术，对产品进行各项检验和试验，做出合格或不合格判断。合格才能出厂，保证到达客户手中的都是合格产品。

优点：不合格品通向市场之路被切断。

局限性：能够"把关"，不能"预防"。

1.2.2 统计控制阶段 SPC(1940—1960)

特点：将数理统计方法运用于质量控制，主要是在生产过程中使用大量的统计手法(柏拉图、排列图、层别图、控制图)等。

通过统计方法获得品质波动信息，对这些信息加以汇总、分析，并及时采取措施消除波动异常因素，提高一次合格成品率，减少废品造成的损失。

优点：既能把关，又能预防。

1.2.3 全面质量管理阶段 TQM (20 世纪 60 年代)

特点：随着科学技术的发展，大型复杂的机械、电子新产品的出现，使人们对产品的安全性、可靠性、可维修性等性能提出了更高的要求。

这些只靠生产过程进行质量控制已经无法满足要求，要达到上述要求，必须将质量活动向市场调查、产品设计、售后服务等过程扩展，以实现在产品形成过程中进行质量控制。

全面质量管理的含义是"以客户为中心、领导重视、全员参与、全部文件化、全过程控制、预防为主、上下工序是客户、一切为用户"的管理思想和理念。

优点：不仅能确保公司持续稳定地生产出品质符合规定要求的产品，还能充分满足客户的需求。

1.2.4 ISO9000 阶段/零缺陷管理 ZD(现代)

组织推行 ISO9000 阶段/零缺陷管理优点：

(1)强化质量管理，提高企业效益，增强客户信心，扩大市场份额。

(2)获得了国际贸易通行证，消除了国际贸易壁垒。

(3)节省了第二方审核的精力和费用。

(4)在产品质量竞争中永远立于不败之地。

(5)有效地避免责任。

(6)有利于国际的经济合作和技术交流。

ISO 七大原则：以顾客为关注焦点、领导作用、全员参与、过程方法、持续改进、基于事实的决策方法、与供方互利的关系。

1.3 质量管理的意义及要求

产品质量是企业技术、管理和人员素质的综合反映。伴随人类社会的进步和人们生活水平的提高，顾客对产品质量要求越来越高。因此企业要想长期稳定地发展，必须围绕质量这个核心开展生产，加强产品质量管理，生产出高品质的产品。强化过程质量控制对提高产品的质量也是起着非常重要的作用。

对生产过程进行质量控制，一是要满足各个生产要素在质和量上要达到生产产品的需求，这是组织好生产过程的前提基础条件。二是要使各生产要素在生产过程中处于最佳的结合状态，按照产品的生产工艺要求，组成一个彼此过程连贯，高效有序的完整体系。要满足以上条件，必须通过一系列的技术方法和管理措施，运用计划、组织、领导、控制的职能得以实施和实现。

1.4　质量管理措施

1.4.1　坚持按标准组织

标准化工作是质量管理的重要前提，是实现管理规范化的需要。企业的标准分为技术标准和管理标准。

技术标准主要分为原材料、辅助材料标准、工艺、工装标准、半成品标准、成品标准、包装标准、检验标准等。这类标准沿着产品形成这根线，环环控制，投入各工序物料，质量层层把关，使生产过程处于受控状态。在技术标准体系中，各个标准都是以产品标准为核心展开的，都是为了达到成品标准。

管理标准是规范人的行为，规范人与人的关系，规范人与物的关系，是为提高工作质量，保证产品质量服务的，它包括产品工艺规程，操作规程和经济责任制。企业标准化的程度，反映企业管理水平。

企业要保证产品质量，一是要建立健全各种技术标准和管理标准，力求配套。二是要严格执行标准，规范生产过程中物料的质量，人的工作质量，严格考核奖罚兑现，三是要不断修订改进标准。贯彻实现新标准，保证标准的先进性。

1.4.2　强化质量检验机制

一是要建立健全质量检验机构，配备能满足生产需要的质量检验人员、设备和设施。二是要建立健全质量检验制度，从原材料进厂到产品出厂要层层把关，做原始记录，生产工人和检验人员责任分明，进行质量追踪，同时要把生产工人和检验人员职能紧密结合起来，检验人员不但要负责质检，还要指导生产工人，生产工人不能只管生产，自己生产出来的产品，要先进行检验，要实现自检、互检、专检三者相结合。三是要树立质量检验机构的权威，质量检验机构必须在厂长的直接领导下，任何部门和人员都不能干涉，经过质量检验部门确认的不合格的原材料不准进厂，不合格的半成品不能流到下一道工序，不合格的产品不许出厂。

1.4.3　实行质量否决权

健全质量管理机制和约束机制是质量工作的一个重要环节。实行质量否决权，就是把质量指标作为考核人员的一项硬指标。

质量责任制或以质量为核心的经济责任制是提高人的工作质量的重要手段。质量管理在企业各项管理中占有重要地位，这是因为企业的重要任务就是生产产品，社会提供使用价值，同时获得经济效益。质量责任制的核心就是企业管理人员、技术人员、生产人员在质量问题上责、权、利相结合。对于生产过程质量管理，首先要分析各个岗位及人员的质量职能，即明确在质量问题上各自负什么责任，工作的标准是什么。其次，要把岗位人员的产品质量与经济利益紧密挂钩，兑现奖罚。对长期优胜者重奖，对玩忽职守造成质量损失的员工进行处分。

为突出质量管理工作的重要性，还要进行质量否决，即把质量指标作为考核干部职工的一项硬指标，其他工作不管做得如何好，只要在质量上出了问题，在评选先进、晋升、晋级等荣誉项目时实行一票否决制。

1.4.4　抓住关键因素与质量控制点

质量控制点是为确保作业过程质量而明确的重点控制对象。在生产中，需抓住影响产品质量的关键因素，设置管理点或控制点。这体现了生产现场质量管理的重点管理原则，通过把控重点对象并采取相应管理措施，抓住质量要害，以点带面，保证生产线产品质量稳定与提升。

质量控制点指的是在特定时期和条件下，对需重点控制的质量特性、关键部位、薄弱环节及主要因素采取特殊管理措施与办法，强化管理以使工厂处于良好控制状态，满足规定质量要求。加强此方面管理，需专业管理人员对企业整体进行系统分析，找出重点部位与薄弱环节加以控制。故而，正确确定质量控制点是提高生产现场质量管理的重要前提。

1.5　有关标准及发展历程

自 20 世纪 80 年代国际标准化组织(ISO)推行质量管理体系以来，质量管理体系标准便引起了世界各国的广泛重视。质量管理不仅被引入生产企业，而且被引入服务业，甚至医院、机关和学校。许多企业的高层领导开始关注质量管理，全面质量管理作为一种战略管理模式进入企业。

国际标准化组织发布的管理体系标准是通用的，不同国家和地区、不同规模、不同性质的企业和相关方对管理体系的信息沟通至关重要，而只有对所有使用的术语具有共同的理解，才能有效地进行沟通。

1987 年，国际标准化组织在全世界范围内发布通用的关于质量管理和质量保证方面的系列标准。1994 年，国际标准化组织对其进行了全面的修改，并重新颁布实施。2000 年，ISO9000 系列标准进行了重大改版。新的 ISO9000 标准更加完善，为世界绝大多数国家所采用，第三方质量认证普遍开展，有力地促进了质量管理的普及和管理水平的提高。

目前应用最广泛的 ISO 9001：2015《质量管理体系要求》于 2015 年发布，我国最新版《质量管理体系 要求》(GB/T 19001—2016)于 2016 年 12 月 1 日正式发布，该标准的发布有利于提高企业的质量管理水平、保证产品质量，对提高中国广大企业的质量管理水平发挥了巨大的作用。

工业生产的全过程是指从市场调查开始，经过产品开发设计，产品工艺准备，原材料采购，生产组织、控制、检验、包装入库到销售、服务等一系列过程。即构思、生产理想的产品，将产品推向社会，向用户提供使用价值。全面质量管理的基本方法就是全过程的质量管理，通过提高各个环节的工作质量，来保证产品的质量。

1.6 质量意识

质量意识是通过企业质量管理、质量教育和质量责任等来建立和施加影响的，并且通过激励机制使之自我调节而一步步地形成。

质量意识的构成包括质量认知、质量信念和质量知识。质量认知是解决"质量是什么"的问题，质量信念解决的是"做什么质量"的问题，质量知识解决的是"质量怎么做"的问题，三者之间不可偏废。质量意识反映了一个企业及员工的价值观。

在班组质量管理过程中，工作不可能"全面出击"，而是要分步骤地逐个进行。只要抓住主导因素，分别对不同的工序采取切实有效的控制措施，就可以达到事半功倍的效果。

单元二 现场产品质量检查

衡量生产过程优劣的标准是：高效、低耗、灵活、准时和质量。也可以说是多快好省高品质，其量化的指标体现在投入产出率和满意度。在生产过程中，企业管理者力求以最少的劳动耗费（包括物化劳动和活劳动），生产出尽可能多地满足用户需要的产品。换言之，就是以最低的成本生产出满足用户品质要求的产品。

要实现生产过程的这个目标，一是各个生产要素，人、财、物、信息等在质和量上满足生产产品的需要，这是组织好生产过程的前提基础条件。因此，生产管理必须从基础条件入手。二是要使各生产要素在生产过程中处于最佳的结合状态，按照产品生产工艺要求组成一个彼此联系的、密切协作的、有序的、效率高的完整体系。

2.1 概述

质量检查就是对产品的一个或多个特性进行观察、试验、测量，并将结果和规定的质量标准要求进行比较，以确定每项质量特性合格情况的技术性检查活动。产品检验通常是验证的基础和依据；产品验证要以检验结果作为客观依据，还要按规定程序和要求进行确认。

2.1.1 质量检查的几个阶段

（1）熟悉规定要求，选择检查方法，制定检查程序。

（2）观察、测量或试验。

（3）记录。

（4）比较和判断。

（5）确认和处置。对合格品放行，对不合格品做出返修、返工或报废等处置。对批量产品做出接收、拒收、复检等处置。

2.1.2 质量检查程序

质量检查程序又称检查规程、检查卡片或检查指导书，是产品生产制造过程中，用以指导检查人员正确实施产品和工序检查、测量、试验的技术文件。它是产品检验计划的一个重要部分，其目的是为重要零部件或关键工序的检验活动提供具体操作指导。它是质量体系文件中的一种作业指导性文件，又可作为检验手册中的技术性文件。其特点是表述明确，可操作性强；其作用是使检查操作统一、规范。

2.1.3 编写质量检查程序的要求

一般对关键和重要的零部件都要编制质量检查程序，在质量检查程序中应明确详细规定需要检查的质量特性及其技术要求，规定检查方法、检查基准、检测量具、子样大小以及检验示意图等内容。为此，编制质量检查程序的主要要求如下：

（1）对所有质量特性，应全部逐一列出，不可遗漏。对质量特性的技术要求要明确、具体，使操作和检查人员容易掌握和理解。此外，它还可能要包含不合格的严重性分级、尺寸公差、检查顺序、检测频率、样本大小等有关内容。

（2）必须针对质量特性和不同精度等级的要求，合理选择适用的测量工具或仪表，并在程序中标明它的型号、规格和编号，甚至说明其使用方法。

（3）当采用抽样检验时，应正确选择并说明抽样方案。根据具体情况及不合格严重性分级确定 AQR 值，正确选择检查水平，根据产品抽样检查的目的、性质、特点选用实用的抽样方案。

质量检查程序的主要作用是使检查人员按检查程序规定的内容、方法和程序进行检查，保证检验工作的质量，有效地防止错检、漏检等现象。

2.1.4 检查程序的内容

（1）检查对象：受检产品的名称、型号、图号、工序（流程）及编号。

（2）质量特性值：按产品质量要求转化的技术要求，规定检验的项目。

（3）检查方法：规定检查的基准（或基面）、检查的程序和方法、有关计算（换算）方法、检测频次、抽样检验时有关规定和数值。

（4）检查手段：检查使用的计量器具、仪器、仪表及设备、工装卡具的名称及编号。

（5）检验判断：规定数据处理、判断比较的方法、判断的原则。

（6）记录和报告：规定记录的事项、方法和表格，规定报告的内容与方法、程序与时间。

（7）其他说明。

2.2 质量检验（检查）方法

在产品制造过程中，为了保证产品符合质量标准，防止不合格产品出厂或流入下道工序，通常对产品进行全数检验（即百分之百的检验）。但是在大量生产的情况下，由于受人力、物力、财力和时间的限制，或是由于产品经常检验，其功能便被破坏，不可能进行全面检验，只能采用抽样检验的办法。

抽样检验就是从一批产品中随机抽取一部分进行检验的活动。如果抽样检验的目的是想通过检验这部分产品对这批产品的质量进行估计，以便对这批产品做出合格与否，能否接受的判断，那么就称这种抽样检验为抽样验收。

经过抽样检验判为合格的批，不等于批中每个产品都合格；经过抽样检验判为不合格的批，不等于批中全部产品都不合格。

抽样检验一般用于下述情况：

(1)破坏性检查验收，如产品的可靠性试验、产品寿命试验、材料的疲劳试验、零件的强度检验等。

(2)数量很多、全数检验工作量很大的产品，如螺钉、螺母、销钉、垫圈等。

(3)测量对象是流程性材料，如钢水、铝水化验，整卷钢板的检验等。

(4)希望节省检验费用。

2.2.1　基本概念

抽样检验又分为计数检验、计量检验等，对常用的名词术语做以下介绍：

(1)计数检验：又分为计数标准型抽样检验、计数挑选型抽样检验、计数调整型抽样检验。根据给定的技术标准，将单位产品简单地分成合格品或不合格品的检验。或是统计出单位产品中不合格的检验。前一种检验又称计件检验；后一种检验又称计点检验。

(2)计数挑选型抽样检验：是指用预先规定的抽样方案对批进行初次检验，判为合格的批直接接收，判为不合格的批必须经过全数检验，将批中的不合格品一一挑出换成合格品后再提交检验的过程。

(3)计数调整型抽样检验：就是根据已经检验过的批质量信息，随时按一套规则调整检验的严格程度的抽样过程。

(4)计量检验：根据给定的技术标准，将单位产品的质量特性(如质量、长度、强度等)用连续尺度测量出其具体数值并与标准对比的检验。

(5)单位产品：为了实现抽样检验而划分的单位体或单位量。对于按件制造的产品来说，一件产品就是一个单位产品，如一个螺母、一台机床、一台电视机。但是有些产品的单位产品的划分是不明确的，如钢水、布匹等，这时必须人为地规定一个单位量，如一米布、一千克大米、一平方米玻璃等。

(6)检验批：它是作为检验对象而汇集起来的一批产品。有时也称交检批。一个检验批应由基本相同的制造条件、一定时间内制造出来的同种单位产品构成。

(7)批量：它是指检验批中单位产品的数量，用符号 N 表示。

(8)缺陷：单位产品未满足预期或规定用途有关的要求即构成缺陷。

2.2.2　检查原则和内容

1. 检查原则

现场检查要学会"抓大放小"。检查中的细节很多，检查员要在心中有一条主线，哪些必须把握，哪些可以忽略，不要过于纠缠于细节。比如，工厂的检验仪器运行检查在"例行检验记录"中体现，就不能判定工厂没有运行检查记录。检查员不能用自己的理解、做法和习惯去要求所检查的工厂。机构实施细则中明确规定的记录数量是有限的，检查不是检查记录。检查的取证，包括现场的提问、观察、检查、分析、判断和记录。对个别细节，可以采取跳跃式处理方法，不要抓住一些不重要的细节斤斤计较，可以先放一下，看看其他相关环节，如果确实是问题，再来补充检查。总的来讲，就是要有所取舍，对关键问题要层层深入仔细甄别，对一般细节要懂得舍弃以提高检查效率。

现场检查要深刻领会记录的重要性。清晰、完整、可追溯的工作记录有助于企业理顺工作流程、节约生产管理成本。

2. 工序质量和工作质量

（1）工序质量。工序质量是指工序能够稳定地生产合格产品的能力，通常以工序能力表示。工序质量一般是由操作者、设备、原材料、工艺方法、环境五大因素（4M1E）决定。也就是"人、机、料、法、环"。

①操作者（man）包括操作者的劳动态度、质量意识、技术水平和身体状况等。

②设备（machine）包括生产设备及工量器具等的技术性能、工作精度、使用效率和维修状况等。

③材料（material）是指原材料及辅助材料的质量特性等。

④方法（method）包括工艺、操作方法等。

⑤环境（environment）是指生产现场的工作条件，包括的温度、湿度、照明、噪声和清洁等。

（2）工作质量。工作质量是指企业为保证和提高产品质量和工序质量，通过经营管理和生产技术工作来保证的程度。工作质量涉及企业生产作业的所有过程、各个层次、全体员工，以及全方位的工作有效性。

2.3 企业质量检查职责

2.3.1 质量管理部的质量管理职责

（1）质量管理系统的建立、实施及维护。

（2）质量策划、管理、控制。

（3）质量统计、分析、改善。

（4）检验规范、标准的建立及实施。

（5）质量成本的统计与分析。

（6）高程质量检验与管制。

（7）成品质量检验与管制。

（8）质量教育训练。

（9）检验、测量和试验设备的管理、控制。

（10）质量问题纠正与预防措施的控制。

2.3.2　生产部的质量管理职责

（1）贯彻执行工厂的质量方针、目标。

（2）制程质量的自主控制与管理。

（3）作业标准、质量规范的贯彻执行。

（4）协助因质量异常引起的返工、重做、拆解等作业计划的安排。

（5）掌握生产过程中的物料消耗状况，做好物料供应工作。

（6）掌握工序控制技术，提升作业质量。

（7）产品质量的控制与改善。

（8）质量异常的排除与预防，做好退料、呆料、废料的处理工作。

（9）设备、工装的正确使用与维护。

（10）必要的质量记录与分析及存档。

（11）其他与本部门相关的质量事项。

2.3.3　仓储部的质量管理职责

（1）贯彻执行工厂的质量方针、目标。

（2）供应商物料的点收、核对、标识工作。

（3）工厂各种物料的搬运、包装、贮存、防护等的控制工作。

（4）物料仓储标识工作。

（5）退料、换货、超领、报废、盘点等的执行与控制工作。

（6）库存数量、质量的控制、记录、汇总、分析等工作。

（7）其他与本部门相关的质量事项。

2.3.4　工艺技术部的质量管理职责

（1）贯彻执行工厂的质量方针、目标。

（2）产品用料明细表的建立、维护工作。

（3）生产工艺流程的制定、修改与完善。

（4）作业指导书、标准工时的制定、修改与完善。

（5）技术变更的审核与执行。

（6）技术性质量异常的排除。

（7）设备、棋具、工装的维护、保养与改造工作。

（8）其他与本部门相关的质量事项。

2.4　质量过程控制方法

要想控制好质量首先要树立这样的观念：质量是做出来的，不是查出来的！

2.4.1 事前教育(预防)

从源头上控制,重在事前教育,生产管理人员在安排每天的工作中或在签收件核对样板的过程中,已对每款产品的工艺熟记于心,在产前会过后,针对工艺难点,也有了解决方法与措施。那么再组织小组产前会议将所知的一切及时传达给基层员工,并结合各款产品具体的工艺要求及公司的产品质量要求,作一个详细的说明,要让大家都能明白:什么是正确的,什么是错误的,以及做到什么程度为合格,做得不合格会有什么惩罚等,这就是事前教育。

2.4.2 事中纠正

员工有了目标后,有的会去努力达成;但也有的可能是没弄明白或意识稍差抑或是技术能力有限,不能按要求去做,那么就要求生产管理人员去辅导、去督促跟进,特别是在每款新产品投产的初期,应从第一道工序开始跟进检查,及时纠正错误方法或不良习惯,保证每一道工序传给下一道时是合格的。

一道道跟进检查、辅导,直到出成品。如果真正跟到位,相信成品出来后极少存在返工的现象,不用每个产品再去反复查验了。这样一来,员工做得开心,后面工序也就做得轻松了。

2.4.3 事后总结

如果确实因技术因素或材料原因导致返工现象,应及时反馈给技术部门或质量管理部门,让其协助解决并记录存档,作为以后类似问题预防工作的参考。

2.4.4 正确体现增值服务

现场检查要求关注质量保证能力体系的有效性,检查的过程应当体现在检查中发现问题的准确性上。一般认为,检查是检验员在检查工厂,但从另一个角度来讲,也是工厂在检查检验员、评价检验员。当你真正发现存在的问题,发现问题的产生原因,说到工厂的"点子"上,工厂就会从心底里敬佩你,工厂会欢迎你下次再去检查,因为工厂从中受益,检查实现了增值。一个好的检验员可以为工厂在培训、技术辅导、诊断等方面提供专业的解决方案;可以进行法律法规宣传,督促落实质量安全主体责任;可以加大技术指导服务力度,使企业建立符合产品认证相关要求的体系。

单元三 不合格品处理

3.1 概述

3.1.1 不合格概念

GB/T 19000—2016 对不合格的定义为："未满足要求"。不合格包括产品、过程和体系没有满足要求,所以不合格包括不合格品和不合格项。其中,凡成品、半成品、原材料、外购件和协作件对照产品图样、工艺文件、技术标准进行检验和试验,被判定为一个或多个质量特性不符合(未满足)规定要求的,统称为不合格品。

3.1.2 不合格品种类及不合格率

不合格是产品质量偏离规定要求的表现,而这种偏离因其质量特性的重要程度不同和偏离规定的程度不同,对产品适用性的影响也不同。不合格严重性分级,就是将产品质量可能出现的不合格,按其对产品适用性影响的不同进行分级。我国目前对不合格分为三类,分别是:A 类不合格、B 类不合格、C 类不合格。

A 类不合格:单位产品的极重要的质量特性不符合规定;单位产品的质量特性极严重不符合规定。有一个或一个以上 A 类不合格,也可能还有 B 类不合格或 C 类不合格的单位产品,称为 A 类不合格品。

B 类不合格:单位产品的重要特性不符合规定或单位产品的质量特性严重不符合规定,有一个或一个以上 B 类不合格,也可能还有 C 类不合格,但没有 A 类不合格的单位产品,称为 B 类不合格。

C 类不合格:单位产品的一般特性不符合规定或单位产品的质量特性轻微不符合规定,有一个或一个以上 C 类不合格,但没有 A 类不合格,也没有 B 类不合格的单位产品,称为 C 类不合格。

不合格率:是指在一定时间内,经质检部检验后达到规定质量标准的产品数量占总生产数量的比例。这一指标直接反映了企业产品质量的整体水平和市场竞争力。高品质合格率意味着企业能够以更少的资源投入获得更高的产出效益,同时也能够赢得消费者的信赖和市场的青睐。

3.2 不良品问题分析

不良品的产生是系统异常波动的结果。异常波动是由系统原因引起的产品质量波动。这些系统因素在生产过程中并不大量存在，也不经常影响产品质量，一旦存在，它对产品质量的影响就比较显著。例如，原材料的质量不符合规定要求；机器设备带病运转；操作者违反操作规程；测量工具带有系统误差等。由于这些原因引起的质量波动对质量特性的影响较大，称为失控状态或不稳定状态。

质量管理的一项重要工作，就是要找出质量波动的规律，消除系统波动对产品质量的影响。通常采用以下几种方法：

3.2.1 统计分析法

统计分析法把所有问题分类、计数，分析产生的原因，排序，计算各类问题所占的比重，建议改进措施，针对主要问题彻底改进。

3.2.2 分析原因

(1)产品开发与设计方面：产品设计的方法不正确；图样、图纸绘制不清晰、标注不准确；产品设计尺寸与生产用零部件，装配公差不一致；废弃图样的管制力度不够，造成生产中误用废旧图纸。

(2)机器与设备管理：机器安装与设计不当；机器设备长时间无校验；刀具、模具、工具品质不良；量具和检测设备精确度不够；温度湿度及其他环境条件对设备的影响；设备加工能力不足；机器、设备的维修、保养不当。

(3)材料与配件控制：使用未经检验的材料或配件；错误地使用材料或配件；材料、配件的品质变异；使用让步接受的材料或配件；使用替代材料，而事先无精确验证。

(4)生产作业控制：片面地追求产量，而忽视品质；操作员未经培训上岗；未制定生产作业指导书；对生产工序的控制力不够；员工缺乏自主品质管制意识。

(5)品质检验与控制：未制定产品品质计划；试验设备超出浇筑期限；品质规程、方法、应对措施不完整；没有形成有效的品质控制体系；高层管理者的品质意识不够；品质标准不准确或不完善；不合格品产生的原因主要集中在产品的开发与设计、工序的控制、采购等环节；错误的操作方法、不良物料及错误的设计也可导致不合格品的产生。

【案例】工序检验不合格统计分析报告

通过对某公司1—6月份产品发生的不合格项进行统计分析，找出不良品产生的原因。

从抗压强度、电阻率、体积密度三个方面进行不合格项统计分析，共统计不合格项100项，结果见表5-1和图5-1。

表5-1 某年1—6月检验不合格统计分析表

月份	批数	不合格原因
1月	2	体积密度不合格
2月	6	抗压强度不合格2批，电阻率不合格2批，抗压强度和电阻率均不合格的1批，体积密度不合格1批

续表5-1

月份	批数	不合格原因
3 月	30	抗压强度不合格22批，电阻率不合格7批，抗压强度和电阻率均不合格的1批
4 月	31	抗压强度不合格7批，电阻率不合格19批，抗压强度和电阻率均不合格的3批，体积密度不合格2批
5 月	16	抗压强度不合格8批，电阻率不合格7批，抗压强度和电阻率均不合格的1批
6 月	15	抗压强度不合格4批，电阻率不合格8批，抗压强度和电阻率均不合格的3批

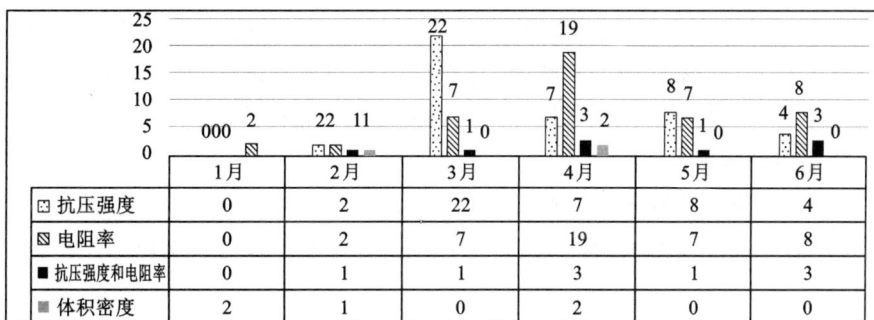

	1月	2月	3月	4月	5月	6月
□ 抗压强度	0	2	22	7	8	4
▨ 电阻率	0	2	7	19	7	8
■ 抗压强度和电阻率	0	1	1	3	1	3
▦ 体积密度	2	1	0	2	0	0

图 5-1　某年 1-6 月检验不合格统计分析

可以看出，不合格原因主要是抗压强度，其次是电阻率以及两项均不合格合计，需要重点查找原因。

通过分析，不合格原因中占比最多的是抗压强度，影响抗压强度的原因主要是内部裂纹，造成内部裂纹的主要原因是粉料纯度和糊料混捏温度以及成型抽真空效果和温度控制。3 月份调整参数后，从 4 月份开始抗压强度造成的不合格品数量逐步减少。

3.3　不合格品的管理

3.3.1　不合格品的判定

（1）产品质量有两种判定方法，一种是符合性判定，判定产品是否符合技术标准，给出合格或不合格的结论；另一种是处置方式判定，判定产品是否还具有某种使用的功能。但当发现产品不合格时，才产生不合格品是否适合使用的问题。所以处置性判定是在符合性判定为不合格品之后对不合格品给出返工、返修、让步、降级、拒收、报废判定的过程，也就是对不合格品的处置过程。

（2）检验人员的职责是按产品图样、工艺文件、技术标准或直接按检验作业指导文件检验产品，判定产品的符合性质量，正确做出合格与不合格的结论。一般不要求检验人员承担处置不合格品的责任和有相应的权限。

（3）不合格品的处置判定是一项技术性很强的工作，应根据产品未满足规定的质量特性重要性、质量特性偏离规定要求的程度和对产品质量影响的程度制定分级处置程序，规定有关评审和处置部门的职责及权限。一般生产组织的不合格品的处置由技术部门或专门的不合格品评审机构评定后处置。

3.3.2　不合格品管理程序

1. 不合格品管理要求

在整个产品形成过程中，存在不合格品是可能的。产品生产者应建立并实施对不合格品的控制程序。

产品生产者的质量检验工作的基本任务之一，就是从原材料、中间产品加工环节到成品交付的环节，建立并实施对不合格品的控制程序。通过对不合格品的控制，实现不合格的原材料、中间产品和成品的不接收、不投运，不合格的在制品不转序，不合格的零部件不装配，不合格的产品不交付的目的，以确保防止误用或安装不合格的产品。

2. 不合格品控制程序

（1）规定对不合格品的判定和处置的职权。

（2）对于不合格品要及时进行标识，以便识别。标识的形式可采用色标、票签、文字、印记等。

（3）做好不合格品的记录工作，如生产时间、地点、产品批次、零部件号、生产设备等。

（4）评定不合格品，提出对不合格品的处置方式，决定是返工、返修、让步、降级、拒收或报废等，并做好记录。

（5）对于不合格品要及时隔离存放，严防误用或误装。

（6）根据不合格品的处置方式，处理不合格品，并监督实施。

（7）通报与不合格品有关的职能部门，必要时也应通知客户。

（8）分析不合格原因，针对原因制定长期稳定的控制措施，形成相关技术标准和规范。

3. 不合格品的隔离

在产品生产过程中，一旦出现不合格品，除及时标识和决定处置外，对不合格品还要及时隔离存放，以防止误用或误安装不合格的产品，造成生产混乱。因此产品生产者应根据生产规模和产品的特点，在检验系统内设置不合格品隔离区（室）或隔离箱。对不合格品进行隔离和存放，是质量检验工作的主要内容，同时还要做到以下几点：

（1）检验部门所述各检验站（组）应设有不合格品隔离区（室）或隔离箱。

（2）不合格品及时标识后，应立即隔离存放，避免造成误用或误装，严禁个人、小组和生产车间随意储存、取用不合格品。

（3）及时或定期组织有关人员对不合格品进行评审和分析处置。

（4）对确认为拒收或报废的不合格品，应严加隔离和管理，对私自动用不合格品者，检验人员有权制止、追查、上报。

（5）根据对不合格品的分析处置意见，对可返工的不合格品应填写返工单交相关生产作业部门返工；对降级使用或改作他用的不合格品，应明显标识交有关部门处置；对于拒收和报废的不合格品应填拒收和报废单交供应部门或废品库处置。

（6）对无法隔离的不合格品，应明显标识，妥善保管。

4. 不合格品管理程序举例

某公司制定的不合格品管理程序如下：

（1）目的：对不合格品进行识别和控制，防止不合格品混入合格品中交付或使用。

（2）适用范围：适用于对原材料、半成品、成品的不合格的控制。

（3）职责：质检人员负责不合格品的检测和识别并对不合格品出具处理意见并采取纠正措施后进行验证。生产科负责对不合格品采取纠正措施。

（4）管理内容：

①产品检验人员必须认真学习产品标准，掌握了解检验规程，能坚持原则，不受行政干扰，独立地行使职权，科学公正地对产品进行检验。

②各级岗位检验人员对产品认真判定，分合格品、不合格品进行标识、隔离存放，填写检验记录。不合格品做技术处理后应进行重新检验，仍不合格的作其他处理。

③检验人员发现不合格品及时纠正处理，发现批次的不合格品，应及时通知生产部及相关领导，由生产部门分析原因。查找根源解决和纠正问题，防止不合格品的继续出现，制定不合格品的补救措施。

④车间人员对不合格品提出处理意见，报主管领导批准，如果责任车间和责任人对处理意见有异议，由品管部负责解释、答复。

⑤建立不合格品管理档案，对不合格品补救后的质量状态标识准确清楚，避免与合格品混在一起。

⑥不合格品出现在哪里，哪里负责，并且落实到人，谁生产的谁负责；检验人员没发现由检验人员负责，车间没有标识，造成混乱，由车间负责；库中混放由库管员负责。凡是不合格品，必须认真统计管理，进行综合分析，查找原因，采取补救措施，返工的产品重新检验判定；杜绝一切漏洞，确保产品质量合格。

3.3.3 不合格品的处置

1. 不合格品处置程序

（1）作业人员在自检过程中发现不合格品和检验人员在检验过程中发现的不合格品经鉴别确认后均应按不合格品处置程序处置。

（2）对已标识的不合格品或隔离的不合格品由检验人员开具不合格品通知单（或直接用检验报告单），并附不合格品数据记录交供应部门或生产作业部门。

（3）供应部门或生产作业部门在分析不合格品的原因和责任及采取必要的控制措施的同时，提出书面申请，经设计、工艺、锻冶等有关技术部门研究后对不合格品进行评审与处置。

（4）责任部门提出对不合格品的评审和处置申请，根据不合格严重程度决定有关技术部门审批、会签后按规定处置程序分别做出返工、降级、让步接收或报废结论。一般情况下，报废由检验部门决定，返工、降级、让步接收由技术部门（设计、工艺部门）决定，但需征求检验部门意见。在特殊情况和各部门意见不统一时，还需经组织中最高管理层的技术负责人员（如技术副厂长和总工程师）批准。

（5）当合同或法规有规定时，让步接收应向顾客提出申请，得到书面认可才能接受。

(6)军工企业和大型企业有的还设置不合格品评审机构(如委员会)。根据不合格的严重程度,分级处置。一般不合格可由检验部门、技术部门按规定程序处置;严重不合格由不合格评审机构按规定程序处置,必要时组织有关部门专家进行评审后处置。

2. 不合格品的处置方式

根据 GB/T 19001—2016 的规定,对不合格品的处置,有三种方式:

(1)纠正——为消除已发现的不合格品所采取的措施。其中主要包括:

①返工——为使不合格品符合要求而对其所采取的措施。

②降级——为使不合格品符合不同于原有的要求而对其等级的改变。

③返修——为使不合格品满足预期用途而对其所采取的措施。将不合格品经整形、削边、重组等作业返修,返修后由检验人员确定后方可使用。

(2)报废——为避免不合格品原有的预期用途而对其采取的措施。不合格品经确认无法返工和让步接收,或虽可返工但返工费用过高、不经济的均按废品处置。对有形产品而言,可以回收、销毁。

(3)让步——对使用或放行不符合规定要求的产品的许可。

让步接收品是指产品、零部件不合格,但其不符合的项目和指标对产品的性能、寿命、安全性、可靠性、互换性及产品正常使用均无实质性的影响,也不会引起顾客申诉、索赔,而准予使用和放行的不合格品。让步接收实际上就是对使用或放行的一定数量不符合规定要求的材料、零部件或成品准予放行的书面认可。原样使用,不返修,直接给客户。这种情况必须严格申请,把情况告诉客户得到客户的认可。

不合格品无论确定用何种处置方式,检验人员都应立即进行标识并及时隔离存放,以免发生混淆、误用错装。确定进行返工(或返修)的产品,返工(或返修)后须重新办理交检手续,经检验合格方可入库。经检验确认仍不合格的按不合格品处置程序重新处置。

发现和确认了不合格,除要处置不合格品以外,还要采取纠正措施。纠正措施是指"为消除产品不合格发生的原因所采取的措施"。

一是要明确地区分"纠正"和"纠正措施"。"纠正"是一种处置不合格品的方式,它的对象是不合格品。而"纠正措施"处置的对象是造成不合格的原因。所以说,"纠正"可连同"纠正措施"一起实施。

二是对降级和让步要加以区分。关键是要降低其等级,而"让步"则不包含"等级的改变",直接使用或放行。

3.3.4 不合格品的纠正措施及原则

1. 不合格品的纠正措施

采取纠正措施的目的是防止已经出现的不合格再次发生;纠正措施的对象是造成不合格的原因,而不是对不合格的处置。

纠正措施的制定和实施是一个过程,一般应包括以下几个步骤:

(1)确定纠正措施,首先是要对不合格品进行评审,其中特别要关注顾客对不合格品的抱怨。评审的人员应是有经验的专家,他们熟悉产品的主要质量特性和产品的形成过程,并有能力分析不合格的影响程度和产品不合格原因及应采取的对策。

（2）通过调查分析确定产品不合格的原因。

（3）研究为防止不合格再次发生应采取的措施，必要时对拟采取的措施进行验证。

（4）通过评审确认采取的纠正措施效果，必要时修改程序及改进体系并在过程中实施这些措施。跟踪并记录纠正措施的结果。

纠正措施的内容应根据不合格品的事实情况，针对其产生的原因来确定。在产品质量形成全过程中，产生不合格的原因主要是人、机、料、法、环几个方面，针对具体原因，采取相应措施。如人员素质不符合要求（责任心差、技术水平低、体能差）的，采取培训学习提高技术能力，调换合格作业人员的措施；如作业设备能力低，则修复、改造、更新设备或作业手段；如作业方法有问题，采取改进、更换作业方法的措施等。但是所采取的纠正措施一般应和不合格的影响程度相适应。

2."三不放过"原则

不合格品的管理不仅是质量检验，还是整个质量工作中的一个十分重要的问题。不合格品（或不良品），其中又包括报废品、返修品和原样使用三类。在不合格品管理中，一旦出现不合格品，则应：

（1）不查清不合格原因不放过。因为不查清原因就无法进行预防和纠正。不能防止再现和重复发生。

（2）不查清责任者不放过。这样不只是为了惩罚，而主要是为了预防，提醒责任者提高全面素质，改进工作方法和态度，以保证产品的质量。

（3）不落实改进措施不放过。不管是查清不合格原因还是查清责任人，其目的都是落实改进措施。

"三不放过"原则，是质量检验工作中的重要环节，坚持这种原则才能发挥检验的把关和预防的职能。

总之，对于不合格品要严加管理和控制，关键在于：①对已完工的产品严格检查、把关，防止漏检和错检；②对查出的不合格品严加管理，及时处理，以防乱用和错用；③对于不合格的原因，应及时分析和查清，防止重复发生。

单元四　现场质量改进与关键工序

在正常的生产过程中，通常存在七种浪费，分别是：过度生产、等待、运输、过度加工、库存、返工和移动。一件不良品的产生，在生产过程中消耗了同样的成本。当检验发现其不合格后，还要进行标识、隔离、判别等级，决定是否采用返工、返修、降级、让步或报废等措施，又消耗了大量的人力、物力。所以，对不良品的成本进行统计核算是控制成本的一项重要工作。以下是某企业对 2017 年不良品生产成本的统计情况，平均每年 290 万元被浪费，日平均浪费近 8000 元。再加上管理、仓储、返工等费用，是一个很大的数目。可见，现场质量改进是企业提质增效必须要做的工作。

表 5-2　某企业 2017 年不良品成本统计表

不合格类别	产品编号	产品工序	零部件	产品名称	合计
次数	52	25	18	10	105
成本/万	150	70	40	30	290

4.1　质量改进方法

4.1.1　质量改进与质量控制

　　质量改进是建立在一些基本过程之上的，不同于质量控制，是致力于增强满足顾客要求的能力。质量控制是质量管理的一部分，是致力于满足顾客要求的能力。

　　质量改进是通过不断采取纠正和预防措施来增强企业的质量管理水平，使产品的质量不断提高。质量控制主要是通过日常的检验、试验和配备必要的资源使产品质量维持在一定的水平。

　　质量控制与质量改进是互相联系的。质量控制的重点是防止差错和问题的发生，充分发挥现有的能力，而改进的重点是提升质量保证的能力。首先要做好质量控制，充分发挥现有控制系统能力使全过程处于受控状态，然后在控制的基础上进行质量改进，使产品从设计、制造、服务到最终满足顾客要求达到一个新水平。著名质量专家朱兰质量管理三部曲（见图 5-2），图表现了其中的差异。

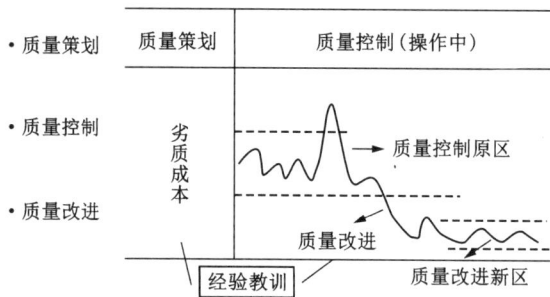

图 5-2　朱兰质量管理三部曲

4.1.2　质量改进与质量突破

　　质量改进与质量突破是密不可分的，没有改进不能实现突破；同时两者之间又有区别。

　　质量突破与质量改进的目的相同。质量突破是通过消灭工作水平低劣的长期性原因（包括思想上的和管理上的），使现在的工作达到一个较高的水平，从而使产品质量也达到较高的水平，质量改进也是为了提高质量水平。

　　质量突破是质量改进的结果。质量突破的实践表明产品的质量水平得到了提高，它是通过日常许多大大小小的质量改进来实现的。只有进行持续的质量改进才能使产品质量水平提高,才能实现质量突破。

4.1.3 质量改进的原因

我国企业迫切需要进行质量改进,以提高产品的质量水平,不断降低质量成本。原因如下:

(1)新技术、新工艺、新材料的发展对原有的技术提出了改进要求。

(2)技术与不同企业的各种资源之间的最佳匹配问题,也要求技术必须不断改进。

(3)优秀的员工也常有不足的地方,需不断学习新知识,增加对过程中一系列因果关系的了解。

(4)技术再先进,开展工作的方法、程序不对也不行。在重要的工序,即使一次质量改进的效果很小,但日积月累将会得到意想不到的效果。

4.1.4 质量改进的意义

质量改进是质量管理的重要内容,其意义包括以下几方面:

(1)质量改进具有最高的投资收益率。俗话说"质量损失是一座没有被挖掘的金矿",而质量改进正是要通过各种方法把这个金矿挖掘出来,因此有些管理人员认为最赚钱的行业莫过于质量改进。

(2)可以促进新产品开发,改进产品性能,延长产品的寿命周期。

(3)通过对产品设计和生产工艺的改进,更加合理、有效地使用资金和技术,充分挖掘企业的潜力。

(4)可以提高产品的制造质量,减少不合格品的产生,实现增产增效的目的。

(5)通过提高产品的适用性从而提高企业产品的市场竞争力。

(6)有利于发挥企业各部门的质量职能,为产品质量提供强有力的保证。

4.1.5 质量改进 PDCA 循环

任何一个质量改进活动都要遵循 PDCA 循环的原则,即计划(Plan)、实施(Do)、检查(Check)、处置(Act)四个阶段。

1. PDCA 的内容

第一阶段是计划:包括制定方针、目标、计划书、管理项目等。

第二阶段是实施:即按计划实地去做,采取具体对策。

第三阶段是检查:对策实施后把握对策的效果。

第四阶段是处置:总结成功的经验,实施标准化,以后就按标准进行。对于没有解决的问题,转入下一轮 PDCA 循环,为制定下一轮改进计划提供资料。

2. PDCA 的特点

(1)四个阶段,一个也不能少。

(2)大环套小环,在某一阶段也会存在制定实施计划、落实计划、检查计划的实施进度和处理的小 PDCA 循环,如图 5-3 所示。

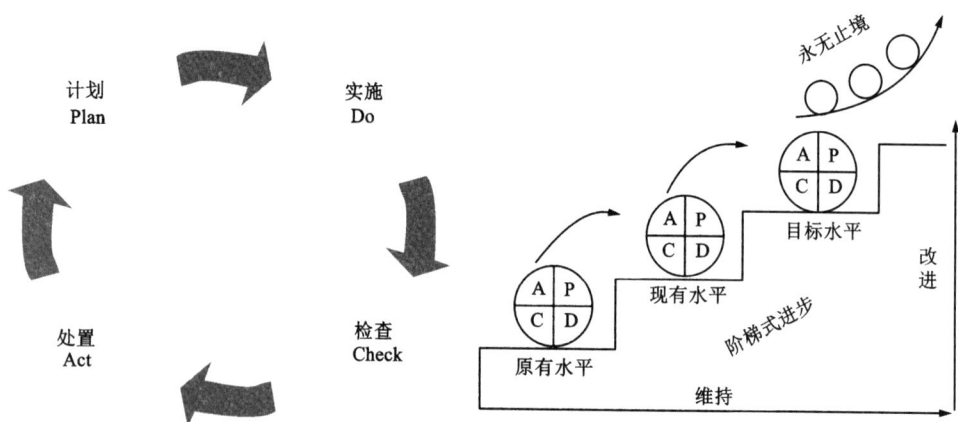

图 5-3　PDCA 循环

（3）每循环一次，产品质量、工序质量和工作质量就提高一些，PDCA 是不断上升的循环，见图 5-3。

4.2　质量改进的步骤、内容和注意事项

质量改进的步骤本身就是一个 PDCA 循环，可以分为若干步骤完成，一般按以下顺序进行：掌握现状找出问题、分析原因、拟定对策并实施、确认效果、防止再发生和标准化、总结。

4.2.1　掌握现状找出问题

需要调查四个要点，即时间、地点、种类、特征。为找出结果的波动，要从不同角度进行调查。去现场收集数据中没有包含的信息。

4.2.2　分析原因

1.分析问题

分析问题的突破口就在组织内部。例如：质量特性的波动太大，必然在影响因素中存在大的波动，这两个波动之间必然存在关系，这是把握问题主要影响原因的有效方法。而观察问题的最佳角度，随问题的不同而不同。不管什么问题以下四点是必须调查清楚的，即时间、地点、种类、特征。

（1）时间

早晨、中午、晚上，不合格品率有何差异？星期一到星期五（双休日的情况下），每天的合格率都相同吗？当然还可以从星期、月、季度、年等角度观察结果。

（2）地点

从导致产品不合格的部位出发，从部件的上部、侧面和下部零件的不合格情况来考虑。

如烧制品在窑中不同位置产品不合格率有何不同？还可以依照方位(东、南、西、北)等角度进行分析。产品非常长的情况下，可从前部、中部、后部去考虑。产品形状复杂的情况下，不合格部位是在水平或垂直的部位，还是在拐角部位。

(3)种类

对种类进行调查。同一个工厂生产的不同产品，其不合格品率有无差异？与过去生产过的同类产品相比，其不合格品率有无差异？关于种类还可以从生产标准、等级、使用人群等不同角度考虑，充分体现分层原则。

(4)特征

以产品不合格品项目——针孔(细小的气孔)为例说明，发现针孔时其形状是圆的、椭圆的、带脚的还是其他形状的；大多数针孔的排列是笔直的还是弯曲的，是连续的还是间断的等。在何种情况下，针孔的大小会发生怎样的变化；是在全部还是在特征的部位出现；针孔附近有无异样的颜色或异物。

不管什么问题，以上四点是必须调查的，但并不充分，另外结果波动特征也必须把握。

一般来说，这些问题应尽量是周数据，其他信息(如：记忆、想象)只能供参考。但没有数据的情况下，就应充分发挥其他信息的作用。调查者应深入现场，在现场可以获得许多数据中未包含的信息。

2. 确定主要原因

到了这一阶段，就必须科学地确定原因了。在许多事例中，问题的原因是通过问题解决者们的讨论，或是由某人来决定的，这样得出的结论往往是错误的，这些错误几乎都是没有经过或漏掉了验证假设阶段的。

考虑原因时，通常要通过讨论，并通过数据来验证假设的正确性，这时很容易出现将"假说的建立"或"假设的验证"混为一谈的错误。验证假说时，不能用建立假说的材料，而要用新的材料来证明。重新收集验证假设的数据要有计划、有根据地进行，必须遵照统计手法的顺序验证。

因果图是建立假说的有效工具。图中所有因素都被假定为导致问题的原因，图中最终包括的因素必须是主要的、能够得到确认的。

图中各影响因素应尽可能写得具体。如果用抽象的语言表达，由于抽象的定义是从各种各样的实例中集约出来的，图的数目就过于庞大。例如，因果图中的结果代表着某一类缺陷，图中的原因就成为引起这一类缺陷的原因集合体。图中混杂了各种因素，很难分析。因此，结果表现得越具体，因果图就越有效。

对于所有认为可能的原因都进行调查是低效率的，必须根据数据，削减影响因素的数目。可利用"掌握现状"阶段中分析过的信息，将与结果波动无关的因素舍去。要始终记住：因果图最终画得越小(影响因素少)，往往越有效。

并不是说重新画过的因果图中，所有因素引起不良品出现的可能性都是相同的。可能的话，也根据"掌握现状"阶段得到的信息进一步进行分析，根据他们可能性的大小排列重要度。

4.2.3 拟定对策并实施

明确所要解决的问题为什么比其他问题重要，问题的背景是什么，到目前为止的情况是怎样的。将不尽如人意的结果，用具体的语言表达出来，有什么损失，并具体说明希望改进到什么程度。选定题目和目标值，如果有必要将子题目也定下来。正式选定任务负责人。

1. 拟定对策步骤

有两个步骤：

(1)设立假说(选择可能的原因)。

为了收集关于可能的原因的全部信息应画出因果图(包括所有认为可能有关的因素)。

运用"掌握现状"阶段掌握的信息，消去所有已明确认为无关的因素，用剩下的因素重新绘制因果图。

在绘出的图中，标出认为可能性较大的主要因素。

(2)验证假说(从已设定因素中找出主要原因)。

搜集新的数据或证据制定计划来确认可能性较大的原因对问题有多大影响。

综合全部调查到的信息，决定主要影响原因。

(3)如条件允许的话，可以有意识地将问题再现一次。

2. 对改进活动的费用进行预算，拟定改进活动时间表

(1)必须将现象的排除(应急措施)与原因的排除(防止再发生的措施)严格区分开。

(2)采取对策后，尽量不要引起其他质量问题(副作用)，如果产生了副作用，应考虑换一种对策或消除副作用。

(3)先准备好若干对策方案，调查各自利弊，选择参加者都能接受的方案。

3. 注意事项

(1)在我们周围有着数不清的问题，由于人力、物力、财力和时间的限制，在选择要解决的问题时，不得不决定其优先顺序，为确认最主要的问题应该最大限度地灵活运用现有的数据。并且从众多的问题中选择一个作为题目时必须说明其理由。

(2)解决问题的必要性必须向有关人员说清楚，否则会影响解决问题的有效性，甚至会半途而废，劳而无功。

(3)设定目标值的根据必须充分。不合理的目标值是无法实现的，合理的目标值必须是经济上合理、技术上可行的。若需要解决的问题包括若干具体问题时，可分解成几个子课题。

(4)要明确解决问题的期限。预计的效果再明显，不拟定具体的时间往往会被拖延，被后来出现的那些所谓更重要、更紧急的问题代替。

4.2.4　确认效果

(1)使用同一种图表将对策实施前后的不合格频率进行比较。

(2)将效果换算成金额，并与目标值比较。

(3)如果有其他效果，不管大小都可以列举出来。

4.2.5　防止再发生和标准化

(1)为改进工作，应再次确认 5W1H 的内容，即 What(什么)、Why(为什么)、Who(谁)、Where(哪里)、When(何时做)、How(如何做)，并将其标准化。

（2）进行有关标准的准备和传达。

（3）进行教育培训。

（4）建立保证严格遵守标准的质量责任制。

4.2.6 总结

（1）找出遗留问题。

（2）考虑解决这些问题下一步该怎样做。

（3）总结本次降低不合格品的过程中，哪些问题得到顺利解决，哪些尚未解决。

4.3 质量改进控制方法

影响过程质量的有人、机、料、法、环等因素，这些因素对不同的工序及其质量的影响程度有着显著的差别。在众多影响最终质量的因素中，必然有起决定全局或占支配地位的因素，这个"关键的少数"就是影响工序控制的主导因素。任何作业过程改进都是从控制方法中改进关键工序，不断进行提升的。常见的控制方法有控制图、帕雷托图、鱼骨图、趋势图、直方图、分布图和流程图7种。

4.3.1 控制图

控制图是用图形显示某项重要产品或过程参数的测量数据。在制造业可用轴承滚珠的直径作为例子。在服务行业测量值可以是保险索赔单上有没有列出某项要求提供的信息。

依照统计抽样步骤，在不同时间测量。控制图显示随时间而变化的测量结果，该图按正态分布，即经典的钟形曲线设计。用控制图很容易看出实际测量值是否落在这种分布的统计界线之内。

上限称"控制上限"，下限称"控制下限"。如果图上的测量值高于控制上限或低于控制下限，说明过程失控。这样就得仔细调查研究以查明问题所在，找出并非随机方式变动的因素。

4.3.2 帕累托图

帕累托图又称排列图，是一种简单的图表工具，用于统计和显示一定时间内各种类型缺陷或问题的数目。其结果在图上用不同长度的条形表示。所根据的原理是19世纪意大利经济学家维尔弗雷德·帕雷托的研究，即各种可能原因中的20%造成80%的问题；其余80%的原因只造成20%的问题和缺陷。

为了使改进措施最有效，必须首先抓住造成大部分质量问题的少数关键原因。帕雷托图有助于确定造成大多数问题的少数关键原因。该图还可以用于查明生产过程中最可能产生某些缺陷的部位。

4.3.3 鱼骨图

鱼骨图也称为因果分析图或石川图（根据最先提出这一工具的石川熏的名字命名）。它看上去有些像鱼骨，问题或缺陷（即后果）标在"鱼头"外。在鱼骨上长出鱼刺，上面按出现机会多寡列出产生生产问题的可能原因。鱼骨图有助于说明各个原因之间如何相互影响。它也能表现出各个可能的原因是如何随时间而依次出现的。这有助于着手解决问题。

画鱼骨图的注意事项：

(1)影响产品质量的大原因，通常从五个大方面去分析，即人员、设备、原材料、加工方法和工作环境。每个大原因再具体化成若干个中原因，中原因再具体化为小原因，越细越好，直到可以采取措施为止。

(2)讨论时要充分发挥民主，集思广益。别人发言时，不打断，不争论。意见都要记录下来。

4.3.4 趋势图

趋势图用来显示一定时间间隔(例如一天、一周或一个月)内所得到的测量结果。以测得的数量为纵轴，以时间为横轴绘成图形。

走向图就像不断改变的记分牌。它的主要用处是确定各种类型问题是否存在重要的时间模式。这样就可以调查其中的原因。例如，按小时或按天画出次品出现的分布图，就可能发现只要使用某个供货商提供的材料就一定会出问题。发现某台机器开动时一定会出现某种问题，就说明问题可能出在这台机器上。

4.3.5 直方图

在直方图上，第一控制类别(对应于一系列相互独立的测量值中的一个值)中的产品数量用条线长度表示。第一类别均加有标记，条线按水平或垂直依次排列。直方图可以表明哪些类别代表测量中的大多数。同时也表示出第一类别的相对大小。直方图给出的是测量结果的实际分布图。图形可以表现分布是否正常，即形状是否近似为钟形。

4.3.6 分布图

分布图是表示一个变量与另一个变量如何相互关联的标准方法。例如要想知道金属线的拉伸强度与直径的关系，一般是将线拉伸到断裂，记下使线断裂时所用的力的准确数值。以直径为横轴，以力为纵轴绘图。分布图可以看出拉伸强度和直径之间的关系。这类信息对产品设计非常有用。

4.3.7 流程图

流程图直观地描述一个工作过程的具体步骤。流程图对准确了解事情是如何进行的，以及决定应如何改进过程极有帮助。这一方法可以用于整个企业，以便直观地跟踪和图解企业的运作方式。

流程图使用一些标准符号代表某些类型的动作，如决策用菱形框表示，具体活动用方框表示。但比这些符号规定更重要的，是必须清楚地描述工作过程的顺序。流程图也可用于设计改进工作过程，具体做法是先画出事情应该怎么做，再将其与实际情况进行比较。

【学习小结】

本模块介绍了质量管理的发展，质量管理的定义以及质量管理体系在企业的运行。通过学习，了解质量管理的工具，班组如何利用工具解决生产中出现的问题，结合相关控制工具和统计方法改进过程质量，追求卓越。

【课后拓展】

1. 作为新入员工或班组长你将采用哪种质量检查方法来控制波动，提升产品合格率？

2. 针对出现的不良品，你将采用哪种方法对存在的问题进行分析、改进和管理，以降低不良品的成本？

3. 在质量改善方面，可选择哪几种工具来查找原因并解决问题？

模块六

现场成本管理

单元一 定员定额控制

案例引入

1.1 定员定额认知

1.1.1 定员定额的概念

定员定额是指按照国家的方针、政策要求，根据行政事业单位发展计划、工作任务以及生产经营的实际情况，在人力、物力、财力等方面所规定的指标额度。它包括定员和定额两部分。定员是指国家对各单位规定的人员编制数和定员比例。定额是根据单位工作要求所规定的各种经济指标额度，即工作中的尺度，也是计算和分析的具体依据，它包括各项收入定额、各项支出定额、实物使用定额等。

1.1.2 定员定额的意义

定员定额是企业或组织在进行人力资源管理时，对人员数量和职责范围进行合理规划与设定的过程。它不仅关系到企业的日常运营，更影响着企业的长远发展。

1. 有利于为企业用人提供科学标准

定员定额是基于企业或组织的业务需求、发展战略以及岗位职责等因素，进行人员数量和质量的科学配置。通过定员定额，可以确保每个岗位都有合适的人选，避免人力资源的浪费和短缺，从而实现人力资源的最优配置。

企业各部门怎么安排人员数量，一个工作岗位到底需要安排多少人手，这类问题如果没有一个统一的标准，就很容易公说公有理，婆说婆有理，给企业人力资源配置决策增加很多随意性。但有了各个级别的劳动定员标准以后，企业就等于有了一个科学的参照标准，为企业进行人力资源合理配置提供了科学的参考标准，有利于企业科学用人，合理用人，从而提高企业员工的生产效率。

2. 有利于为企业人力资源规划提供坚实的基础

定员定额是人力资源规划的基础工作之一。通过对人员数量和职责的明确界定，可以为后续的人力资源规划提供有力的数据支持和依据。这有助于企业更好地预测和应对人力资源市场的变化，为企业的长远发展奠定坚实的基础。

3. 有利于为企业内部员工调配提供依据

在企业或组织内部，人员调配是常见的现象。定员定额为内部调配提供了明确的依据和标准。根据定员定额的结果，企业可以更加合理地调配人力资源，满足不同部门和岗位的需求，确保企业的正常运营和发展。

4. 有利于提高员工队伍的整体素质

合理的定员定额能够为员工提供明确的职业发展空间和晋升机会，有助于建立公平、公正的薪酬体系，使员工的付出与回报相匹配，增强员工的归属感和忠诚度。同时，企业可以根据业务需求和发展战略，选拔和培养具备相应素质和能力的员工。这有助于提升员工队伍的整体素质和能力，提升企业的核心竞争力，形成员工个人成长和企业发展的良性循环。

1.1.3 定员定额的制定原则

（1）既要保证需要，又要考虑可能。在人力、物力、财力可能的前提下，最大限度地满足需要，使定员定额建立在较为可靠的物质基础上。

（2）既要参照历史数据，又要研究发展变化趋势。在总结历史规律的基础上，充分考虑现实情况及其发展变化趋势，合理制定。

（3）既要坚持区别对待，又要注意综合平衡。在定员定额时，不仅要考虑地区间、单位间及单位类别的差异，同时还必须在同一类型、同一性质、同一地区范围内，找出相同的因素，注意彼此之间的综合平衡，使定员定额指标切合实际。

（4）既要有不同的计算基础，又要有统一的计算口径。做到既能适应各种不同性质、不同类型单位的需要，又能在地区、部门以及年度之间进行比较分析和检查考核。

（5）定额的范围要与预算科目的规定范围一致，使其与预算管理紧密结合起来。

1.2　劳动定员控制

1.2.1　劳动定员的内涵

从概念的内涵来看,劳动定员定额是对劳动力使用的一种数量、质量的界限,既包含了对劳动力消耗"质"的界定,又包含了对劳动力消耗"量"的限额。劳动定员定额通常采用的劳动时间单位是"人·年""人·月"。

1.2.2　劳动定员管理的原则

劳动定员工作核心是保持先进合理的定员水平。其中,"先进"就是要体现高效率、满负荷和充分利用工时的原则;而"合理"就是要从实际出发,切实可行。只有先进合理的定岗定员才能既保证生产的需要,又节约劳动力。因此,为了实现劳动定员水平的先进合理,必须遵循以下原则:

(1)必须以保证实现公司、车间生产经营目标为依据。科学的定员标准应是保证整个生产过程连续、协调所必需的人员数量,因此,定员标准必须以公司、车间的生产经营目标为主要依据。

(2)必须以精简、高效、节约为目标。在保证公司、车间生产经营目标的前提下,应坚持精简、高效、节约的原则。节约用人、节约用时,提倡一人掌握两种或两种以上的作业,充分利用工作时间,挖掘劳动潜力。

(3)各类人员的比例要协调。例如在人员安排时,班组人员结构、技术等级水平要协调;值班长和值班员的比例要协调;阴、阳床操作人员比例要协调;管钳电焊检修工种要协调等。

(4)要做到人尽其才、人事相宜。定员问题,不是单纯的数量问题,而是涉及不同劳动者的合理使用,应做到人尽其才,人事相宜。因此,一方面要认真分析、了解生产操作人员的基本状况,包括年龄、工龄、性别、文化程度和技术水平等;另一方面要进行工作岗位分析,即对从事工作的性质、内容、任务和环境条件等有一个清晰的认识。只有这样,才能将合适的人安排到适合发挥其才能的工作岗位上,定员工作才能科学合理。

1.2.3　劳动定员的方法

制定企业定员标准,核定用人数量的基本依据是制度时间内规定的工作任务总量和某类人员工作(劳动)效率,即

$$某类岗位用人数量 = \frac{制度时间内规定的工作任务总量}{某类人员工作(劳动)效率} \qquad (6-1)$$

在企业中,由于各类人员的工作性质不同,总工作任务量和个人工作(劳动效率)表现形式不同,以及其他影响定员的因素不同,使核定用人数量标准的具体方法也不尽相同。一般有如下方法:

(1)按劳动效率定员。根据生产总量、员工的劳动效率以及出勤率来核算定员人数,计算公式为

$$定员人数 = \frac{计划期生产任务总量}{员工的劳动效率 \times 出勤率} \qquad (6-2)$$

这种定员方法,实际上就是根据工作量和劳动定额来计算人员数量的方法,凡是有劳动

定额的人员，特别是以手工操作为主的工种，因为人员的需求量不受机器设备等其他条件的影响，更适合用这种方法来计算定员。

例：计划期内某公司每轮班生产某产品的产量任务为1000件，每个员工的班产量定额为5件，定额完成率预计平均为125%，出勤率为90%，计算出该工种每班的定员人数，即

$$定员人数 = \frac{1000}{5 \times 1.25 \times 0.9} \approx 178（人）。$$

（2）按设备定员。根据机器设备需要开动的数量和开动班次、员工看管定额以及出勤率来计算定员人数，计算公式为

$$定员人数 = \frac{需要开动设备数量 \times 每台设备开动班次}{工人看管定额 \times 出勤率} \quad (6-3)$$

这种定员方法属于按效率定员的一种特殊的形式，公式中工人的劳动效率表现为看管定额。它主要适用于机械操作为主，使用同类型设备，采用多机床看管的工种。因为这些工种的定员人数主要取决于其涉及的设备数量和员工在同一时间内能够看管设备的数量。

例：某公司为完成生产任务需开动自动车床80台，每台开动班次为两班，看管定额为每人看管4台，出勤率为90%，则该工种定员人数为

$$定员人数 = \frac{80 \times 2}{4 \times 0.9} \approx 45（人）。$$

上述计算过程中，设备开动数量和班次要根据设备生产能力和生产任务来计算，并不一定是全部设备数量。因为有可能生产任务不足，设备不必全部开动，有的是备用设备，不必配备人员。一般要根据劳动定额和设备利用率来核算单台设备的生产能力，再根据生产任务来计算开动数量和班次。

（3）按岗位定员。根据岗位的多少、岗位的工作量大小以及劳动者的工作效率来计算定员人数。这种方法适用于连续性生产装置（或设备）组织生产的企业，如冶金、化工、炼油、造纸、烟草以及机械制造、电子仪表等各类企业中使用大中型联动设备的人员。

按岗位定员具体又表现为以下两种方法。

1）设备岗位定员。这种方法适用于在设备和装置开动的时间内，必须由单人看管（操纵）或多岗位多人共同看管（操纵）的场合。具体定员时，应考虑以下几个方面的内容：

①看管（操纵）的岗位量。

②岗位的负荷量。一般的岗位如果负荷量不足4 h的要考虑兼岗、兼职、兼做。高温、高压、高空等作业环境差、负荷量大、强度高的岗位，员工连续工作时间不得超过2 h，这时总负荷量应视具体情况给予放宽。

③生产班次、倒班及替班的方法。对于多班制的企业单位，需要根据开动的班次计算多班制生产的定员。

2）工作岗位定员。这种方法适用于有一定岗位但没有设备，而又不能实行定额的人员，如检修工、值班电工、警卫员及茶炉工等。这种定员方法主要根据工作任务、岗位区域、工作量，并考虑实行兼职作业的可能性等因素来确定定员人数。

1.2.4　提高班组劳动生产率的途径

1. 要起模范带头作用

班组长作为班组的领头人，自身必须具备思想好、作风正、责任感强、技术精、懂业务、

办事公等素质，这样才能赢得职工的信任，提高班组的向心力和凝聚力，带领班组成员完成各项生产任务。在工作上必须处处以身作则，要发挥好各项工作的带头作用，在执行制度上要以身作则做；在管理上要宽严相济，既坚持原则，又不"和稀泥"，使班组成为一个和谐、有序、充满凝聚力的团队。

2. 工作思路要清晰

制定一个清晰、科学、明了的工作思路是班组做好每项工作的保证。作为班组长，首先，必须对班组劳动生产率的总体目标负责，要清晰地理解这个组织体系中提高劳动生产率的目标，同时要认清当前企业形势，明确企业生产的方针政策和班组管理的内容和任务，并善于调动员工的积极性和责任心。其次，班组长要明确工作计划，制定合理的工作目标和切实有效可行的措施来完成全年的工作任务。最后班组长要善于查找问题，只有找到了差距、不足，形成"比、学、赶、帮、超"的良好氛围，才能有效提高班组的管理水平。

3. 安全生产管理要严格

在安全生产管理中，班组长要树立严格遵守制度的理念，严格规范落实班组班前会要求，做好班前安全讲话，规范班组工作安排"三讲一落实"（讲任务，讲风险，讲措施，落实安全责任）流程，加强安全风险分级管控措施落实，强化各级隐患排查的闭环管理，维持较为稳定的安全生产局面，实现零伤害安全管理目标。

4. 考核奖励要到位

考核奖罚是激励和约束班组成员的有效机制，要充分体现多劳多得，奖勤罚懒的分配原则，增强班组工资奖金分配的透明度，利用最合理的分配去最大限度地调动职工生产积性、主动性。要让工资表、考勤表、奖金表公开且透明，让每个组员互相监督，自我管理，使分配更具有民主性，公正性。在奖罚制度上努力做到扣罚不手软，奖励兑现。

5. 职工培训要持之以恒

班组长以"创建学习型团队"活动为载体，以"做什么、学什么、缺什么、练什么"为原则，分岗位、分层次制定学习培训计划和目标。把职工日常岗位练兵作为提高职工技能的重要环节，坚持开展"每日一题、每周一评、每月一考"活动，强化基本功训练，提高员工素质。班组长要狠抓全员的基本知识学习、基本技能训练和技能竞赛，切实做到"学、练、比"三位一体。选出技能精湛、业务过硬的保管员担任老师，采取"一带一、师带徒""手把手、面对面"的指导，使班组成员掌握更多业务技能，在岗位上形成"一专多能、一人多岗"的复合人才。

影响劳动生产率的因素很多，因而提高劳动生产率的途径也不少。从基层班组运行的层面来看，提高劳动生产率不仅仅是干更多的活，其他如加强劳动保护、改善生产条件、开展技术创新、确保安全生产、健全规章制度、强化劳动纪律和质量管理等，对提高班组劳动生产率也有着重要意义。

1.3 材料消耗定额管理

1.3.1 材料消耗定额的基本概念

材料消耗定额是指在节约和合理使用材料的情况下，生产单位生产合格产品所需要消耗一定品种规格的材料、半成品、配件，以及水、电、燃料等的数量标准，包括材料的使用量和必要的工艺性损耗及废料数量。制定材料消耗定额,主要就是为了利用定额这个经济杠杆,对物资消耗进行控制和监督,达到降低物资消耗和工程成本的目的。

1.3.2 工业企业材料的常见分类

工业企业材料常分为:原燃料、水泥、建材、黑色金属、有色金属、电焊条、橡胶、塑料、化工材料、电器、小五金、标件、工具、水暖零件、试剂玻璃仪器、杂品、消防器材、油质、劳保用品、办公用品等。

1.3.3 材料消耗定额的作用

工业企业为制造产品而消耗材料数量的多少,是反映生产技术和经营管理水平的重要标志。为了促使企业更好地使用和节约材料物资,每一个企业都要制定先进合理的材料消耗定额,这对于企业从生产准备、投料制造直到完成产品生产的整个生产过程都有重要作用。

(1)材料消耗定额是正确地核算各类材料需要量,编制材料物资供应计划的重要依据。

(2)材料消耗定额是有效地组织限额发料,监督材料物资有效使用的工作标准。

(3)材料消耗定额是制定储备定额和核定流动资金定额的计算尺度。

1.3.4 常用的材料消耗定额方法

做好材料定额工作,还要根据不同条件和不同情况采取不同的方法。通常采用的有技术分析法、统计分析法和经验估计法三种。

(1)技术分析法是根据设计图纸、工艺规格、材料利用等有关技术资料来分析计算材料消耗定额的一种方法。这种方法的特点是在研究分析产品设计图纸和生产工艺的改革,以及企业经营管理水平提高的可能性的基础上,根据有关技术资料,经过严密、细致的计算来确定的消耗定额。例如,在机械加工行业中,通常是根据产品图纸和工艺文件,对产品的形状、尺寸、材料进行分析,先计算其净重部分,然后对各道工序进行技术分析确定其工艺损耗部分,最后将这两部分相加得出产品的材料消耗定额。

(2)统计分析法是根据某一产品原材料消耗的历史资料与相应的产量统计数据,计算出单位产品的材料平均消耗量。计算公式如下:

$$单位产品的材料平均消耗量 = \frac{一定时期某种产品的材料消耗总量}{相应时期的某种产品产量} \qquad (6-4)$$

例:生产某种产品所耗用的甲材料,按上述公式计算的平均消耗量为 10 kg,考虑到计划期内某项科研成果将推广应用,该项科研成果应用后,可以节约材料 10%,则计划期的消耗定额应为 9 kg。

用统计分析法来制定消耗定额时,为了使定额具有先进性,通常可按以往实际消耗的平均先进数(或称先进平均数)作为计划定额。平均先进数就是将一定量时期内比总平均数先进的各个消耗数再求一个平均数,这个新的平均数即为平均先进数。

(3)经验估计法主要是根据生产工人的生产实践经验,同时参考同类产品的材料消耗定额,通过与干部、技术人员和工人相结合的方式,来计算各种材料的消耗定额。

1.3.5 降低材料消耗的方法

1. 严格材料计划申报管理

班组在编制材料计划时，要将生产及检修项目实施前物资消耗计划的编制、物资领取消耗中的过程控制和生产检修完成后的事后计算与分析有机结合起来，将统计的物耗标准按固定物资消耗、变动物资消耗、不可控物资消耗及单位物资消耗进行分类管理，切实掌握消耗实际，实现对物资消耗的环环控制。同时结合上月物资消耗情况及时查找材料消耗中出现的异常原因，制定有效措施控制物资消耗，通过强化生产运行组织、强化工艺纪律、促进技术管理创新等措施，使各项单耗控制在计划指标内。

班组在申报材料计划时，要严格按照生产检修安排进行申报，尽量减少临时性计划，避免造成材料积压或影响生产，要严格按照申报程序分类别进行申报，详细注明材料类别、名称、规格型号、数量及计量单位、单价及金额、编码等相关信息，并对材料费用进行汇总，全局把控。

表 6-1 为材料申请计划表，表 6-2 为材料需用申请计划汇总表。

表 6-1 材料申请计划表

类别： 日期： 年 月 日

序号	品名	规格型号	单位	实际需用量	单价/元	金额/元	是否立项	使用单位	编码	备注
合计										

表 6-2 材料需用申请计划汇总表

序号	类别	金额/元	序号	类别	金额/元
1	原燃料		11	标准紧固件	
2	建材		12	二、三类工具	
3	黑色金属				
4	有色金属		13	水暖零件	
5	电焊条		14	消防器材	
6	化工材料		15	水泥木材	
7	橡塑				
8	火工材料		16	试剂玻仪	
9	电器材料		17	杂品	
10	小五金		18	油脂	
总计金额/元					

2. 规范材料领用发放管理

班组应随时掌握材料到货情况，并及时维护配送材料和自领材料出库单，强化材料过程控制，杜绝非计划领料和超领现象，月底应依据领料单计算班组材料消耗成本。

在材料领用过程中，应及时验收，如发现质量、材料缺损等问题，应立即以书面形式(注明品名、规格型号、数量、生产厂家等)上报上级主管。

同时，对项目材料要做到专料专用，对日常生产用料不得以领代耗，造成浪费和积压；及时反馈消耗信息，及时解决生产运行及检修过程中出现的消耗异常问题；建立班组材料核算制度，对领入班组的材料逐项跟踪落实，核实确认后返核算员作为成本结算的依据。

材料领用单实例见表6-3。

表6-3　材料领用单

领料单位						年　　月　　日　发料单位预算	
材料名称	规格	单位	数量			计划单价	金额
			请领	核发	实发		

用途：

调拨：　　　　　　发料：　　　　　　领料主管：　　　　　　领料：

3. 规范现场临时物料管理，实行材料账目动态管理

对现场临时储存的物料，班组应按照"三定"指标管理(定存量、定方向、定周期)的要求，规范集中存放点材料保管、验收、领用、维护及材料费用结算考核等行为，存放物料做到账、物、卡相符，材料信息完整，存放物料实行动态管理。压缩临时生产检修物料存放量，减少积压浪费。

4. 强化废旧物资利用管理

在废旧物资管理方面，班组应及时联系、协调、组织对拆除的废旧物资进行现场鉴定，对无法利用的废旧物资组织回收上缴，防止二次转运及废旧物资的流失。对有重复利用价值的材料，回收至现场材料存放点定点分类存放，并建立完整的收发存明细台账，在后续的环节中通过采取先调剂后申报的措施，减少物资消耗费用。同时应倡导修旧利废，减少新材料的消耗。

5. 开展材料物资消耗分析评价

班组每月应结合月度经济活动分析，对物资消耗管理工作进行整体分析评价，把制定出的标准消耗与计划消耗指标、历史消耗情况及后期实际消耗进行对比分析，查找差异及其原因，有针对性地采取措施。

单元二　物料管理与控制

2.1　物料管理认知

2.1.1　物料管理的概念

物料管理是对企业生产经营活动所需各种物料的采购、验收、供应、保管、发放、合理使用、节约和综合利用等一系列计划、组织、控制等管理活动的总称。协调企业内部各职能部门之间的关系，从企业整体角度控制物料"流"，做到供应好、周转快、消耗低、费用省，取得好的经济效益，以保证企业生产顺利进行。

2.1.2　物料管理的精髓

不断料——不使制造现场领不到要用的材料或零件。

不呆料——要用、可用的料进来，不让不要用、不可用的材料、零件进入仓库或待在仓库不用。

不囤料——适量、适时地进料，不做过量、过时的囤积。

上面的"三不"点出物料管理的精髓。

理论上，编制好的生产计划，物料管理部门应保证不会有"物料匮乏"之虞，事实上，这也是物料管理的第一要务，既要保证不断料，使制造部门顺利生产，又要能控制呆料的产生及不过多囤料，不影响资金的周转，并减少储存场所的浪费。这也是企业主管及物料管理人员面临的挑战。

2.1.3　物料管理的范围和职能

以往许多中小型企业将物料管理视为单纯的仓储管理，随着企业规模的扩大，许多企业对物料管理在企业中的重要性有足够的认识，因此物料管理在组织上的业务范围也更宽泛、更系统，其业务范围大致包括：①物料计划及物料控制（MC）；②采购（purchasing）；③仓储（warehousing）。

将物料管理的职能归纳成5r：

（1）适时（right time）。在要用时，很及时地供应物料，不会断料。

（2）适质（right quality）。进来的物料或发出去使用的物料，品质是符合标准的。

（3）适量（right quantity）。供应商进来的数量能控制适当，这也是防止呆料很重要的工作。

（4）适价（right price）。用合理的成本取得所需之物料。

（5）适地（right place）。供料源与使用的地方愈近，就愈方便，机动性高，联系与处理费用愈低。

2.2 能源消耗控制

2.2.1 能源的概念

能源即"拥有某种形式能量的物质",指煤炭、原油、天然气、电力、焦煤、煤气、热力、成品油、液化石油、生物质能和其他直接或者通过加工、转换而取得的各种资源。能源的形式有很多种,例如太阳能、水能、风能、核能等。

2.2.2 能源的分类

能源可以根据不同的标准划分成不同形式,如按能源的产生周期可分为再生能源和不可再生能源;按能源的使用性能可分为燃料型能源和非燃料型能源;按能源的技术利用状况可分为常规能源和非常规能源。而实际上,人们一般都按照能源的形成条件将其分为一次能源和二次能源。

一次能源是从自然界取得的未经任何加工、改变或转换的能源,如原煤、原油、水、天然气、太阳能等,二次能源是由一次能源通过加工或转换得到的其他种类或形式的能源,如焦炭、煤气、汽油、电力、蒸汽等。

2.2.3 降低能源消耗的措施

(1)建立能耗管理体系,制定节能考核措施。
(2)组织系统经济运行,提高生产工艺能效水平。
(3)加强能源设施维护及能源现场管理。
(4)杜绝日常能源使用浪费。

2.3 原材料消耗控制

2.3.1 原材料的概念

原材料是指企业在生产过程中经加工改变其形态或性质并构成产品主要实体的各种原料以及主要材料、辅助材料、燃料、修理备用件、包装材料、外购半成品等。

2.3.2 单位产品原材料消耗的概念

单位产品原材料消耗简称"单耗",指生产单位产品或完成单位工作量平均实际消耗的原材料数量,一般以实物表示。有时也可按产值计算,例如每万元产值耗煤量等。它是考核企业的主要技术经济指标之一,与先进定额或计划定额相比较,反映企业原材料的节约与浪费程度。同时也可反映某种产品的生产与消耗原材料数量的比例关系。单位产品原材料消费量随着工业技术水平与经营管理水平的进步而变化。

$$某种产品单耗 = \frac{原材料消耗总量}{产品产量(工作量)} \qquad (6-5)$$

2.4　辅助材料消耗控制

2.4.1　辅助材料的概念

辅助材料是指间接用于生产制造，在生产制造中起到辅助作用，但不构成产品主要产体的各种材料的总称。辅助材料也称为消耗品，是维持企业经营活动所必需的产品，但其本身并不能转化为实体产品的一部分，如催化剂、染料、润滑油、照明设备、包装材料等。辅助材料是工业生产中的日用品，具有价格低、使用时间短、需要经常购买等特点。

2.4.2　辅助材料的分类

辅助材料按其在生产制造中所起作用的不同可分为如下三类：

(1)产体辅助材料：生产过程中使用后让主要材料发生变化，或赋予产品某种性能，如染料、催化剂等。

(2)设备辅助材料：维护生产设备所需要使用的材料，如润滑油、砂轮等。

(3)条件辅助材料：改善工作地点环境的各种用具，如日光灯、扫帚等。

单元三　制造与质量成本控制

3.1　成本控制认知

成本是企业生产的生存节点。当企业成本超过生存节点时，将面临重大运营危机。成本控制就是要通过各种管理方式把企业的成本控制在合理范围内，并实现利润的最大化。

成本控制的基础包括企业成本的构成、成本控制的现状、成本控制的环境、成本控制的重心。要做好成本控制工作，就必须清楚成本的构成，了解现实的状况，营造相应的环境，把握工作的重心。

企业成本的构成，主要包括物料成本、人工成本、制造成本、经营成本。

(1)物料成本。包括生产运行中所使用的各种原材料、辅料、备品、备件，非固定资产的技术革新用料，车间通风、照明、卫生、消防用料，生产及管理运输车辆耗用的燃、材料，企业建筑物、设备、仪器、仪表等维修用料。

(2)人工成本。包括所有生产人员的工资、加班费、奖金、补贴等。

(3)制造成本。包括折旧、修理费、低值易耗品、能源费、水资源费及水文测报费、厂房设备租赁费、土地使用费、生产人员的福利费、劳保费、车间办公费等。

(4)经营成本。包括生产、销售、财务管理费用，如薪酬和福利费、办公费、差旅费、水电费、工会经费、银行费用、业务招待费、参展费、广告费、装卸运输费、各种保险费和公积金、税金以及其他费用(咨询费、诉讼费、绿化费)等。

需要注意的是,有些费用是不能列入成本的。比如,购置固定资产、无形资产支出,技术改造支出,对外投资,被罚没的财物,罚款,违约金,赞助费以及国家法律规定不得列入成本的各种费用,都需要按有关规定列支。

成本控制现状

成本管理的两大环境和成本控制的八个重心

▶【案例】

近日,某公司开展了中期经营分析活动,对上半年各成本项目的实际发生费用进行统计,并结合本年计划金额和上年同期金额进行了比较分析,对差额较大的项目进行了说明,同时提出了上半年经营过程中发现和存在的问题,总结了降本增效所做的工作和经验,明确了下半年经营计划及保障措施,为确保控制全年成本费用提供了依据。某公司 2022 年上半年定额与非定额材料费用统计表分别见表 6-4、表 6-5。

表 6-4　某公司 2022 年上半年定额材料费用统计表　　　　单位:万元

项目	2022 年计划金额	2022 年累计金额	2021 年累计金额	计划完成情况/%	累计同期增减量/%	累计同期增减率/%
水	86.63	26.75	29.24	30.88	-2.49	-8.52
电	32.34	55.19	65.28	170.65	-10.09	-15.46
酸	14	9.01	3.78	64.37	5.23	138.31
碱	50	21.38	13.96	42.76	7.42	53.16
限额材料	260	389.58	143.40	149.84	246.18	171.67

表 6-5　某公司 2022 年上半年非定额材料费用统计表　　　　单位:万元

项目	2022 年计划金额	2022 年累计金额	2021 年累计金额	计划完成情况/%	累计同期增减量/%	累计同期增减率/%
应付职工薪酬	1739.54	1229.47	930.45	70.68	299.03	32.14
折旧	258.24	129.93	106.70	50.31	23.23	21.77
修理费	306.9	179.34	128.85	58.44	50.49	39.19
备件费	80	48.55	22.64	60.68	25.90	114.40
运输费	11.88	8.65	4.03	72.85	4.62	114.71
劳动保护费	17	0.97	5.60	5.71	-4.63	-82.66
邮电通信费	2	1.54	0.87	76.89	0.67	76.46
职工防暑降温	6.70	1.88	0.78	28.13	1.10	140.41
实验检验费		47.84	3.10		44.74	

3.2　制造成本控制

3.2.1　制造成本的概念

制造成本亦称生产成本，是指生产活动的成本，即企业为生产产品而发生的成本。生产成本是生产过程中各种资源利用情况的货币表示，是衡量企业技术和管理水平的重要指标。

制造成本包括各项直接支出和制造费用。直接支出包括直接材料(原材料、辅助材料、备品备件、燃料及动力等)、直接工资(生产人员的基本工资和工资性质的奖金、津贴、劳保福利费用及各种补贴等)。制造费用是指企业的分厂、车间为组织和管理生产所发生的各项费用，包括工资及工资附加费、折旧费、修理费、机物料消耗、低值易耗品摊销、劳动保护费、水电费、办公费、差旅费、季节性和修理期间停工损失，以及其他不能直接计入产品生产成本的费用支出。

制造成本只包括服务于生产而发生的各种费用(一般指生产车间费用)，不包括企业营业费用(在销售过程中发生的费用)、管理费用(为组织管理生产经营而发生的费用)、财务费用(为筹集资金而发生的费用)等三大费用，这三大费用作为期间费用，计入发生当用的损益之中。

3.2.2　制造成本的组成

制造成本是工厂主要的成本，工厂产品制造成本由两个部分组成。

(1)正常投入的料、工、费所构成的产品纯生产成本。

(2)生产过程中产生的包括七大浪费(制造过剩浪费、库存浪费、搬运浪费、加工浪费、动作浪费、等待浪费、不良品浪费)在内的管理不善成本。

3.2.3　制造成本控制的措施

1.树立全员成本管理理念，带动全员参与成本管理

加强成本管理，首要的工作在于提高职工对成本管理的认识，增强成本观念，贯彻技术与经济结合、生产与管理并重的原则，培养全员成本意识，变少数人的成本管理为全员参与管理。

2.利用现代管理系统，提高信息化水平

以信息技术为基础的制造费用管理信息系统是成本管理现代化的标志。要建立以管理为中心的生产制造观，制定企业内部物料资源计划，根据不断变化的市场信息和用户订货需求，将涉及产品从设计、物资采购、生产到销售的全过程，将产品形成过程中的资源、原材料、客户、销售市场等信息及时准确地反馈到企业各级管理层，信息共享，使经营管理活动中的信息流、资金流、工作流加以集成和综合，形成以管理为中心的产品数据管理、管理信息系统等，这样可以极大地优化生产、降低库存、节约人力和物力，从而降低制造费用。

3.降低机物料消耗，控制人工费用

机物料消耗在制造费用中占有很大的比重，所以机物料消耗的降低对于企业制造费用的控制具有重要意义。要建立健全相应的制度,加强物资管理,降低机物料消耗,控制人工成本,从而控制制造费用,提高企业产品在市场上的竞争力,提高企业竞争的主动权。

(1)要加强材料采购管理。第一,要建立材料采购的相关规章和制度,在确定供应商时要货比三家,选择价格较低、质量较好、交货及时、信用度高的厂家,并与之建立长期稳定的合作关系。要建立健全材料的入库、仓储、会计结算和处理等业务流程,各部门严格按照规程办事。材料采购业务流程包括:生产计划部门编制材料采购计划;采购部门与供货单位确定材料采购价格;主管材料采购的领导对采购计划进行审核和批准;采购部门与供货部门签订供货合同;质检部门对购入材料进行质量检查验收;仓库管理部门对入库材料进行数量检查验收;会计部门按制度付款。第二,要建立订货和采购的控制制度。通过建立严格的采购制度、建立供应商档案和准入制度,建立价格档案和价格评价体系来加强订货的内部控制制度。

(2)要逐步制定各种消耗定额,实行定额管理。班组在领用材料时,供应部门应严格按定额发料,实行限额发料制度,最大程度上降低材料消耗。另外,还要积极开展公司内部材料物资的综合利用和修旧利废活动,提高材料的利用率,降低单位产品的材料消耗量。在此基础上,稳步推行标准成本制度,使企业的物资消耗标准化。

(3)要加强人工成本的管理。事前制定相关指标的标准值,事中对生产过程进行记录分析,事后进行调整和控制,从而达到合理配置劳动力,充分挖掘劳动潜力的目的,进而提高生产的积极性,减少损失率,降低人工成本。

4. 强化生产环节控制,降低工序成本

(1)要加强质量管理,降低质量成本。质量是企业的生命,是企业生存与发展的根本,提高产品质量是降低制造费用、增加收入、增强市场竞争力的重要保证。要严格控制每一道工序的质量,在生产过程中,存在质量问题,或者是质量达不到要求的产品不能往下一道工序进行流转。应建立严格的检验程序,生产过程中发现有缺陷的产品必须返修,并及时分析原因,加以解决,最大程度上减少返修费用,降低制造费用。

(2)要加强设备管理,提高设备效率。设备正常的运行是扩大再生产的保证。要强化设备的现场管理和日常维护保养,实行责任制,增强操作人员责任心,提高设备管理人员的水平,加强安全管理,防止事故出现。

(3)要加强能源管理,努力降低能源消耗。能源在产品成本中属于可控部分,加强能源管理,做好节能降耗工作,是降低制造费用的有效措施。

3.3 质量成本控制

3.3.1 质量成本的概念

质量成本是指企业为了保证和提高产品或服务质量而支出的一切费用,以及因未达到产品质量标准,不能满足用户和消费者需要而产生的一切损失。

3.3.2 质量成本的构成

质量成本一般包括：为确保与要求一致而作的所有工作，即一致成本，以及由于不符合要求而产生的全部工作，即不一致成本，这些工作引起的成本主要包括：预防成本、鉴定成本、内部损失成本和外部损失成本。

(1) 预防成本：用于预防不合格品与故障所需的各项费用。

具体包括：①实施各类策划所需的费用，包括体系策划、产品实现策划；②产品/工艺设计评审、验证、确认费用；③工序能力研究费用；④质量审核费用；⑤质量情报费用；⑥培训费用；⑦质量改进费用。

(2) 鉴定成本：用于评估产品是否满足规定要求所需各项费用。具体包括：①检验费用；②监测装置的费用；③破坏性试验的工件成本、耗材及劳务费。

(3) 内部损失成本，产品出厂前因不满足要求而支付的费用。具体包括：①废品损失；②返工损失；③复检费用；④停工损失；⑤质量故障处理费；⑥质量降级损失。

(4) 外部损失成本，产品出厂后因不满足要求，导致索赔、修理、更换或信誉损失而支付的费用。具体包括：①索赔费用；②退货损失；③保修费用；④降价损失；⑤处理质量异议的工资、交通费；⑥信誉损失。

图 6-1 为质量成本与合格品率关系。

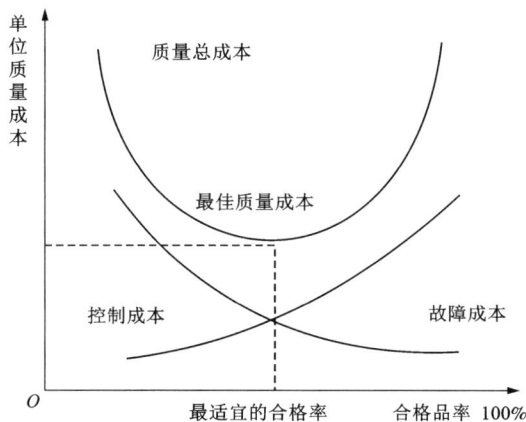

图 6-1　质量成本与合格品率关系

3.3.3 质量成本控制应遵循的原则

(1) 以寻求适宜的质量成本为目的。任何企业都有与其产品结构、生产批量、设备条件、管理方式和人员素质等相适应的质量成本，开展质量成本管理的目的就是找到适宜的质量成本控制方式，优化企业的质量成本。

(2) 以严格、准确的记录数据为依据。实施质量成本管理非常重要的一点就是要对成本数据流进行细致核算和分析，所以提供的各种数据和记录必须真实、可靠，否则对决策只能起到误导作用。

(3) 建立完善的成本核算体系。要对成本进行控制，就要对质量成本的核算有统一的口

径，应对人工的工时、成品的加工成本、损失成本、生产定额等有统一的核算和计价标准。

3.3.4　降低质量成本的措施

1. 依靠文化建设，促进行为养成

通过开展以实施精细化管理为主要内容的质量文化体系建设活动，增强职工的质量意识和品牌意识，提高参与质量管理和质量改进的主动性和创造性，使提高工作质量、改进产品质量成为每位职工的自发行为。动员全体职工积极参加各项质量改进和质量提升攻关活动，充分利用 QC 小组活动、技术创新等研究解决质量问题，大力宣传提升质量的工作经验、重大成就、先进典型，弘扬工匠精神，讲好质量故事。

案例

2. 强化信息交流，促进质量提升

强化国内外先进标杆企业的工艺技术指标，质量管理诀窍，产品性能指标等信息的收集与分析，实现对标管理，提升管理水平。通过完善质量信息控制和协调机制，优化质量跟踪、质量检测、质量预警和纠错功能，根据内部生产和外部市场环境变化情况，及时反馈质量信息，消除质量偏差，稳定和优化产品质量。

3. 完善指标控制，实现系统经济

在生产过程中，通过分析比较能耗、物耗、原料杂质等的变化，及时发现质量波动产生的原因，制定相应的措施，将技术指标转化成班组可操作指标及降低成本手段，监督班组生产、消费的全过程，进而达到降低消耗，提高效益的目的。

4. 将质量定量指标转化成绩效考核分数，提高班组参与成本管理的积极性

以员工工作绩效计奖，建立奖励先进鞭策落后的激励机制。以目标责任成本实现的实际效果为分配依据，班组长当月收入与当月的业绩挂钩，调动其工作积极性，从"要我管理"，变为"我要管理"，促使员工行为自觉朝着提高绩效的方向发展。

5. 用好激励制度，促进全员参与

不断完善各项管理制度，使规范化管理和人性化管理有机结合。制度中既要有针对每一项工作和标准的明确规定，又要有针对不同人员和不同情况所采取的有针对性的处理办法。各项考核制度、标准让认真负责的员工感到非常宽松和舒适，而让想投机取巧的员工无机可乘。

6. 加强培训教育，提高操作水平

产品的生产是由生产员工直接来完成的，产品质量的好坏，与操作人员业务素质水平的高低有很大的关系。因此，通过开展各类技能及管理培训，质量事故原因分析、教育以及现场质量检查等活动，不断提高生产人员理论知识水平和实际操作能力，要深入开展员工质量意识教育活动，进一步增强员工质量规矩意识、质量诚信意识、质量强企意识，引导员工牢固树立"质量是产品生命力"的管理理念，营造人人关心质量、人人重视质量的良好氛围。

7. 加强工艺纪律检查，做好质量技术检验

为了保证产品的质量，控制产品质量成本，必须根据技术标准，对原材料、在制品、半成品、产品以及工艺过程质量进行检验，严格把关。不合格的原材料、零件、半成品等因检验不严而转入后续生产后，既会消耗人力、物力资源，又会大幅增加质量成本。因此，要将被动地接受检验转变为"我要检验""自我检验""相互检验",使整个生产过程处于质量监督保证体系之下,确保实现"不合格的原材料不投产,不合格的零部件不转序,不合格的半成品不使用,不合格的成品不出厂",只有这样才能在不断提高产品质量的同时,降低产品的质量成本费用,提高企业的经济效益。

单元四 精益生产与浪费

4.1 精益生产认知

精益生产(lean production),简称"精益",是通过系统结构、人员组织、运行方式和市场供求等方面的变革,使生产系统能很快适应用户需求不断变化,并能使生产过程中一切无用、多余的东西精简,最终达到包括市场供销在内的生产各方面最好结果的一种生产管理方式。就是及时制造,消灭故障,消除一切浪费,向零缺陷、零库存进军。与传统的大生产方式不同,其特色是"多品种""小批量"。

精益生产是企业控制成本、提高质量、加快经营运作的关键性因素。建立健全企业的精益生产及管理制度,形成具有企业特色的精益生产模式是有效提升企业核心竞争力的关键。精益生产的核心是"零浪费"。

(1)"零"转产工时浪费(products·多品种混流生产)。将加工工序的品种切换与装配线的转产时间浪费降为"零"或接近为"零"。

(2)"零"库存(inventory·消减库存)。将加工与装配相连接流水化,消除中间库存,变市场预估生产为接单同步生产。

(3)"零"浪费(cost·全面成本控制)。消除多余制造、搬运、等待的浪费,实现"零"浪费。

(4)"零"不良(quality·高品质)。不良不是在检查位检出,而应该在产生的源头消除,追求"零"不良。

(5)"零"故障(maintenance·提高运转率)。消除机械设备的故障停机,实现"零"故障。

(6)"零"停滞(delivery·快速反应、短交期)。最大限度地压缩前置时间(lead time)。为此要消除中间停滞,实现"零"停滞。

(7)"零"灾害(safety·安全第一)。

4.2 浪费

浪费是指超出增加产品价值所必需的绝对最少的物料、机器和人力资源、场地和时间等各种资源的部分。这里包含两层含义:

(1)一切不增加价值的活动都是浪费。不增值活动是指对最终产品及顾客没有意义的行为。例如，检验、等待、搬运等活动属于不增加价值的活动，属于浪费。

（2）尽管是增加价值的活动，但所用的资源超过了"绝对最少"的界限，也是浪费。例如，过量使用设备或使用的设备精度过高，过量使用人力，过量使用材料等。

表6-6为企业生产中常见的七大浪费。

表6-6　企业生产中常见的七大浪费

序号	浪费类型	主要内容
1	制造过剩浪费	制造过早、过多而产生库存——最大的浪费
2	库存浪费	原材料库存、产成品库存、生产过程的在制品
3	搬运浪费	耗费时间、人力，占用搬运设备与工具，可能碰坏物料
4	加工浪费	超过需要的工作，多余的流程或加工、精度过高的作业
5	动作浪费	不创造价值的动作、不合理的操作、效率不高的姿势和动作
6	等待浪费	人员的等待、设备的等待
7	不良品浪费	返工产生设备与人员工时的损失、废品的损失等

1. 制造过剩浪费

制造过剩浪费是指制造过多或过早造成库存而产生浪费。制造过多是指生产量超过需要量，制造过早是指比预定的需求时间提前完成生产。制造过剩浪费被视为最大的浪费。精益生产强调准时生产，就是在必要的时间，生产必要数量的必要产品。由于其他理由而生产出来的产品，都是浪费。

（1）制造过剩只是提早消耗了材料费、人工费和管理等费用。

（2）制造过剩浪费会把"等待的浪费"隐性化，因为在本来必须等待的时间里，做了"多余"的工作。

（3）制造过剩会造成在制品的积压，使生产周期变长、质量衰退。

（4）制造过剩会迫使作业空间变大，使机器间的距离加大，进而产生搬运和走动等其他浪费，使得先进先出变得困难，并因此带来安全隐患。

（5）制造过剩会积压大量的资金，企业还要因此多付利息。

（6）制造过剩会使信息传递不畅，导致管理者无法判断生产线正常或异常状态。

（7）制造过剩还会导致生产现场难以改善。

2. 库存浪费

库存是企业经济活动中的重要组成部分。它具有双重性：一方面，库存会占用资金，减少企业利润，甚至导致企业亏损；另一方面，库存能防止短缺，有效缓解供需矛盾，使生产尽可能均衡进行。因此大批量生产方式认为库存是必要的。

存在的问题：

（1）产生不必要的搬运、堆放、保管、寻找等浪费。

（2）为保证先进先出需要产生的额外搬运的浪费。

（3）资金占用、利息损失及管理费用产生的浪费。

（4）物品变成呆滞品产生的浪费。

（5）占用厂房空间，造成投资建设仓库产生的浪费。

（6）设备能力及人员需求的误判。

3. 搬运浪费

生产中搬运是一种常见的现象。因为不管如何搬运，也不会产生附加价值，因此把搬运定为一种浪费。有研究表明，工业品在全部生产过程中平均只有5%～10%的时间是处于直接加工制造过程，其余90%～95%都处于搬运、储存状态。在我国，一般企业的搬运费用占生产成本的20%～30%，可见消除搬运的浪费将会产生较大的经济效益。之所以会产生搬运浪费，主要是因为搬运会增加物料在空间的移动时间，多耗费人力，占用搬运设备与工具，在搬运过程中因碰坏等原因造成不良品等浪费。

4. 加工浪费

超过需要的作业称为加工浪费。加工浪费分两种：一种是质量标准过高的浪费，即过分精确的加工浪费；另一种是作业程序过多的浪费，即多余的加工浪费。

加工浪费将导致产品成本增加。在产品的制造过程中，有很多加工工序是可以通过取消、合并、重排和简化改善四原则方法进行改善的。

5. 动作浪费

不产生附加价值的动作、不合理的操作、效率不高的姿势和动作均是动作浪费。常见动作浪费可以划分为12种：两手空闲、单手空闲、作业中途停顿、动作太大、左右手交换、步行过多、转身动作、移动中变换方向、不明作业技巧、伸背动作、弯腰动作、重复动作。设计好的作业，可以省掉很多多余的动作，既节约了时间，又可以减轻工人劳动负荷。在动作设计时需要符合动作经济原则。

6. 等待浪费

由于某种原因造成的机器或人员的等待称为等待浪费。造成等待浪费的原因通常有：生产线的品种切换、计划安排不当导致的忙闲不均、缺料使机器闲置、上游工序延误导致下游工序闲置、机器设备发生故障、生产线不平衡、人机操作安排不当等。

还有一种是监视机器的浪费。有的企业购买了高速、高价、性能优的自动化设备，为了使其能正常运转或因其他原因，如监控运行状态、补充材料、排除小故障等，企业通常会安排人员在旁监视，这种浪费称之为"闲视"的浪费。

7. 不良品浪费

不良品浪费是由于工厂内出现不良品，在进行处置时所造成的时间、人力、物力上的浪费，以及由此造成的相关损失。这类浪费具体包括：不良品不能修而产生废品时的材料损失；设备、人员和工时的损失；额外的修复、鉴别、追加检查的损失；有时需要降价处理产品，或者由于耽误出货而导致工厂信誉的下降。精益生产提倡"零不良率"，要求及早发现不良品，确定不良品发生的源头，从而杜绝不良品的产生。

【学习小结】

企业现场成本管理是指对现场生产过程消耗的原料、材料、能源消耗、动力及相关费用的控制和管理，生产现场处于企业的基础层次，它自身的生产管理特点决定了成本管理及其控制的特点。

　　要达到有效地控制企业生产现场成本的目的，必须从企业现场人-机系统的运行实际出发，把握企业生产现场的成本特点。以企业发展与生产经营目标为依据，制定生产现场成本的控制目标。在目标实施控制中，要充分让职工广泛参与成本管理；严格工艺纪律及操作规程，减少并进一步杜绝事故发生，降低或避免发生事故的经济损失；强化设备维修保养，增强设备处理与使用效能；挖掘生产过程潜力，降低能源动力消耗；加强班组建设，改进基础工作，明确成本、职责，执行规章制度。采取多种方式控制生产现场成本，这样才能实现生产现场成本管理目标，提高企业的经济效益和社会效益。

【课后拓展】

　　作为中国家电业最具影响力的龙头企业之一，格兰仕能够由一个7人起家的乡镇小厂发展成为拥有近5万名员工的跨国白色家电集团，在很大程度上得益于公司的成本管理。格兰仕早在2003年就开始了从工资、财务等八方面入手的成本管理，严格的成本管理制度造就了相应的文化环境，使每个员工都有明确的成本意识并身体力行。身为集团总裁的梁庆德，名列中国富豪榜第39位，却没有设单独的办公室，还是与其他人在一起办公。公司的高层管理人员，如果下班时不超过5个人，就不会搭乘电梯，而肯定会从楼梯上走下来。如果是晚上加班，不会有人打开空调；除了自己头顶上的灯外，其他地方的灯也都是关着的。这一切，并没有专门的人进行监督，是所有员工为降低成本而采取的自觉行为，从集团老总到普通员工都在为一个共同的目标而不懈努力。正是在这样的环境熏陶下，集团出现了公司高层面对着猎头800万年薪的诱惑毫不动摇的实例；也正是在这样的文化感召下，全体员工同心协力，使企业在异常激烈的竞争中不断实现着在扩大生产规模的同时降低成本、降低价格的循环。

　　点评：

　　通过格兰仕，我们可以明白什么是成本管理的文化环境。从集团总裁到普通员工，对成本管理有着相同的意识和观念，都在所认同的管理方式下身体力行，从点滴做起、从自己做起，齐心协力。这就是企业进行成本控制的成功之本。

模块七

现场安全管理

【学习目标】

1. 掌握安全生产法律法规及规章制度。
2. 掌握安全教育培训的内容。
3. 掌握事故相关知识和预防事故发生的措施。
4. 掌握事故应急救援和事故调查处理方法。

【职业能力目标】

1. 培养事故预防和应急处理能力。
2. 培养协调组织安全生产工作的能力。

单元一　走进安全生产法律法规

案例引入

1.1　安全生产立法的必要性和重要意义

1.1.1　安全生产立法

安全生产立法是国家制定的现行有效的安全生产法律、行政法规、地方性法规和部门规章、地方政府规章等安全生产规范性文件。

引申阅读

1.1.2　安全生产立法的必要性

安全生产法立法首先是依法加强监督管理，保证各级安全监督管理部门依法行政的需要；是依法规范安全生产的需要；是制裁安全生产违法行为，保护人民群众生命财产安全的需要；是建立健全我国安全生产法律体系的需要。

1.1.3　安全生产立法的意义

安全生产立法有利于全面加强我国安全生产法律法规体系建设，各级人民政府加强对安全生产工作的领导；依法规范生产经营单位的安全生产工作，有利于安全生产监管部门和有关部门依法行政，加强监督管理；有利于提高从业人员的安全素质；有利于增强全体公民的安全法律意识；有利于制裁各种安全违法行为。

1.2　安全生产法律

1.2.1　安全生产法律体系

安全生产法律体系是一个包含多种法律形式和法律层次的综合性系统，从法律规范的形式和特点来讲，既包括作为整个安全生产法律法规基础的宪法规范，又包括行政法律规范、技术性法律规范、程序性法律规范。按法律地位及效力同等原则，安全生产法律体系分为以下五类：

(1)《中华人民共和国宪法》。《中华人民共和国宪法》是安全生产法律体系框架的最高层级，"加强劳动保护，改善劳动条件"是有关安全生产方面最高法律效力的规定。

(2)安全生产方面的法律。

①基础法。我国有关安全生产的法律包括《中华人民共和国安全生产法》(以下简称《安全生产法》)和与它平行的专门法律和相关法律。《安全生产法》是综合规范安全生产法律制度的法律，它适用于所有生产经营单位，是我国安全生产法律体系的核心。

②专门法律。专门安全生产法律是规范某一专业领域安全生产法律制度的法律。如《中华人民共和国矿山安全法》《中华人民共和国海上交通安全法》《中华人民共和国消防法》《中华人民共和国道路交通安全法》。

③相关法律。与安全生产有关的法律是指安全生产专门法律以外的其他法律中涵盖有安全生产内容的法律。如《中华人民共和国劳动法》《中华人民共和国建筑法》《中华人民共和国煤炭法》《中华人民共和国铁路法》《中华人民共和国民用航空法》《中华人民共和国工会法》《中华人民共和国全民所有制企业法》《中华人民共和国乡镇企业法》《中华人民共和国矿产资源法》等。

(3)安全生产行政法规。安全生产行政法规是由国务院组织制定并批准公布的，是为实施安全生产法律或规范安全生产监督管理制度而制定并颁布的一系列具体规定，是实施安全生产监督管理和监察工作的重要依据。

(4)地方性安全生产法规。地方性安全生产法规是指由有立法权的地方权力机关——人民代表大会及其常务委员会和地方政府制定的安全生产规范性文件，是由法律授权制定的，是对国家安全生产法律、法规的补充和完善，以解决本地区某一特定的安全生产问题为目标，具有较强的针对性和可操作性。

(5)部门安全生产规章。地方政府安全生产规章根据立法的有关规定，部门规章之间、部门规章与地方政府规章之间具有同等效力，在各自的权限范围内施行。

国务院部门安全生产规章由有关部门为加强安全生产工作而颁布的规范性文件组成，从部门角度可划分为：交通运输业、电力工业、化学工业、石油工业、电子工业、冶金工业、机械工业、建筑业、建材工业、航空航天业、船舶工业、轻纺工业、煤炭工业、地质勘探业、农村和乡镇工业、技术装备与统计工作、安全评价与竣工验收、劳动保护用品、培训教育、事故调查与处理、职业危害、特种设备、防火防爆和其他部门等。部门安全生产规章作为安全生产法律法规的重要补充，在我国安全生产监督管理工作中起着十分重要的作用。

地方政府安全生产规章一方面从属于法律和行政法规，另一方面又从属于地方性法规，并且不能与它们相抵触。

(6)安全生产标准。安全生产标准是安全生产法规体系中的一个重要组成部分，也是安全生产管理的基础和监督执法工作的重要技术依据。安全生产标准大致分为四类：设计规范类；安全生产设备、工具类；生产工艺安全卫生；防护用品类。

(7)已批准的国际劳工安全公约。当我国安全生产法律与国际公约有不同时，应优先采用国际公约的规定(除保留条件的条款外)。

1.2.2　安全生产的相关法律范畴

我国的安全生产法律体系比较复杂，它覆盖整个安全生产领域，包含多种法律形式。根据涵盖内容不同分成8个类别：综合类安全生产法律、法规和规章；矿山类安全生产法律法规；危险物品类安全法律法规；建筑业安全法律法规；交通运输安全法律法规；公众聚集场所及消防安全法律法规；其他安全生产法律法规；国际劳工安全卫生标准。

(1)综合类安全生产法律、法规和规章。指同时适用于矿山、危险物品、建筑业和其他方面的安全生产法律、法规和规章，它对各行各业的安全生产行为都具有指导和规范作用，主导性的法律是《中华人民共和国劳动法》《安全生产法》，由安全生产监督检查类、伤亡事故报告和调查处理类、重大危险源监管类、安全中介管理类、安全检测检验类、安全培训考核类、劳动防护用品管理类、特种设备安全监督管理类和安全生产举报奖励类通用安全生产法规和规章组成。

(2)矿山类安全生产法律法规。矿山类安全生产法律法规规范的行业和部门主要包括：煤矿、金属和非金属矿山、石油天然气开采业。我国的矿山安全立法工作已取得了很大成绩，先后颁布实施了《中华人民共和国矿山安全法》《中华人民共和国煤炭法》《中华人民共和国矿山安全法实施条例》和《煤矿安全监察条例》；相关部门先后颁布了一批矿山安全监督管理规章。

(3)危险物品类安全法律法规。在危险物品安全管理方面已经颁布实施了《危险化学品安全管理条例》《民用爆炸物品安全管理条例》《使用有毒物品作业场所劳动保护条例》《放射性同位素与射线装置放射防护条例》等法规。

(4)建筑业安全法律法规。规范建筑业安全行为的法律有《安全生产法》《中华人民共和国建筑法》等。

（5）交通运输安全法律法规。交通运输安全法律法规包括道路交通安全、铁路交通安全、水上交通安全、民用航空安全等法律、法规和规章。如铁路运输业的《中华人民共和国铁路法》《铁路运输安全保护条例》等；民航运输业的《中华人民共和国民用航空法》《民用航空器适航条例》《民用航空安全保卫条例》等。

（6）公众聚集场所及消防安全法律法规。公众聚集场所及消防安全法律法规所涉及的范围主要是公众聚集场所、娱乐场所、公共建筑设施、旅游设施、机关团体及其他场所的安全及消防工作。目前这方面的法律、法规和规章主要有《中华人民共和国消防法》及与之相配套的《公共娱乐场所消防安全管理规定》《消防监督检查规定》《火灾统计管理规定》等，这方面还需要制定和完善相关的法律法规。

（7）其他安全生产法律法规。这包括的内容是前面5个专业领域以外的行业安全管理规章，主要有石化、电力、机械、建材、冶金、造船、轻纺、军工、商贸等行业规章。这些行业和部门都有一些规章和规程，但均未制定专门的安全行政法规，因此《安全生产法》是规范这些部门安全生产行为的主导性法律。

（8）国际劳工安全卫生标准。国际上将贸易与劳工标准挂钩是发展趋势，我国的安全生产立法和监督管理工作也需要逐步与国际接轨。

单元二　安全生产教育与培训

《安全生产法》规定：生产经营单位应当对从业人员进行安全生产教育和培训，保证从业人员具备必要的安全生产知识，熟悉有关的安全生产规章制度和安全操作规程，掌握本岗位的安全操作技能，了解事故应急处理措施，知悉自身在安全生产方面的权利和义务。未经安全生产教育和培训合格的从业人员，不得上岗作业。安全教育和培训是企业安全生产的三大对策(工程技术、教育培训、安全管理)之一，是政府安全监管的四大支柱(立法、执法、培训、保险)之一，是保障从业人员生命安全的重要基础工作。从业人员是否具有良好的安全行为，是检验一个企业安全生产管理水平的重要标志。通过系统的安全教育培训可以强化员工安全意识、提升全员安全素质，最终达到改善安全行为的目的。

2.1　安全生产教育培训对象

根据《生产经营单位安全培训规定》：生产经营单位负责本单位从业人员安全培训，从业人员包括主要负责人、安全生产管理人员、特种作业人员和其他从业人员。包括新上岗的临时工、合同工、劳务派遣工、轮换工、协议工等。

2.2　主要负责人、安全生产管理人员的安全教育培训

危险物品的生产、经营、储存、装卸单位以及矿山、金属冶炼、建筑施工、道路运输单位

的主要负责人和安全生产管理人员，应当由主管的负有安全生产监督管理职责的部门对其安全生产知识和管理能力进行考核，确保合格。针对生产经营单位主要负责人开展安全培训的主要内容有：国家安全生产方针、政策和有关安全生产的法律、法规、规章及标准；安全生产管理基本知识、安全生产技术、安全生产专业知识；重大危险源管理、重大事故防范、应急管理和救援组织以及事故调查处理的有关规定；职业危害及其预防措施；国内外先进的安全生产管理经验；典型事故和应急救援案例分析；其他需要培训的内容。

针对生产经营单位安全生产管理人员开展的安全培训除包含以上内容外，还包含伤亡事故统计、报告及职业危害的调查处理方法，应急管理、应急预案编制以及应急处置的内容和要求。

2.3　其他从业人员的安全教育培训

煤矿、非煤矿山、危险化学品、烟花爆竹、金属冶炼等生产经营单位必须对新上岗的临时工、合同工、劳务工、轮换工、协议工等进行强制性安全培训，保证其具备本岗位安全操作、自救互救以及应急处置所需的知识和技能后，方能安排上岗作业。加工、制造业等生产单位的其他从业人员，在上岗前必须经过厂（矿）、车间（工段、区、队）、班组三级安全培训教育。生产经营单位应当根据工作性质对其他从业人员进行安全培训，保证其具备本岗位安全操作、应急处置等知识和技能。从业人员在本生产经营单位内调整工作岗位或离岗一年以上重新上岗时，应当重新接受车间（工段、区、队）和班组级的安全培训。

三级安全培训内容有：

（1）厂（矿）级岗前安全培训内容应当包括：①本单位安全生产情况及安全生产基本知识；②本单位安全生产规章制度和劳动纪律；③从业人员安全生产权利和义务；④有关事故案例等。矿山、危险化学品等生产经营单位厂（矿）级安全培训除包括上述内容外，应当增加事故应急救援、事故应急预案演练及防范措施等内容。

（2）车间（工段、区、队）级岗前安全培训内容应当包括：①工作环境及危险因素；②所从事工种可能遭受的职业伤害和伤亡事故；③所从事工种的安全职责、操作技能及强制性标准；④自救互救、急救方法、疏散和现场紧急情况的处理措施；⑤安全设备设施、个人防护用品的使用和维护；⑥本车间（工段、区、队）安全生产状况及规章制度；⑦预防事故和职业危害的措施及应注意的安全事项；⑧有关事故案例；⑨其他需要培训的内容。

（3）班组级岗前安全培训内容应当包括：①岗位安全操作规程；②岗位之间工作衔接配合的安全与职业卫生事项；③有关事故案例；④其他需要培训的内容。

2.4　特种作业人员的安全教育培训

特种作业人员是指其作业场所、操作设备、操作内容具有较大的危险性，容易发生伤亡事故，或者容易对操作者本人、他人以及周围设施造成重大危害的作业人员。由于特种作业人员在生产作业过程中承担的风险较大，一旦发生事故，便会带来较大的损失。因此，必须对特种作业人员进行专门的安全技术知识教育和安全操作技术训练，并经严格考试，考试合格后方可上岗作业。

2.5　安全教育培训监督管理

安全生产监管监察部门依法对生产经营单位安全培训情况进行监督检查，督促生产经营单位按照国家有关法律法规和本规定开展安全培训工作。各级安全生产监管监察部门对生产经营单位安全培训及其持证上岗的情况进行监督检查，主要包括以下内容：①安全培训制度、计划的制定及其实施情况；②煤矿、非煤矿山、危险化学品、烟花爆竹、金属冶炼等生产经营单位主要负责人和安全生产管理人员安全培训以及安全生产知识和管理能力考核的情况；③其他生产经营单位主要负责人和安全生产管理人员培训的情况；④特种作业人员操作资格证持证上岗的情况；⑤建立安全生产教育和培训档案，并如实记录的情况；⑥对从业人员现场抽考与本职工作有关的安全生产知识；⑦其他需要检查的内容。

2.6　安全生产教育和培训档案管理

档案涉及的人员应当包括本单位的主要负责人、有关负责人、安全生产管理人员、特种作业人员、职能部门工作人员、班组长以及其他从业人员。档案的内容应当详细记录每位从业人员参加安全生产教育和培训的时间、内容、考核结果以及复训情况等，包括按照规定参加政府组织的安全培训的主要负责人、安全生产管理人员和特种作业人员的情况。档案应当按照有关法律法规的要求进行保存，不得擅自修改、伪造。档案除以电子文档形式保存外，原则上还应当有纸质文件形式。

单元三　安全检查与事故预防

安全检查是企业安全生产管理中的重要内容，是及时消除隐患、防止事故发生以及改善劳动条件的必要手段。在危险物品的生产、经营、储存、装卸单位以及矿山、金属冶炼、建筑施工、运输等过程具有危险因素复杂、因素之间相互影响大、一旦发生事故波及范围广、给人民生命财产造成重大损失、在社会上产生极其恶劣的影响等特点。通过现场安全检查，能够及时发现企业生产过程中的一系列危险因素、事故隐患及管理缺陷等，进而有利于尽早采取有效措施，预防事故发生，保障人民群众生命财产安全和健康。如何有效预防事故的发生，已然成为当前各级主管部门亟待解决的首要任务。

3.1　安全检查

安全检查是利用常规、例行的安全管理工作及时发现不安全状态及不安全行为的有效途径，也是当前隐患排查中应用最广泛的方法之一。开展安全检查工作，要做到有计划、有组织、目标明确，内容要求具体，由领导负责、有关人员参加的安全生产检查组实施。

3.1.1　安全检查的形式

安全检查的形式众多，如：①经常性检查是指安全技术人员、车间和班组干部及职工对安全工作所进行的个别的、日常的巡视检查；②专业性安全检查是针对某个专项问题或在生产中存在的普遍性安全问题进行的单项检查；③季节性及节假日前安全检查是企业根据季节变化，按照事故发生的规律，对易触发的潜在危险，重点突出地进行季节性检查；④定期安全检查是企业通过有计划、有组织、有目的的形式，对生产活动情况进行的全面安全检查；⑤综合性安全检查一般是由主管部门对下属各企业或生产单位进行的全面综合性检查，必要时可组织实施系统的安全评价；⑥群众性普遍检查是指发动群众进行的普遍性安全检查。

3.1.2　安全检查的内容

安全检查是一项动态的系统工程，检查内容较多，可分为以下六个方面：

（1）查现场情况。班组身处现场第一线，要深入生产施工场地、生产作业面等，检查各岗位劳动条件、生产设备实施是否符合安全规定。如：矿井安全出口是否通畅、加工生产机器是否运行良好、防护装置是否齐全、电气安全措施是否符合安全要求等。

（2）查思想。检查各级生产管理人员对安全生产的认识，对安全生产的方针、政策、法律、法规、规程及各项规章制度的理解和贯彻执行情况。如：企业管理人员是否参加培训取证等。

（3）查管理。检查安全管理的各项具体工作的执行情况，如：安全生产责任制、安全生产操作规程、安全生产规章制度和档案是否健全等。

（4）查隐患。检查劳动条件、生产设备、安全卫生设施是否符合安全卫生条件的要求，职工在生产中的不安全行为的情况等，找出不安全因素和事故隐患。

（5）查整改。对已经发现的隐患及安全生产管理存在的问题进行检查，检查是否进行了相应的整改，或采取了相应的安全措施，效果如何。

（6）查事故处理。检查企业对工伤事故是否及时报告、认真调查、严肃处理；是否按"四不放过"（事故原因未查清不放过、责任人员未处理不放过、责任人和群众未受教育不放过、整改措施未落实不放过）的要求处理事故。

3.1.3　安全检查的方法

（1）常规检查法。常规检查通常由安全管理人员作为检查工作的主体，到作业场所的现场，通过感官或辅助一定的简单工具、仪器、仪表等，对作业人员的行为、作业场所的环境条件、生产设备设施等进行定期检查。安全检查人员通过这一手段，可及时发现现场存在的安全隐患并采取措施予以消除，纠正作业人员的行为。

（2）仪器检查法。机器、设备内部的缺陷及作业环境条件的真实信息或定量数据，只能通过仪器检查法来进行定量的检验与测量，才能发现安全隐患，从而为后续整改提供信息。因此，必要时需要进行仪器检查。由于被检查的对象不同，检查所用的仪器和手段也不同。班组长应该加强对各检查仪器的认识和使用，做到游刃有余。

（3）安全检查表法。安全检查表是进行安全检查，发现和查明各种危险和隐患，监督各项安全规章制度的实施，及时发现事故隐患并制止违章行为的一个有力工具。安全检查表格式不统一, 示例如表 7-1 所示。

表 7-1　安全检查表

检查日期: 检查人员:

序号	检查项目	检查内容	检查依据	检查结果	备注

3.1.4　安全检查的要求

　　班组在进行安全检查时, 应满足以下要求: ①不同形式的安全检查要采用不同的方法。安全检查可以通过现场实际勘查, 召开班组安全会议、座谈会以及查阅班组安全资料等形式, 通过了解不安全因素、不安全行为等方法进行。②各班组应做好检查前的各项准备工作, 其中包括公司相关法规政策、业务资料、装备准备等。③各班组要明确检查的目的和要求, 从实际出发, 认真完成上级安排的各项检查工作。④各班组要把自查与互查结合起来, 班组间取长补短, 相互学习和借鉴。⑤坚持查改结合, 要将安全检查中所发现的隐患问题一一进行改进。若短期难以改进, 应提出有效的防范措施。⑥安全检查要按相关文件、表格规定进行, 做到规范化、标准化。常见的班组安全检查表格如表 7-2、表 7-3、表 7-4 所示。

表 7-2　现场安全检查记录表

检查类型: 检查时间: 编号:

主要检查部位:	
检查记录:	
现场纠违记录:	
参加人员	

班组长: 安全员: 记录人:

表 7-3　现场安全检查统计表

班组名称: 时间:

序号	检查项目	是否有缺陷	处理措施
1			
2			

班组长: 安全员:

表7-4　班组安全设施检查登记表

班组名称：　　　　　　　　　　　　　　　　登记日期：

设备设施名称	投入使用时间	例检时间	责任人	备注

班组长：　　　　　　　　　　　　　　安全员：

3.2　现场隐患管理

安全生产事故隐患是指生产经营单位违反安全生产法律、法规、规章、标准、规程和安全生产管理制度的规定，或者因其他因素在生产经营活动中存在可能导致事故发生的物的不安全状态、人的不安全行为和管理上的缺陷。

事故隐患分为一般事故隐患和重大事故隐患。一般事故隐患是指危害和整改难度较小，发现后能够立即整改排除的隐患。重大事故隐患是指危害和整改难度较大，应当全部或者局部停产停业，并经过一定时间整改治理方能排除的隐患，或者因外部因素影响致使生产单位自身难以排除的隐患。对排查出的事故隐患，要立即整改；不能立即整改的，要采取有效防范措施并限期整改；难以整改的，要立即停产整改，隐患消除后方可生产。

产生隐患的原因主要有四个方面：①人的不安全心理因素；人在操作中的失误或存在缺陷是造成事故的直接原因之一；②人的不安全行为；③物的不安全状态；④管理上的缺陷。

现场隐患排查的方法：①加强人的不安全行为管理；②加强物的不安全状态管理；③推行现场5S管理，即整理、整顿、清扫、清洁、素养。其目的就是创造安全良好的作业环境。

现场隐患上报的方法：①检查发现隐患后，视情况可通过电话、短信、传真、书面等方式上报；②检查员发现隐患后，立即将发现的问题上报给班组长，并应立即到场核实情况，自行处理到位，处理后将处理结果以书面形式报安全管理部门备案；③检查员发现隐患后，立即自行处理到位，如：立即制止其行为，处理后将处理结果以书面形式报安全管理部门备案。

现场隐患整改：班组应认真核实、分析隐患存在情况，认真制定整改措施，填写相关隐患整改记录表。具体程序如下：①隐患排查人员将已查出的隐患项目按危险的大小依次排列，贴在醒目的位置上，按岗位责任制逐项将整改任务确定到人；②隐患排查人员填写事故隐患治理项目表。在隐患治理项目表中，要写清治理的隐患、治理隐患负责人和治理措施；③隐患负责人具体负责落实隐患排查治理规章制度和相应的治理措施。

冶炼行业部分隐患排查清单如表7-5所示。

表7-5　冶炼行业部分隐患排查清单

序号	排查内容	排查结果	隐患处理情况
1	新建、改建、扩建项目的设计单位是否有设计资质，项目是否履行立项申请、审查、审批和严格执行建设项目安全设施"三同时"制度，是否存在私自变更设计、擅自改变工艺布局和增减设备的情况		

续表7-5

序号	排查内容	排查结果	隐患处理情况
2	建设项目的生产工艺、设备选型、水、油、气等系统配置是否进行了安全风险辨识,是否落实了控制重大危险源的工程技术方案和措施		
3	冶炼、铸造等生产环节冷却水是否及时排放,起重和吊运铁水、钢水、铜水、铝水等液态金属专用设备的设计单位资质、选型配套、制造企业资质、安装、运行和安全管理,是否达到安全规程要求		
4	冶炼、铸造生产过程中,熔融金属和高温物质与水、油、汽等物质的隔离防爆措施是否落实到位,设备设施有缺陷的是否整改消除		
5	高炉风口平台、炉身、炉顶等区域煤气泄漏、冷却壁损坏、炉皮开裂、炉顶设备装料系统、制粉喷煤系统及热风炉等重大危险部位和区域,是否处于受控安全状态		
6	转炉、精炼炉、均热炉的炉体冷却、倾翻、烟气回收等工艺环节是否处于受控安全状态,是否严格执行煤气生产、铺存、输送、使用环节防止泄漏、中毒窒息、爆炸的安全管理制度。煤气柜、管线监控和防护设施的配置和运行是否符合相关安全规程要求		
7	冶炼过程中涉及氧气、氢气、二氧化硫、氮气、氯气、氨气等气体的生产、储存、输送、使用,预防泄漏、中毒、窒息、爆炸等防范制度的执行情况,各种监控和防护设施的配置和运行是否符合相关安全规程的要求		
8	冶炼生产过程中涉及高温、高压、强碱、强酸使用环节,预防爆炸、灼伤、中毒外泄等制度的执行情况,各种监控和防护设施的配置和运行是否符合相关安全规程的要求		

3.3　事故及事故特征

3.3.1　事故的概念

事故是指在人们的生产或者生活过程中,突然发生的、违反人们意志的、迫使活动暂时或者永久停止,可能造成人员伤亡、财产损失或者环境污染的意外事件。生产安全事故是指在生产经营活动(包括与生产经营有关的活动)过程中,突然发生的伤害人身安全和健康,或者损坏设备、设施,或者造成经济损失,导致原活动暂时中止或永远终止的意外事件。

3.3.2　事故的特征

(1)事故的因果性。一个现象是另一个现象的根据,这一现象和其他现象有着直接或间接的联系,构成了直接原因和间接原因。

(2)事故的偶然性、必然性和规律性。事故发生包含着偶然因素,所以事故的偶然性是客观存在的。由于客观上存在着不安全因素,出现事故是必然的,但何时出现,以何种形式出现就带有偶然性。

（3）事故的潜在性、突发性。事故的潜在性是人或物先天具有的危险性，这是造成事故的基础原因，潜在的危险性就显现为事故发生的现象，所以事故的出现往往具有突发性。如果能够掌握事故潜在性的某些规律，对其有充分的认识，就能发现隐患并加以排除。

3.3.3　事故的分类

（1）按事故发生领域或行业分类。即工矿企业事故、火灾事故、道路交通事故、铁路运输事故、水上交通事故、航空飞行事故、农业机械事故、渔业船舶事故及其他事故。

（2）按事故后果分类。根据《生产安全事故报告和调查处理条例》，按照生产安全事故造成的人员伤亡或者直接经济损失，将事故划分为以下四个等级：

①特别重大事故：指造成 30 人及以上死亡，或者 100 人以上重伤（包括急性工业中毒），或者 1 亿元以上直接经济损失的事故。

②重大事故：指造成 10 人及以上 30 人以下死亡，或者 50 人及以上 100 人以下重伤（包括急性工业中毒），或者 5000 万元及以上 1 亿元以下直接经济损失的事故。

③较大事故：指造成 3 人及以上 10 人以下死亡，或者 10 人及以上 50 人以下重伤（包括急性工业中毒），或者 1000 万元及以上 5000 万元以下直接经济损失的事故。

④一般事故：指造成 3 人以下死亡，或者 10 人以下重伤（包括急性工业中毒），或者 1000 万元以下直接经济损失的事故。

上述四个等级中的"以上"包本数，"以下"不包括本数。

（3）按标准分类。按照《企业职工伤亡事故分类》（GB 6441—1986）对企业职工伤亡事故进行分类如下：①物体打击；②车辆伤害；③机械伤害；④起重伤害；⑤触电；⑥淹溺；⑦灼烫；⑧火灾；⑨高处坠落；⑩坍塌；⑪冒顶片帮；⑫透水；⑬放炮；⑭火药爆炸；⑮瓦斯爆炸；⑯锅炉爆炸；⑰容器爆炸；⑱其他爆炸；⑲中毒和窒息；⑳其他伤害。

3.3.4　构成事故要素

事故发生的原因有直接原因、间接原因，不同事故原因不尽相同。通过对大量事故的剖析，可知每一特定事故都是由一些基本要素所构成的，即人、物、环境和管理。《生产过程危险和有害因素分类与代码》（GB/T 13861—2022）按可能导致生产过程中危险和有害因素的性质进行分类。生产过程危险和有害因素共分为四大类，分别是"人的因素""物的因素""环境因素"和"管理因素"。

3.4　事故预防措施

3.4.1　事故预防措施的基本要求

预防措施应具有针对性、可操作性和经济合理性。同时措施应在技术、时间上是可行的，是能够落实和实施的。

预防措施基本要求从以下五个方面来考虑：①预防生产过程中产生的危险和危害因素；②排除工作场所的危险和危害因素；③处置危险和危害物并降低到国家规定的限值内；④预

防生产装置失灵和操作失误产生的危险和危害因素；⑤发生意外事故时能为遇险人员提供自救条件。

3.4.2　事故预防措施的选取原则

（1）当事故预防措施与经济效益发生矛盾时，宜优先考虑事故预防措施上的要求，并按下列事故预防对策等级顺序选择技术措施：

①直接安全技术措施：生产设备本身应具有本质安全性能，保证不出现任何事故和危害。

②间接安全技术措施：若不能或不完全能实现直接安全技术措施，必须为生产设备设计出一种或多种安全防护装置，最大限度地预防、控制事故或危害的发生。

③指示性安全技术措施：间接安全技术措施也无法实现时须采用检测报警装置、警示标志等措施，警告、提醒作业人员注意，以便采取相应的对策或紧急撤离危险场所。

④若间接、指示性安全技术措施仍然不能避免事故、危害发生，则应采用安全操作规程、安全教育、培训和个人防护用品等来预防、减弱系统的危险、危害程度。

（2）按事故预防措施等级顺序的要求，遵循以下具体原则：

①消除。通过合理的设计和科学的管理，尽可能从根本上消除危险、有害因素，如采用无害化工艺技术，生产中以无害物质代替有害物质，实现自动化、遥控作业等。

②预防。当消除危险、有害因素有困难时，可采取预防性技术措施，预防危险、危害的发生，如使用安全阀、屏护安全、漏电保护装置、安全电压、熔断器、防爆膜、事故排放装置等。

③减弱。在无法消除和难以预防危险、有害因素的情况下，可采取降低危险、危害的措施，如加设局部通风排毒装置，生产中以低毒性物质代替高毒性物质，采取降温措施，设置避雷、消除静电、减振、消声等装置。

④隔离。在无法消除、预防、减弱的情况下，应将人员与危险、有害因素隔开和将与人员不能共存的物质分开，如遥控作业、安全罩、防护屏、隔离操作室、安全距离、事故发生时的自救装置如防护服、各类防毒面具等。

⑤联锁。当操作者失误或设备运行一旦达到危险状态时，应通过联锁装置终止危险、危害；在易发生故障和危险性较大的地方，应设置醒目的安全色、安全标志，必要时设置声、光或声光组合报警装置。

3.4.3　常见事故预防安全技术措施

1. 冶炼企业常见事故预防安全技术措施

冶炼企业主要生产工艺有：原料、烧结、焦化、炼铁、转炉炼钢、电炉炼钢、炉外精炼、连铸、热轧、冷轧、锻造等。在每个工艺生产过程中，存在一定的危险有害因素，把危险有害因素控制在可控范围内，可以很好地预防事故的发生。常见的事故预防安全技术措施如下：

（1）中毒窒息事故预防措施。建立岗位责任制。进入设备内部或有限空间作业，必须办理危险作业审批手续。划定煤气危险区域，为区域内作业人员配备煤气检测仪。严格遵守一氧化碳浓度超标区域限定作业时间要求。

（2）灼烫事故预防措施。高温作业岗位人员应严格执行安全技术操作规程，推行标准化管理，强化规范化操作。完善安全防护装置，加强个体防护管理。加强对腐蚀性危险化学品等容器的日常检查，及时淘汰不合格的贮存装置。带电作业时必须采取保证安全的技术措施，如穿戴好绝缘服和防护面罩等。强化高温危险源的辨识工作，制定可靠的作业指导书，提高从业人员面对突发事件的应急处置能力。

（3）机械伤害事故预防措施。机械设备安全装置符合国家要求，各种安全防护设施齐全可靠。机械设备检修、维护、清扫、处理堵料等作业必须严格执行断电、挂牌和设专人监护制度。巡检时严禁触及运转设备。加强对机械设备的维修保养，保持机械设备处于良好的技术状态。

（4）起重伤害事故预防措施。起重司机和司索工必须经过安全培训，经考试合格，取得操作证。制动机、卷扬限位、行程限位、缓冲器、走轮防护挡板、轨道末端立柱、夹轨钳、安全连锁等安全装置完好。及时检查维护起重设备，确保设备完好。吊具安全可靠，钢丝绳和链条达到规定的安全系数。起重电器安全可靠，接地良好，布线规范，起重机滑线不能在驾驶室同一侧，照明、电铃接线与动力线分开，有鲜明的色标信号灯。起重机作业现场照明充足，吊运通道畅通。

除以上常见四大类安全事故以外，高温熔融金属吊运倾翻、坠落、高处坠落、车辆伤害、触电、压力容器爆炸等事故也会发生，还应根据工作实际，合理拟定事故预防预案。

2. 化工企业常见事故预防安全技术措施

化工生产具有易燃、易爆、高温、高压、有毒、有害等特点，发生火灾、爆炸、中毒事故概率大且后果严重，并且一旦发生安全生产事故，往往造成严重的经济损失和人员伤亡。常见的事故预防安全技术措施如下：

（1）火灾事故预防措施。①项目选址要科学布局合理规范，建在远离城镇及人员密集的区域，保持安全防护距离，针对项目特点进行环境影响评价和安全评价。提前发现存在的潜在危险。②做好火源管理，加热易燃物料时，尽量避免直接采用明火。③严防摩擦撞击静电雷电事故，工艺设备运转部位的轴承应选用合适材料，要防尘密封、润滑良好、冷却正常，及时清理附着的可燃污垢，安装连续轴温和。配备振动探测、报警装置，严防摩擦升温后着火。④电气设备的保护，根据场所、装置整体防火防爆的要求，按危险、区域等级和爆炸性混合物的类别、级别、组别，配备符合国家标准规定的防火防爆等级的电气设备，并按照国家规定的要求施工、安装、维护和检修。安装过载、短路、漏电等电气保护装置。⑤落实企业各级管理人员和员工责任，从企业领导到管理人员、员工，建立完善各自安全生产责任制，落实各自安全生产责任。

（2）中毒窒息事故预防措施。①为了预防职业性急性化学毒物中毒事故的发生，或在事故发生后有效地控制职业病危害事故，制定职业性急性化学毒物中毒事故应急救援预案。②对容易发生中毒事故的车间及其岗位，制定相应的预防措施及现场应急处理与医疗应急救援行动方案。③一旦发生急性化学毒物中毒事故，应根据情况立即采取紧急救援措施；立即停止导致急性化学毒物中毒的作业，封存造成中毒的材料、设备和工具，控制事故现场，防止事态扩大，把事故危害降到最低限度。④及时将患者送往有条件的医院，组织救治。

除以上两大类安全事故以外，泄漏事故也是比较常见的，还有灼伤、爆炸等事故也会发生，还应根据工作实际，合理拟定事故预防预案。

3. 采矿企业常见事故预防安全技术措施

采矿企业这里主要指露天开采、地下开采企业。露天开采是把矿体上部的覆盖岩石和两盘的围岩剥去，使矿体暴露在地表进行开采的方法，通过穿孔、爆破、采装、运输和排土5个步骤实现。地下开采是指从地下矿床的矿块里采出矿石的过程，通过矿床开拓、矿块的采准、切割和回采4个步骤实现。常见的事故预防安全技术措施如下：

（1）矿山坍塌事故预防措施。①要严格按操作规程以及工艺流程进行作业，特别是留矿法采矿，当矿房矿石悬空时，应立即处理。②提高爆破质量，采用合理的爆破参数，减少矿石大块产出，减少矿堆中间悬空。③加强矿房顶板及两帮的安全管理，及时采取支护措施，防止矿房两帮出现坍塌。④改进支护方式和采矿方法，推广先进的支护方式，如喷、锚、网联合支护。⑤合理布置巷道和开采顺序，使其在空间和时间上避免对相邻工作面上、下部岩层产生高应力影响。⑥加强对矿山作业人员的教育、培训，提高技术素质和操作技能，提高自我防护能力。

（2）物体打击事故预防措施。①一切进入矿山现场的人员，都必须按要求穿戴好劳动安全防护用品。②严禁在同一时间上下同时作业，传递材料时，不能丢抛传递。③有矿岩滚落的区域禁止人员逗留、休息或设立警戒线。④每次爆破后要对危石进行彻底的清理，作业前要注意检查工作上部有无松石，有松石时必须及时清理，作业过程中相邻位置要互相照应。⑤竖井凿岩前下放风水管时，应由上面的人慢慢往下放，下面的人不能拉，以免将井筒内或吊盘上的物体碰落掉下伤人。凿岩时，不准任何人乘吊桶至工作面，遇特殊情况时，应停止凿岩，再下吊桶。⑥井盖门只准在吊桶上、下通过期打开，吊桶过后应立即封闭。⑦在井筒内出碴或凿岩前，要检查临时支护牢固情况，防止围岩受震动滑落伤人。⑧在天井、竖井上部作业的员工，工具必须装进工具袋内，几个人同时上下，往上时背工具的走在后面，往下时背工具的走在前面。⑨斜井提升废石或下放物料要有防止物体滚落措施，下面的作业人员听到有物体滚落声时要尽量躲避，不要站在中间向上张望。

（3）高处坠落事故预防措施。①防护好三口"临边、洞口、井口"。②把好九道关：材质关、尺寸关、铺板关、栏护关、连结关、承重关、上下关、挑梁关、检验关。③做好个人"三宝"防护措施，进入作业现场的职工要戴安全帽；高空作业人员须系安全带；高处作业点的下方必须设安全网。④使用的竖井、天井、溜井等必须及时封闭好；临时启用停用必须有安全措施，用后及时封闭；暂停或待用井及采场切割井开拓后应临时封闭或有防坠措施。⑤使用的溜井井口必须设有防止人员坠落的围栏、格筛、照明、警示牌和人员安全通道；竖井下掘施工，井口必须严密封闭和有坚实的联动安全门，井口附近保持清洁、无杂物。⑥提升井、人行井井口和中段的连接口，应有围栏、安全门、人行道、照明和阻车器；专用人行井必须有合格的梯子间和梯子。⑦三井作业，井上井下必须有可靠的联络信号、防坠措施。⑧高空作业所用的吊盘、吊罐、升降台、工作台（棚）、安全棚等，必须坚固安全；连接部位无变形并有坚实可靠的锁紧装置钢索的断丝和磨损必须符合安全规程规定。⑨高空作业的升降台和行走台以及高层作业现场周围，矿山山地人行道旁的悬崖陡坎处必须设坚实的围栏。⑩为生产、生活需要所设的坑、壕、池和高层间预留孔、电梯间等必须有围栏或盖板。

（4）车辆伤害事故预防措施。①强化矿山有轨和无轨车辆管理，增强车辆操作人员安全意识，严格按照操作规程、规章制度进行操作；车辆操作人员必须经过专门培训，并做到持证上岗。②斜井运输要完善"一坡三挡"安全保护装置；斜井摘挂钩工和推车工要加强责任心，严格遵守本工种的有关规定，正确地进行操作，防止斜井跑车，避免车辆伤害事故。③加强设备的维修和保养，作业前要认真进行检查、维护和保养，并做好记录，确保设备完好。④进一步完善提升系统的防坠、防过卷、副绳等保护设施，并定期进行性能检测、维护，确保系统和环境安全。⑤在车辆运行区间，必须设置可靠的避险设施。⑥加大科技投入，实现操作自动化、设备运行本质安全化，实现矿山本质安全。⑦加强员工的安全教育和技术培训，提高员工的安全技术素质和操作技能，对突发性事件要正确避险与施救。

除以上四大类安全事故以外，中毒和窒息、透水、瓦斯爆炸、火灾等事故也会发生，还应根据工作实际，合理拟定事故预防预案。

4. 选矿企业常见事故预防安全技术措施

选矿生产工艺一般流程：矿石经过破碎、预选抛废、磨矿、分级、磁选（或其他选矿方法与工艺）、过滤等工序，最后得到精矿。选矿厂的设备设施较多，如球磨机、分级机、磁选机、浮选机、精矿浓缩池等。常见的事故预防安全技术措施如下：

（1）触电事故预防措施。①严格按照设计合理选择性能可靠的电气设备及线路。②电气设备可能被人触及的裸露带电部分，应设置安全防护罩或遮拦及警示牌。③在光线不足的地方从事电气作业要有良好的照明。④电气作业人员作业时，应穿戴防护用品和使用防护用具。⑤在断电的线路上作业，应事先对拉下的电源开关把手加锁或设专人看护，并悬挂"人作业、不准送"的标志牌。⑥用验电器验明无电，并在所有可能来电线路的各端装接地线，方可进行作业。⑦电动机应设有短路保护、过载保护与缺相保护，磨矿机等高压电机，还应有延时低电压保护，变压器应有良好的避雷接地装置。

（2）机械伤害事故预防措施。①磨矿机两侧和轴瓦侧面，应有防护栏杆，磨矿机运转时，人员不应在运转箱体两侧和下部逗留或工作。封闭磨矿机人孔时，应确认磨矿机内无人，方可封闭。②检修、更换磨矿机衬板、处理磨矿机漏浆或紧固筒体螺钉时，应事先固定筒体，若磨矿机严重偏心，应首先消除偏心，然后进行处理。③磨矿机停车超过 8 h 或检修更换衬板完毕，在无微拖设施的情况下，开车之前应用起重机盘车，盘车钢丝绳应事先经过检查；不应利用主电动机盘车。④检查勺头的磨损情况时，作业人员应站在勺头运转方向的侧面，不应站在正面。⑤更换浮选机的三角带，应停车进行。三角带松动时，不应用棍棒去压或用铁丝去钩三角带。⑥浮选机突然停电跳闸时，应立即切断电源开关，同时通知球磨停止给矿，不应跨在矿浆搅拌槽体上作业。⑦浮选机槽体因磨损漏矿浆或搅拌器发生故障必须停车检修时，应将槽内矿浆放空，并用水冲洗干净。⑧开动浮选设备时应确认机内无人、无障碍物。运行中的浮选槽，应防止掉入铁件等杂物或影响运转的其他障碍物。⑨夜间检查浓密机中心盘，应有良好照明，并在他人监护下进行，浓密机的地下管道通廊、泵坑等场所，必须有良好的照明，经常检查设备设施的安全防护装置，保证其完好。

（3）物体打击事故预防措施。①常观察磨矿机人孔门是否严密，严防磨矿介质飞出。②检修、更换磨矿机衬板时，确认机体内无脱落物，通风换气充分，温度适宜，方可进入。③用专门的钢斗给球磨机加球时，斗内钢球面应低于斗的上沿，下方不应有人。

（4）高处坠落事故预防措施。①在光线不足的场所或夜间进行检修，应有足够的照明。②多层作业或危险作业应有专人监护，并采取防护措施。③进行登高作业（包括 45°以上的斜坡），应系安全带。高度超过 0.6 m 的平台，周围应设栏杆；平台上的孔洞应设栏杆或盖板；必要时，平台边缘应设安全防护板。④应定期检查、维护和清扫栏杆、平台和走梯，登高时梯子应放置稳当,角度不宜过大。⑤有坠落危险的区域应设照明和警示标志。⑥通往周边传动式浓缩机中心盘的走桥和上下走梯,应设置栏杆。⑦浓缩机的溢流槽,应高出地面至少0.4 m;否则,应在靠近路边地段设置安全栏杆,高处作业要佩戴安全带或设置防护网。⑧夜间到浓缩机中心盘检查,必须有良好的照明,并在他人监护下进行。

除以上四大类安全事故以外,高处坠落、火灾、中毒窒息等事故也会发生,还应根据工作实际,合理拟定事故预防预案。

单元四　事故应急救援与事故调查处理

建立安全事故应急救援管理体系,组织及时有效的应急救援行动,已成为抵御事故风险或控制灾害蔓延、降低事故危害后果的关键手段。规范生产安全事故的报告和调查处理,落实生产安全事故责任追究制度,也成了防止和减少生产安全事故的有效举措。

4.1　事故应急救援

4.1.1　事故应急救援的概念

事故应急救援是指遇到突发事故时应当采取的正确的准确的救援方法。主要任务是通过建立应急救援体系,在事故发生后立即组织营救受害人员,撤离或者采取其他措施保护危害区域内的其他人员,同时迅速控制事态发展,防止事故影响范围继续扩大,并测定事故的危害区域、危害性质及危害程度,消除危害后果。这就需要企业根据行业特点结合自身生产的特殊性建立科学有效的安全生产事故应急救援体系,为事故发生时最大限度地挽救员工生命、最大限度地减少经济损失提供可能。

4.1.2　事故应急救援的指导思想和原则

事故应急救援的指导思想:认真贯彻"安全第一、预防为主、综合治理"的安全生产工作方针,牢固树立以人为本的理念,坚持人民至上,生命至上把保护人民生命安全摆在首位,坚持"预防为主,居安思危,常备不懈",并按照先救人、后救物和先控制、后处置的指导思想,在发生事故时,能迅速、有序、高效地实施应急救援行动,及时、妥善地处理重大事故,最大限度地减少人员伤亡和危害,维护国家安全和社会稳定,促进经济社会全面、协调、可持续发展。

事故应急措施的基本原则:①集中领导、统一指挥的原则;②充分准备、快速反应、高效救援的原则;③生命至上的原则;④企业自救和社会救援相结合的原则;⑤分级负责、协同作战的原则;⑥科学分析、规范运行、措施果断的原则;⑦安全抢险的原则。

4.1.3 事故应急救援体系

建立科学、完善的应急救援体系和实施规范的标准化程序是实现应急救援的根本途径。构建应急救援体系，应以事件为中心，以功能为基础，分析和明确应急救援工作的各项需求，建立规范化、标准化的应急救援体系，保障体系的统一和协调。事故应急救援体系结构包括：组织体系、运作机制、法律基础、系统保护。

（1）组织体系主要指事故应急救援体系的组织构建及支持保障系统。

（2）运作机制主要由统一指挥、分级响应、属地为主和公众动员组成。

（3）法律基础是应急体系构建的基础保障，也是开展各项应急活动的依据。

（4）系统保护主要指应急保障系统，它包括应急信息与通信系统、物资与装备系统、人力资源保障应急财务保障系统。

其中，组织机构包括应急救援中心、应急救援专家组、医疗救治机构、消防与抢险、监测组织、公众疏散组织、警戒与治安组织、洗消去污组织、后勤保障组织和信息发布中心。支持保障系统的内容包括法律法规保障体系，通信系统，警报系统，技术与信息支持系统，宣传、教育和培训体系。

4.1.4 事故应急救援预案

事故应急救援预案是国家安全生产应急预案体系的重要组成部分，是贯彻落实"安全第一、预防为主、综合治理"方针，规范生产经营单位应急管理工作，提高应对风险和防范事故的能力，保障职工安全健康和公众生命安全，最大限度地减少财产损失、环境损害和社会影响的重要措施。事故应急救援预案是为了有效预防和控制可能发生的事故，最大程度减少事故及其造成损害而预先制定的工作方案。

事故应急救援预案按功能可分为综合应急预案、专项应急预案和现场处置方案。其中，综合应急预案是生产经营单位为应对各种生产安全事故而制定的综合性工作方案，是本单位应对生产安全事故的总体工作程序、措施和应急预案体系的总纲。专项应急预案是生产经营单位为应对某一种或者多种类型生产安全事故，或者针对重要生产设施、重大危险源、重大活动防止生产安全事故而制定的专项工作方案。现场处置方案是生产经营单位根据不同生产安全事故类型，针对具体场所、装置或者设施所制定的应急处置措施。生产经营单位应根据有关法律法规和相关标准，结合单位组织管理体系、生产规模和可能发生的事故特点，科学合理确立单位的应急预案体系，并做好各类应急预案的衔接工作。

（1）事故应急救援预案编制程序。生产经营单位应急预案编制程序包括成立应急预案编制工作组、资料收集、风险评估、评估应急能力（应急资源调查）、应急预案编制、桌面推演、应急预案评审和批准实施八个步骤。

（2）事故应急救援预案基本结构。不同的应急救援预案由于各自所处的层次和适用的范围不同，因而在内容的详略程度和侧重点上会有所不同，但都可以采用相似的基本结构（"1+4"预案编制结构），即由一个基本预案加上应急功能设置、特殊风险管理、标准操作程序和支持附件构成。主要包括基本预案、应急功能设置、特殊风险管理、标准操作程序、支持附件。

（3）事故应急救援预案演练类型包括：①桌面演练；②功能演练；③全面演练。

（4）事故应急救援预案演练基本任务。在事故真正发生前暴露预案和程序的缺陷；发现应急资源的不足（包括人力和设备等）；改善各应急部门、机构、人员之间的协调能力；增强公众应对突发重大事故救援的信心和应急意识；提升应急人员的熟练程度和技术水平；进一步明确各自的岗位与职责；提高各级预案之间的协调性；提高整体应急反应能力。

（5）事故应急救援预案演练实施过程。综合性应急演练的过程可划分为演练准备、演练实施和演练总结三个阶段，各阶段的基本任务均有明确要求。建立由多种专业人员组成的应急演练策划小组是成功组织开展演练工作的关键。参演人员不得参与策划小组，更不能参与演练方案的设计。

（6）事故应急救援预案演练效果评审方法及内容。应急演练结束后，应对演练的效果做出评价，提交演练报告，并详细说明演练过程中发现的问题，如：不足项，整改项，改进项。

4.1.5　常见事故应急处置措施

1. 冒顶片帮事故应急处置措施

（1）迅速撤退到安全地点。当发现工作地点有即将发生冒顶的征兆，而当时又难以采取措施防止工作面顶板冒落时，最好的避灾措施是迅速离开危险区，撤退到安全地点。

（2）遇险后立即发出呼救信号，冒顶对人员的伤害主要是砸伤、掩埋或隔堵，冒落基本稳定后，遇险者应立即采用呼叫、敲打，如敲打物料、岩块可能造成新的冒落时，则不能敲打，可以采用呼叫等方法，发出有规律、不间断的呼救信号，以便救护人员和撤出使人员了解灾情，组织力量进行抢救。

（3）遇险人员要积极配合外部的营救工作。冒顶后被矸、物料等埋压的人员，不要惊慌失措，在条件不允许时切忌采用猛烈推拉办法脱险，以免造成事故扩大。被冒顶隔堵的人员，应在遇险地点有组织地维护好自身安全，构筑脱险通道，配合外部的营救工作，为提前脱险创造良好条件。

2. 坍塌事故应急处置措施

（1）事故发生后，应先封锁事故现场和危险区域，设置安全警示标志，主要通道口设置岗警戒，禁止无关车辆、人员进入救援现场。

（2）如果发生脚手架坍塌事故，按预先分工进行抢救，架子工组织所有架子进行倒塌架子的拆除和拉牢工作，防止其他架子再次倒塌，如有人员被砸应首先清理被砸人员身上的材料，集中人力先抢救受伤人员，最大限度地减少事故损失。

（3）当人员被掩埋时，救援人员应用铁锹进行撬土挖掘，避免受伤人员再次受伤，当发生大范围塌方需要机械配合时，应派专人进行监护指挥。先派专人进行搜寻，确定附近无被埋伤员后才可用机械进行清理。

（4）被抢救出来的伤员由120进行抢救，在120未到现场时可由救护队先进行抢救，待120到场后转交120进行抢救。

3. 机械伤害事故应急处置措施

（1）当发生机械伤害人身伤亡事故后，现场其他人员应立即采取防止受伤人员失血、休克、昏迷等急救措施，并将受伤人员拖离危险地段。

（2）对失去知觉者宜清除口鼻中的异物、分泌物、呕吐物，随后将伤员置于侧卧位以防止窒息。

(3)救护人员根据现场实际情况用正确的救护方法对受伤者进行现场救治,待医护人员到达现场移交给医护人员进行救治。

(4)若机械发生故障应第一时间切断电源,并对受伤人员进行止血包扎,若受伤较重时立即拨打120急救电话请求支援。

4. 爆破伤害事故应急处置措施

(1)爆破施工过程中发生火灾、爆炸事故后,现场人员应积极组织自救、互救,同时将通向灾区的电源切断,并立即向总调度室汇报,由总调度室汇报总指挥组织人员救灾。

(2)施工区域一旦发生爆破事故,处于危险区域人员应首先检查雷管及炸药爆炸的具体地点,根据爆炸事故的严重程度进行判断,并沿事故地点的进风侧进风流方向撤离事故地点,若位于事故地点的回风巷,立即佩戴自救器,尽快沿最佳路线进入进风巷,再沿进风路线将防爆门打开撤离,将防爆门关闭,并立即将爆炸事故现场具体情况向总调度室和井下带班领导汇报。

(3)根据发生事故后必须召集的单位和人员名单,通知有关领导。通知各项目部、各部门及相关方负责人,由项目部、各部门及相关方负责人通知所有工作人员,撤离到进风巷。

(4)爆炸事故后,现场负责人要首先通知附近的人员迅速撤离现场,并立即向总调度室汇报。

(5)最先到达井口的领导要担负起现场总指挥的职责,首先通知受灾区域的人员撤离危险区,受灾区域的人员要立即佩戴隔离式自救器,按照避灾路线撤到新鲜风流中,如果无法撤离,应急指挥部要采取风流短路措施,同时开展救援工作。

(6)抢险救援小组到达事故现场后,不能立即进入事故区域,而应首先抢救受灾区域的人员,将遇险人员抢救出井。只有在保证自身安全的情况下,才可考虑进入事故区域侦查,这项工作一般要在事故发生24 h后进行。进入爆炸器材库前要详细掌握回风流中的温度及气体情况。

5. 容器爆炸事故应急处置措施

(1)现场当班人员发现压缩空气罐的泄压装置、显示装置及相关附件(压力表、安全阀)失灵或异常等情况后,应立即切断动力电源或关闭气源的进气阀,查找异常原因,排除故障确保安全后再投入,以防压力容器发生物理爆炸。

(2)当有因爆炸而导致建筑物、设备、管道有崩塌危险时,现场当班人员应及时通知总调度室,进入现场的,应佩戴好防护用品。

(3)当有人员受伤时,应根据其受伤程度,决定采取的救治方法,在医务人员未接替救治前,现场人员应及时组织现场抢救。

(4)当因爆炸而导致周边建构筑物发生其他本方案不能处理的事故时,由总经理向公安、消防、安监职能部门发出求援信号。

6. 中毒窒息事故应急处置措施

(1)发生中毒事故后,救援人员应佩戴气体报警检测仪和自救器,并对事故地点进行通风,确认安全无误后,方可进行抢救工作。

(2)应急指挥部应根据发生中毒事件范围,计算和划定事故可能危及的范围,掌握危险区域的人员分布情况。

(3)中毒人员应及时运送到有新鲜风流的地点,进行有氧呼吸。严重的应在现场进行人工呼吸,或在医护人员的指导下进行抢救。

(4)气体中毒人员苏醒后,在救援人员的护送下,及时送到医院进行检查、治疗。

(5)在恢复生产前,要对现场进行处理,详细检查通风设施,工作面的风量以及有毒、有害气体含量,确认安全无误,经总经理批准后,方可恢复生产。

(6)根据气体中毒事故险情,由应急指挥部决定是否需要紧急疏散员工。当有可能危及员工安全时,应立即向上级汇报,同时通知当地应急救援协助部门,并指定专人负责派人和车辆协助完成疏散、安置工作。

(7)进行疏散的同时,设立安全警戒区域,落实警戒责任人。

(8)疏散工作应先从有危险工作人员开始,逐层向安全地疏散到安全区域。疏散工作应主次分明,首先确保人的生命安全。

7. 地表火灾事故应急处置措施

发现火灾立即大声呼叫,现场管理人员立即组织群众灭火,若火势不受控制继续扩大,应立即拨打 119 火警电话。同时尽量查明起火原因,如系外因火灾,应立即使用灭火器具直接扑灭;如系电器着火,应先设法断电,然后再扑灭(若不能及时切断电源,注意不可用水灭火);同时,组织人员转移附近易燃物,如果火灾已无法扑灭,则应马上通知人员撤离。

8. 地表山体滑坡、泥石流事故应急处置措施

(1)事故发生后,应先封锁事故现场和危险区域,设置安全警示标志,主要通道口设置岗警戒,禁止无关车辆、人员进入救援现场。

(2)若是露天采场、山体高边坡而引发的山体滑坡、坍塌事故,工程排险组首先应恢复现场排水系统,排除积水。若有发生二次滑坡、坍塌的可能,首先应排除险情再进行救援工作,若人员被石块等压住,处理时要先做好支撑,避免人员受到二次伤害。

4.2 事故调查处理

事故调查处理不仅是为了处罚肇事单位,追究事故责任人的责任,处理事故当事人,还需通过对事故的调查,查清事故发生的经过,科学分析事故原因,找出发生事故的内外关系,总结事故发生的教训和规律,提出有针对性的措施,防止类似事故的再次发生,以警示后人。

4.2.1 事故报告规定

根据《生产安全事故报告和调查处理条例》的规定,事故报告应当及时、准确、完整,任何单位和个人对事故不得迟报、漏报、谎报或者瞒报。事故发生后,事故现场有关人员应当立即向本单位负责人报告;单位负责人接到报告后,应当于 1 h 内向事故发生地县级以上人民政府安全生产监督管理部门和负有安全生产监督管理职责的有关部门报告。安全生产监督管理部门和负有安全生产监督管理职责的有关部门逐级上报事故情况,每级上报的时间不得超过 2 h,如表 7-6 所示。

表 7-6 不同事故上报至不同部门情况表

事故类型	逐级上报部门
特别重大事故 重大事故	国务院安全生产监督管理部门和负有安全生产监督管理职责的有关部门
较大事故	省、自治区、直辖市人民政府安全生产监督管理部门和负有安全生产监督管理职责的有关部门
一般事故	设区的市级人民政府安全生产监督管理部门和负有安全生产监督管理职责的有关部门

注：安全生产监督管理部门和负有安全生产监督管理职责的有关部门可以越级上报事故情况。事故报告后出现新情况的，应当及时补报。

4.2.2 事故报告内容

事故报告内容包括以下几个方面：事故发生单位概况；事故发生的时间、地点以及事故现场情况；事故的简要经过；事故已经造成或者可能造成的伤亡人数（包括下落不明的人数）和初步估计的直接经济损失；已经采取的措施；其他应当报告的情况。

4.2.3 事故调查处理

事故调查处理是一项政策性、专业性、技术性强，涉及面广，严肃认真的行政执法工作。根据我国有关法律法规的规定，事故调查和处理应依据《安全生产法》《生产安全事故报告和调查处理条例》以及《〈生产安全事故报告和调查处理条例〉罚款处罚暂行规定》等相关法律法规进行。

1.事故调查处理的原则

目前我国伤亡事故调查基本上是按照逐级上报、分级调查处理的原则，如表 7-7 所示。还需满足实事求是、尊重科学的原则，"四不放过"原则，公正、公开的原则和分级管辖原则。

表 7-7 事故分级调查表

事故类别	负责调查部门
特别重大事故	国务院或者国务院授权有关部门
重大事故	事故发生地省级人民政府
较大事故	事故发生地设区的市级人民政府
一般事故	事故发生地县级人民政府
未造成人员伤亡的一般事故	县级人民政府，也可以委托事故发生单位

省级人民政府、设区的市级人民政府、县级人民政府可以直接组织事故调查组进行调查，也可以授权或者委托有关部门组织事故调查组进行调查。

2.事故调查的基本步骤

事故调查的基本步骤，如图 7-1 所示。

```
┌─────────────────┐
│   事故调查步骤    │
└────────┬────────┘
         │  ┌──────────────────────┐
         ├──│ (1) 事故的通报          │
         │  └──────────────────────┘
         │  ┌──────────────────────┐
         ├──│ (2) 事故调查小组的成立    │
         │  └──────────────────────┘
         │  ┌──────────────────────┐
         ├──│ (3) 事故现场处理        │
         │  └──────────────────────┘
         │  ┌──────────────────────┐
         ├──│ (4) 事故有关物证收集      │
         │  └──────────────────────┘
         │  ┌──────────────────────┐
         ├──│ (5) 事故事实材料收集      │
         │  └──────────────────────┘
         │  ┌──────────────────────┐
         ├──│ (6) 事故人证材料收集记录   │
         │  └──────────────────────┘
         │  ┌──────────────────────┐
         ├──│ (7) 事故现场摄影及拍照    │
         │  └──────────────────────┘
         │  ┌──────────────────────┐
         ├──│ (8) 事故图(表)的绘制    │
         │  └──────────────────────┘
         │  ┌──────────────────────┐
         ├──│ (9) 事故原因的分析       │
         │  └──────────────────────┘
         │  ┌──────────────────────┐
         ├──│ (10) 事故调查报告编写    │
         │  └──────────────────────┘
         │  ┌──────────────────────┐
         └──│ (11) 事故调查结案归档    │
            └──────────────────────┘
```

图 7-1 事故调查步骤框图

3. 事故调查组的组成、职责和权利

事故调查组由安全生产监督管理部门或煤矿安全监察机构、公安部门、行政监察部门、其他有关部门、工会组织的人员或有关专家组成。事故有关责任人员中的国家公务人员涉嫌犯罪的，应当邀请人民检察机关的人员参加事故调查组。事故涉及其他地区、有关部门或者军方的，还应当邀请所涉及地区、有关部门或者军方的有关人员参加事故调查组。事故调查组成员应当具有事故调查所需要的知识和专长，与事故单位及有关人员有利害关系的应当回避。

事故调查组的职责：①查明事故经过、人员伤亡和直接经济损失情况；②查明事故原因和性质；③确定事故责任，提出对事故责任者的处理建议；④提出防止事故发生的措施建议；⑤提出事故调查报告。

事故调查组的权利：事故调查组有权向发生事故的企业和有关单位、有关人员了解有关情况和索取有关资料，任何单位和个人不得拒绝；任何单位和个人不得阻碍、干涉事故调查组的正常工作。

4. 事故现场勘查、调查取证的方法和技术手段

事故发生后，在进行事故调查的过程中，事故调查取证是完成事故调查过程中非常重要的一个环节，主要有五个方面：现场处理，物证搜集，事故事实材料搜集，证人材料搜集，现场摄影及绘图。

5. 事故调查报告的内容

事故调查报告的内容见表 7-8。

表 7-8　事故调查报告内容

调查项目	内容
a. 事故发生单位概况	①事故单位成立时间、注册地址、所有制性质、隶属关系；②事故单位经营范围、证照情况；③事故单位劳动组织情况等（矿山企业还应包括可采储量、生产能力、开拓方式、通风方式及主要灾害等情况）
b. 事故发生经过和事故救援情况	①事故发生的时间和地点；②事故发生的顺序；③事故涉及的人员及其他情况；④事故的类型；⑤破坏的程度；⑥承载物或能量（能量或有害物质）；⑦抢救地点、过程、结果
c. 事故造成的人员伤亡和直接经济损失	①事故造成的人员伤亡情况；②直接经济损失
d. 事故发生的原因和事故性质	
e. 事故责任的认定以及对事故责任者的处理建议	
f. 事故防范和整改措施	

主要从技术和管理等方面对相关部门和事故单位提出整改措施及建议，并对企业有关部门在制定制度、规程等方面提出建议。

事故调查报告应当附有相关证据材料。事故调查组成员应当在事故调查报告上签名。

【学习小结】

安全如山，责任如天，安全关乎人民群众生命财产安全，社会和谐稳定。当前安全生产形势总体稳定，但稳中有忧。班组安全生产中要遵守国家制定的安全生产法律、行政法规、地方性法规和部门规章、地方政府规章等安全生产规范性文件，全力防范化解各类安全生产风险，坚决遏制重特大事故发生，采取坚决有力预防措施，科学做好突发事件救援和处理工作，切实把突发事件损失降到最低，确保安全形势持续向好。

【课后拓展】

1. **案例讨论**：2010 年 12 月 1 日上午，选矿厂班长杨某某和两名电焊工李某某、朱某某在某选矿厂磨浮工段检修自磨机。工作任务是将自磨机出料口、机体、圆筒筛上的 3 个法兰连接起来。在班长杨某某的指挥下，三人一起用一根长约 1 m 的 4 分管和一根长约 0.7 m、直径为 18 mm 的圆棒插在圆筒筛和机体的法兰螺纹孔中，准备把紧固用的 4 根螺栓全部拆除，让重达 1.8 t 的圆筒筛一头悬挂在 4 分管和圆棒上。8 点 30 分左右，三人将 4 个螺栓拆除后，准备去吊装出料口，因 4 分管和圆棒无法定位和支撑，圆筒筛沿着 4 分管和圆棒从 2.5 m 的高处滑下。李某某听到动静后，及时将站在圆筒筛前下方的杨某某向右推开，但是李某某还是被已经滑下的圆筒筛撞到身体，造成脾脏破裂，右肩胛骨骨折。李某某推开杨某某后来不及躲避，造成右脚小指和无名指粉碎性骨折。

思考：如何开展事故调查处理，编写一份事故调查报告？机械伤害应急处置措施有哪些？

2. 思考题

(1) 通过课堂学习，同学们归纳一下事故调查报告的内容包括哪些？

(2) 结合所学专业，制定一种或两种企业常见事故预防安全技术措施。

(3) 针对校园宿舍安全，编制一份安全检查表。

模块八

现场设备管理

单元一　设备操作与维护

案例引入

1.1　设备安装管理

设备安装是在工程施工中，将设备安装就位连接成有机整体的工作。设备安装管理就是对设备安装全过程的管理。加强设备安装管理，能保证设备安装的质量、杜绝安全事故、降低安装成本。

1.1.1 设备安装前期准备

1. 技术准备

（1）制定方案。分析设备安装设计图、设备安装现场的布局和设备的具体特点，与技术管理人员共同制定设备安装方案和安装完成后的设备调试、验收方案。

（2）设备开箱与清点。在设备交付现场安装前，配合技术管理人员按设备装箱清单对安装的设备型号、规格、零件、部件、安装工具、附件、备件以及说明书、随机图纸等技术文件逐一清点、登记和检查，对其中的重要零部件还需按质量标准进行检查验收，查验合格后方可接收。

（3）检查技术参数。核对设备基础图和电气线路图与设备实际情况是否相符；检查地脚螺栓孔等有关尺寸及地脚螺栓、垫铁是否符合要求；核对电气接线口的位置及有关参数是否与说明书相符；检查后做好详细的检查记录。

（4）分析掌握技术资料。认真研究设备安装工程的设备说明书、图纸等技术资料，熟悉需安装调试的设备、设施、辅助设施及系统安全保护装置等，发现问题要及时向上级反映。根据设备安装方案，确认安装工作机械、电气系统组成及工作量。

（5）沟通协调。做好与设备生产厂家技术人员沟通工作，了解掌握其他专业设备安装方案，做好不同专业间的沟通协调，加强联系，仔细核对各专业交叉处，确保各专业衔接顺畅。

2. 人员机具调配

设备安装人员素质决定了设备安装质量。需根据设备安装方案和人员技术能力，合理安排作业任务和调配机具，这是高质量完成设备安装任务的基本保证。

3. 技术管理措施

在设备安装准备阶段，要仔细研究和分析设备设计方案和设计图纸，掌握设备原理、使用说明书、控制原理、技术要求，校验设备外形尺寸、设备基础安装尺寸、设备连接尺寸、安装位置，分析设备与电气控制的连接、设备与其他设备的连接、设备的安装顺序和步骤及设备安装精度的检测方法。

4. 质量管理措施

设备安装质量取决于从准备安装开始到调试验收结束的全过程质量检查工作的管理。因此，须根据设备安装的技术要求，建立完善的质量管理体系和质量管理制度，建立检验工程质量的工作制度，制定严谨的质量检验工作程序，并编制相应的质量检查表。

5. 安全措施

安全工作是贯穿设备安装每一环节的重要内容，在设备安装之前，要针对设备安装特点和现场实际进行重大危险源辨识和安全风险评估，编制相应的管理方案及应急救援预案，制定安全技术防护措施，编制施工安全计划；建立施工安全管理制度和检查制度，明确安全职责，落实施工安全管理目标；设备安装人员须进行安全教育培训工作，学习和掌握相关技术、安全方面的法规、规范、标准，树立正确的安全意识，提高安全防范意识，规范安全行为，防止事故的发生。

1.1.2 设备安装过程管理

1. 安全管理

坚持"安全第一，预防为主"的方针，加强安全规章制度的学习，提高班组人员安全意识和自我保护能力，做好设备安装过程中的日常安全管理工作，加强现场安全管理制度的执行和检查制度的落实，保证安装过程中的人身安全和设备安全。

（1）对特殊工种上岗人员，如：电工、电气焊、起重和无损探伤检测等作业人员必须进行岗位适任证书核验，未经核验或核验不合格的，不得上岗作业。

（2）严禁未按规定穿戴劳动防护用品的施工作业人员上岗作业。

（3）施工现场要设立安全警示标识，严禁无关人员及车辆进入和靠近。

（4）采取安全防护措施，以保证施工现场及其相邻区域人员和设施的安全。

2. 技术管理

在设备安装过程中严格执行各专业的技术操作规程，规范施工，确保设备安装稳固、各部分连接可靠、零部件装配精度高、各种管路和线路规范，满足设备安装的技术标准和技术要求。

（1）做好前期准备工作。要做好工程的前期准备工作，并做好充分的部署。计划性也是保证安装工作合理有序开展的关键。

（2）安装的稳定性靠质量把关。设备安装实质上是一项系统工程，为确保工程的稳定性，需要加强各环节间的配合，每个操作步骤都不得有误。

（3）通电调试按程序进行，确保安装的可行性。整个设备系统安装完毕之后、正式投入使用之前要进行通电调试。

（4）严格按照标准验收，确保安装的可靠性。竣工验收要以国家标准和行业规范为依据，参照安装合同、施工图纸、设备使用说明书等要求对整个系统的使用能力、功能、运转状况等项目进行考核验收，以确保合格后能投入使用。

（5）加强设备试运行的跟踪监测。设备在试运行阶段，要组织专人定期对设备进行跟踪检测，及时发现运行异常，及时处理。

3. 质量管理

在设备安装过程中，安装人员要增强质量意识，做好质量控制工作，班组长要强化质量管理，完成每一个环节后必须质量检验合格，并按照相应的质量检查表做好记录，方可进入下一环节的安装。

4. 进度管理

在设备安装过程中，制定切实可行的工期保证措施，通过分解设备安装项目施工进度，将安装项目工作量按时间单位进行划分，就可以明确设备安装实施的进度情况，随时了解和掌握安装进度，根据实际情况进行动态管理，保证安装工作有序进行，并确保设备安装任务按时交付使用。

5. 人员管理

在设备安装过程中，存在安装人员专业多和立体交叉作业的情况，因此要求班组长在安排好本专业作业人员的同时，及时根据现场实际情况做好相关专业施工人员协调配合工作，人员好调配，使设备安装工作有序进行。

1.1.3　设备安装竣工试车和验收管理

试车前要制定具体的试车方案，方案中应包括操作和维修人员安排、试车的各项条件确认、试车的步骤、不安全因素识别、预防措施、应对事故处理等内容，同时制定试车记录表。

（1）组织参与试车的操作和维修人员学习了解设备的工作原理和操作方法及试车步骤，提高试车过程中出现的各种问题的处理能力。

（2）检查确认设备安装的质量，满足技术要求。

（3）检查确认试车的各项安全措施，满足试车要求。

（4）检查确认水、电、气等，满足试车条件。

（5）设备先进行空负荷试车，按照设备运行的技术要求检查设备的运行状态和各项技术参数，发现问题及时整改解决。经整改后，应再次空负荷试车，直至符合规定的要求，并填写试车记录表。

（6）设备空负荷试车合格后按照设备的技术要求进行半负荷和满负荷试车，按照设备运行的技术要求检查设备的运行状态和各项技术参数，发现问题及时整改解决。经整改后，应再次进行半负荷和满负荷试车，直至符合规定的要求，并填写试车记录表。

（7）试车完成后须做好技术资料的收集整理工作，为今后的设备维修保养提供依据。

（8）配合设备管理人员编制必要的技术资料。例如设备操作规程、设备维护规程、设备档案、设备的润滑图表、设备的点检卡片、设备的定检卡片等。

1.2　设备操作管理

设备在负荷下运转并发挥其规定功能的过程，即使用过程。设备在使用过程中，由于受到各种力的作用和环境条件、使用方法、工作规范、工作持续时间等影响，其技术状态发生变化而逐渐降低工作能力。要控制这一时期的技术状态变化，延缓设备工作能力下降的进程，除应创造适合设备工作的环境条件外，还应采用正确合理的使用方法、允许的工作规范、控制持续工作时间、精心维护设备，而这些措施都要由设备操作者来执行。设备操作者直接使用设备，根据工作规范，最先接触和感受设备工作能力的变化情况。因此，正确使用设备是控制设备技术状态变化和延缓其工作能力下降的首要工作。

保证设备正确使用的主要措施：①制定设备使用程序；②制定设备操作维护规定；③建立设备使用责任制；④建立设备维护制度，开展维护竞赛评比活动。

1.2.1　设备使用前提条件

（1）新工人在独立使用设备前，必须经过对设备的结构性能、安全操作、维护要求等方面的技术知识教育和实际操作与基本功的培训。

（2）应有计划地、经常地对操作工人进行技术教育，以提高其对设备使用维护的能力。企业中应分三级进行技术安全教育：企业教育由教育部门负责，设备动力和技术安全部门配合；车间教育由车间主任负责，车间机械员配合；工段（小组）教育由工段长（小组长）负责，班组设备员配合。

（3）经过相应技术训练的操作工人，要进行技术知识和使用维护知识的考试，合格者颁发操作证后方可独立使用设备。

1.2.2 凭证操作设备

设备操作证是准许操作工人独立使用设备的证明，是生产设备的操作工人通过技术基础理论和实际操作技能培训，考试合格后所取得的上岗凭证。凭证操作是保证正确使用设备的基本要求。精密、大型、稀有和重点设备的操作工人由企业设备主管部门主考，其余设备的操作工人由使用单位分管设备领导主考。考试合格后，统一由企业设备主管部门签发设备操作证，技术熟练的工人经教育培训后确有多种技能者，考试合格后可取得多种设备的操作证。

车间的公用设备不发操作证，但必须指定维护人员，落实保管维护责任，并随定人定机名单统一报送设备主管部门。

1.2.3 定人定机制度

使用设备应严格岗位责任，实行定人定机制度，以确保正确使用设备和落实日常维护工作。定人定机名单由设备使用单位提出，一般设备经机械员同意，报设备主管部门备案。精密、大型、稀有和重点设备经设备主管部门审查，企业分管设备副厂长（经理、总工程师）批准执行。定人定机名单审批后，应保持相对稳定，确需变动时应按照上述规定程序进行。

多人操作的设备应实行机台长制，由使用单位指定机台长，负责和协调设备的使用与维护。

1.2.4 使用设备的基本功和操作纪律

我国企业设备管理的特点之一，就是实行"专群结合"的设备使用维护管理制度。这个制度首先要求抓好设备操作的基本功培训，包括"三好""四会""五项纪律"等。

1. 对设备使用单位的"三好"要求

（1）管好设备。操作者应负责保管好自己使用的设备，未经领导同意，不准其他人操作使用。

（2）用好设备。严格贯彻操作维护规程和工艺规程，不超负荷使用设备，禁止不文明操作。

（3）修好设备。设备操作工人要配合维修工人修理设备，及时排除设备故障，按计划维修设备。

2. 对操作工人基本功的"四会"要求

（1）会使用。操作者应先学习设备操作维护规程，熟悉设备性能、结构、传动原理，弄懂工艺流程和工装器具，正确使用设备。

（2）会维护。学习和执行设备维护、润滑规定，上班加油，下班清扫，经常保持设备内外清洁、完好。

（3）会检查。了解自己所用设备的结构、性能及易损零部件部位，熟悉日常点检、完好检查的项目、标准和方法，并能按规定要求进行日常点检。

（4）会排除故障。熟悉所用设备特点，懂得拆装注意事项及鉴别设备正常与异常现象，会做一般的调整和简单故障的排除。自己不能解决的问题要及时报告，并协同维修人员进行排除。

3. 对设备操作者的"五项纪律"要求

(1)定人定机,凭操作证使用设备,遵守安全操作规程。

(2)经常保持设备整洁,按规定加油,保证合理润滑。

(3)遵守交接班制度。

(4)管好工具、附件,不得遗失。

(5)发现异常立即停车检查,自己不能处理的问题应及时通知有关人员检查处理。

1.2.5　设备操作维护规程

设备操作维护规程是设备操作人员正确掌握设备操作技能与维护的技术规范,它是根据设备的机构和运转特点,以及安全运行的要求,规定设备操作人员在其全部操作过程中必须遵守的事项、程序及动作等基本规则。操作人员认真执行设备操作维护规程,可保证设备正常运行,减少故障,防止事故发生。

1. 设备操作维护规程的编制原则

(1)力求内容精练,重点突出,全面实用。一般应按操作顺序及班前、中、后的注意事项与维护要求分别列出,便于操作者掌握要点,贯彻执行。

(2)各类设备具有共性的项目可统一编制通用规程。

(3)编制操作维护规程时,一般应按设备的型号规格将设备的主要规范、特点、操作注意事项与维护要求分别列出,便于操作者掌握要点,贯彻执行。

(4)重点、精度高、关键设备的操作维护规程,要用醒目的班牌显示在设备旁,并注上重点标记,要求操作者特别注意。

2. 设备操作维护规程的基本内容

(1)清理好工作场地,开动设备前必须仔细检查各手柄位置是否在空位上,操作是否灵活,安全装置是否齐全可靠,各部状态是否良好。

(2)检查油池、油箱中的油量是否充足,油路是否畅通,并按润滑图表规定好润滑工作。在上述工作完毕后,方可开动机器。

(3)操作设备时,必须按设备说明书规定的顺序和方法进行。

(4)有离合器的设备,开动时应将离合器脱开,使电机轻负荷启动。

(5)变速时,各变速手柄必须切实转换到指定位置,使其结合正确,啮合正常,避免发生设备事故。

(6)操纵反车时,要先停车再反向,变速时一定要停车变速(无级变速除外),以免打伤齿轮及机件。

(7)工件、设备、材料必须卡紧,以免松动甩出造成事故。

(8)不得敲打校正已卡紧的工件,以免降低设备精度。

(9)发现手柄失灵或不能移至所需位置时,应先检查,不得强力搬动。

(10)开动设备时,必须盖好电器盖,罩好皮带、联轴器等转动部件的安全罩,不允许有油、水、铁屑进入电机或电器装置。

(11)经常保持润滑工具及润滑系统的清洁,不得敞开油箱、油盖,以免灰尘、铁屑异物混入。

(12)设备的外露基准面上或滑动面上不准放置工具、产品,以免损伤和影响设备精度。

(13)严禁超性能、超负荷使用设备及用不正确的操作方法。

(14)采用自动设备时，首先要调整好限位器，紧急停车或变向的限位块，以免超越行程造成事故。

(15)设备运行时，操作者不得离开工作岗位，并应经常注意各部位有无异响、异味、发热和振动，发现故障应立即停止操作，及时排除。自己不能排除的，应通知维修人员排除。

(16)操作者在离开设备或更换工装、装卸工件和调整设备以及清洗、润滑时都应停车，必要时应切断电源。

(17)设备上一切安全防护装置不得随意拆除，以免发生设备和安全事故。

(18)做好交接班工作，交班时一定要向接班人交代清楚设备的运转情况。

1.2.6　设备岗位责任制

为加强设备操作工人的责任心，避免发生设备事故，必须建立设备使用者的岗位责任制。主要内容如下：

(1)设备操作工人必须遵守"定人定机""凭证操作"制度，严格按"四项要求""五项纪律"和设备操作维护规程规定，正确使用与精心维护设备。

(2)要对设备进行日常点检，认真记录。做到班前加油、正确润滑，班后及时清扫、擦拭、涂油。

(3)积极参加"三好""四会"活动，搞好日常维护、周末清洗和定期维护工作。配合维修工人检查和修理自己所操作的设备。

(4)管好设备附件。工作调动和更换操作设备时，要将完整的设备和附件办理移交手续。

(5)认真执行交接班制度和填写交接班记录。

(6)参加所操作设备的修理和验收。

(7)有权抵制违章作业的指令。

(8)发生设备事故时，应按操作维护规程规定采取措施，切断电源，保持现场，及时向班组长或车间机械员报告，等候处理。分析事故时应如实说明经过。对违反操作维护规程等主观原因所造成的事故，应负直接责任。

1.2.7　交接班制度

企业主要生产设备为多班制生产时，必须执行设备交接班制度。交班人在下班前除完成日常维护作业外，必须将本班设备运转情况、运行中发现的问题、故障维修情况等详细记录在交接班记录簿上，并应主动向接班人介绍设备运行情况，双方当面检查，交接完毕后在记录簿上签字。如系连续生产设备或加工时不允许中途停机者，可在运行中完成交接班手续。

如操作工人不能当面交接生产设备，交接人可在做好日常维护工作，将操纵手柄置于安全位置，并将运行情况及发现问题详细记录后，交生产组长签字代接。

接班工人如发现设备有异常现象，记录不清、情况不明和设备未清扫时，可以拒绝接班。如因交接不清设备在接班后发生问题，由接班人负责。

企业在用生产设备均须设交接班记录簿，并应保持清洁、完整，不准撕毁、涂改与丢失，用完后向车间交旧换新。设备维修组应随时查看交接班记录簿，从中分析设备技术状态，为状态管理和维修提供信息。维修组内也应设交接班记录簿(或值班维护记录簿)，以记录设备故障检查、维修情况，为下一班人员提供信息。设备管理部门和使用单位负责人要随时抽查交接班制度执行情况，并作为车间劳动竞赛评比考核内容之一。

对于一班制的主要生产设备，虽不进行交接班手续，但也应在设备发生异常时填写运行记录和记载故障情况，特别是对重点设备必须记载运行情况，以掌握技术状态信息，为检修提供依据。

1.3　设备润滑管理

1.3.1　设备润滑管理的概念

设备润滑管理是指对企业设备的润滑工作进行全面合理的组织和监督，按技术规范的要求，实现设备的合理润滑和节约用油，使设备正常安全地运行。

1.3.2　设备润滑管理的内容

设备润滑管理贯穿于设备的全寿命周期，它是一项系统工程，须建立健全企业的组织和制度予以保证。其具体内容包括物资管理和技术管理两个方面：物资管理是指润滑剂的采购、运输、库存、发放和废油处置等方面的工作；技术管理是指润滑剂的选用、维护、分析检测、润滑故障的分析处理等方面的工作。具体内容包括：

1. 建立和健全设备润滑管理组织

建立和健全设备润滑管理组织是实现管理目的和落实润滑管理全过程的基础。从企业多年的实践来看，在各级设备管理部门配备专职设备管理人员，建立各级润滑站是一种行之有效的办法。由专业润滑技术队伍具体实施润滑管理的全过程，能够彻底改变过去那种分散、落后的管理。

2. 制定并贯彻各项设备润滑管理工作制度

设备润滑管理是一项系统工程，是非常复杂而细致的，涉及各个方面，必须制定各种管理制度来规范和保证润滑管理工作的进行。同时，各企业所拥有的设备不同，设备的润滑装置和所用润滑剂品种不同等，使得相应的管理制度，尤其是使用、检测等方面的制度有很大的不同。因此在制定润滑管理制度时，必须与各单位的设备实际相结合，这样制定的润滑管理制度才能得到有效的贯彻和实施。

3. 明确设备润滑管理人员职责，特别是润滑管理技术人员和润滑工的职责

（1）润滑管理人员职责。

①拟定各项管理制度及相关人员的工作职责范围，经常深入基层，调查研究、定期总结经验、查找差距，提出改进管理方案并负责实施，逐步提高设备润滑管理水平。

②制定设备用油消耗定额和年度、季度用油计划，提交供应部门及时供油，并统计其实施情况。指导检查润滑工、维修工、操作工按照润滑规范进行加油或清洗换油工作。

③编制润滑图表和卡片，并指导润滑站（点）及下属单位的润滑工作，定期召开会议。组织润滑工、维修工、操作工的业务学习和交流活动，不断改进工作。

（2）润滑工职责。

①熟悉设备润滑系统和润滑装置。按润滑规程和"五定"要求正确加油润滑，并及时排除润滑故障，若不能解决应及时通知维修工解决。

②设备漏油时要做到：查(查清漏油点、漏油量)、治(在力所能及的情况下，自己动手治理漏油部位)、管(管好设备、合理润滑、经常保持清洁)。

③指导操作工对设备进行日常保养，承担定期保养工作。

4. 加强润滑站建设和管理，实时润滑"五定"

润滑站是设备润滑管理的重要组织和核心，在长期的设备润滑管理实践中，人们总结出润滑"五定"这一有效的管理方法。润滑"五定"是指定点、定质、定量、定期、定人，其含义如下：

定点——规定每台设备的润滑点，保持其清洁与完整无损，实施定点给油。

定质——按照润滑规程规定用油，润滑材料及代用油品须经检验合格，润滑装置和加油器具保持清洁。

定量——在保证良好润滑的基础上，实行日常耗油定额和定量换油，做好废油回收，治理设备漏油，防止浪费，节约能源。

定期——按照润滑规程规定的时间加油、补油和清洗换油；对重要设备、储油量大的设备，按规定时间取样化验，根据油脂状况采取对策(清洗换油、循环过滤等)。

定人——按照润滑规程，明确操作工、维修工、润滑工在维护保养中的分工，各司其职，互相配合。

5. 强化润滑状态的技术检查，做好废油的回收利用工作

润滑状态的技术检查是实施润滑管理的重要工作。通过对设备润滑状态的技术检查，一是可以真正做到按质换油，减少设备润滑故障的发生；二是能够及时发现润滑隐患，排除故障，预防重大事故的发生。

6. 建立健全设备润滑资料档案，做好信息处理工作

设备润滑资料档案是实施设备润滑管理的基础，是确定润滑方式和选择润滑油脂的基本依据。设备润滑资料档案主要包括设备的基本结构和相关参数、润滑部位、润滑要求、润滑油脂等设备润滑的基础信息，这些信息可以从设备使用说明书、图纸以及实际工作中的相关资料中获得。将以上信息按设备型号、种类整理成档。

同时，根据设备润滑管理工作的实际需要，还应建立润滑油脂采购计划台账、润滑油脂质量检验台账和设备换油台账等。此外，在设备运转记录中，应有反映润滑油脂加油、补油和换油的记录。

为了反映设备润滑管理的效果，应进行相关的信息处理，以便发现问题，总结规律，指导润滑管理工作的改进和提高。

润滑作业标准化

1.4 设备点检管理

1.4.1 设备点检的概念

为了提高、维持生产设备的原有性能，通过人的五感(视、听、嗅、味、触)或者借助工具、仪器，按照预先设定的周期和方法，对设备上规定的部位(点)进行有无异常的预防性周密检查的过程，以使设备的隐患和缺陷能够早期发现、早期预防、早期处理，这样的设备检查称为点检。

点检是车间设备管理的一项基本制度,目的是通过点检准确掌握设备技术状况,维持和改善设备工作性能,预防事故发生,减少停机时间,延长设备寿命,降低维修费用,保证正常生产。

1.4.2　设备点检管理的内容

设备管理部负责设备点检表的编制,编制时应根据设备进行分类,依据设备的说明书、操作规程,制定详细的点检周期、点检内容,具体检查内容如下:

(1)每日开机前应检查设备各类紧固件有无松动。

(2)检查设备各转动部位是否转动灵活,有无卡转,润滑是否良好。

(3)检查设备各部件气压是否在规定范围之内,气路接头有无漏气现象及有无松动现象。

(4)检查设备有无漏油、温度过高的情况。

(5)检查设备上的水管及接头有无漏水现象。

(6)检查设备的异常现象,"跑冒滴漏情"况。发生紧急情况后(如漏电),应立即停电,并马上上报设备管理部。

(7)设备不用和下班后,必须停机,关闭总电源,房间灯开关、气阀门以及水阀门都必须关闭,使用部门在设备使用过程中,注意设备运行状态。

1.设备点检的五项内容

(1)定点——确定检查部位、项目和内容。

(2)定法——制定检查方法。

(3)定标——制定检查标准。

(4)定期——制定检查周期。

(5)定人——确定点检项目由谁实施。

2.设备点检周期

(1)日常点检——由岗位操作工和岗位维修工承担。

(2)短周期点检——由专职点检员承担。

(3)长周期点检——由专职点检员提出,委托检修部门实施。

(4)精密点检——由专职点检员提出,委托技术部门和检修部门实施。

(5)重点点检——当设备有隐患时,对设备进行解体检查和精密点检。

3.定期设备点检的内容

(1)设备的非解体定期检查。

(2)设备解体检查。

(3)劣化倾向检查。

(4)设备的精度测试。

(5)系统的精度检查及调整。

(6)油箱油脂的定期成分分析及更换、添加。

(7)零部件更换、劣化部位的修复。

4.设备点检管理的环节

(1)制定点检标准和点检计划。

(2)按计划和标准实施点检和修理工作。

（3）检查实施结果，进行分析。

（4）在分析的基础上制定措施自主改进。

5. pda 手持巡检终端

当前大部分企业在设备点检时，都是直接由指定点检人员到车间对各个定点按照设备的点检标准进行检查。根据检查的结果，由点检人员记录到设备点检记录表格里，最后再把记录统计表交由设备管理部确认签名留底。手工填报点检结果效率低、容易漏项或出错，管理人员难以及时、准确、全面地了解设备状况，难以制定最佳的保养和维修方案。通过设备点检管理系统的 pda 手持巡检终端可自动判断检查项目是否合格，还能通过此终端拍照保留证据，点检工作完成后可通过巡检终端的同步功能把检查结果上传至数据库生成各种设备点检记录汇总报表。

6. 设备点检要求

（1）设备点检规范化：规范点检周期及评分权重。

（2）设备点检内容标准化：针对不同设备制定点检标准，并规范巡检内容。

（3）点检过程高效化：手持终端集报表、拍照、无线上传为一体，实现无纸化巡检，节省50%人力成本。

（4）异常反馈实时化：将巡检异常点实时通报相关人员。

（5）异常跟踪系统化：跟踪异常处理过程，督促相关人员及时处理。

（6）异常状况统计分析：统计各类异常状况次数及时间，并进行归类分析。

1.4.3 设备点检案例

表 8-1 为设备点检维保 SOP 制定标准，图 8-1 为皮带点检维保案例。

表 8-1 设备点检维保 SOP 制定标准

作业名称	以工艺过程为划分单元确定作业名称				单位	×××
编制		审核	批准	生效日期	操作岗位	×××
需用工具名称及数量	（将此作业过程所需要的工具列出）				标准编号	×××
操作条件	（说明在操作前具备的条件及安全许可证办理等）				示意图、简单流程图	
操作步骤 （规范具体生产操作行为的规程，强调的重点是"状态"，具体是指实施的"步骤"，它涵盖了整个生产环节的所有操作）	操作标准 （每次动作实施后产生的正确结果描述）		危险因素辨识及措施 （针对每个动作可能产生的危险进行分析并确定应该采取的措施）		图包括示意图、框图、标记图，要求： （1）图应具有"自明性"，即只看图，不阅读正文，就可理解图意。 （2）应有简短确切的图例说明	
注意事项	（对操作中可能出现的异常情况进行提示。对安全许可证等办理安全要求在注意事项中标注。对人员行走路线等特殊要求在此栏中罗列）					

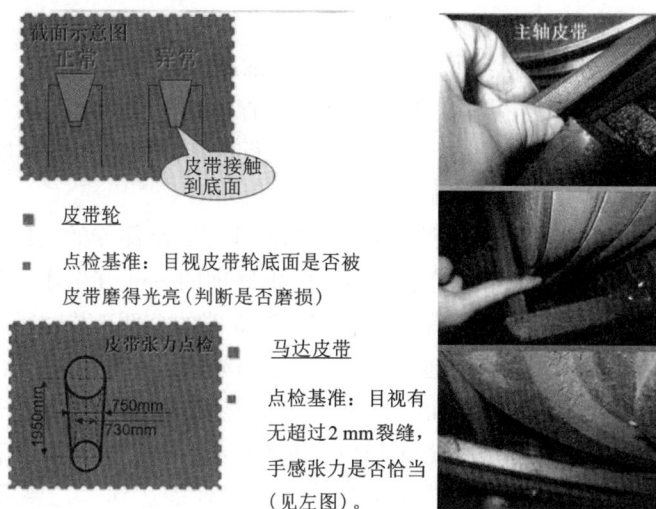

图 8-1　皮带点检维保案例

1.5　设备保养管理

1.5.1　设备保养管理的概念

设备保养管理是围绕设备开展的一系列组织与计划工作的总称,包括设备运行过程中的全部管理工作。做好设备的维护保养工作,及时地检查处理本身的各种问题,改善设备的运转状况,就能防患于未然。设备使用寿命在很大程度上取决于维护保养工作。

1.5.2　设备保养管理的内容

设备保养管理主要有以下内容:

①设备的选择与评价。依据技术上先进、经济上合理、生产上可行的原则,正确地选择设备,同时还要进行技术、经济评价,以选择最优方案。

②设备的使用。为正确更好地使用设备,针对设备的特性,制定若干规章制度。

③设备的检查、维护、保养与修理。包括规定检查的内容、时间、维护保养与修理周期。

④编制定期检查、维护、保养和修理计划,并组织实施;组织维护所用器材的供应储备。

⑤设备的改造与更新。依据发展新产品和改造老产品的需要,有计划、有重点地对现有设备进行技术改造和更新,包括编制设备的改造更新规划方案;筹措资金更新设备,选择评价设备,合理处理老设备。

设备的日常管理包括设备的分类、登记、编号、调拨、报废、事故处理等。

一级保养是指设备运行一个月,以操作者为主,维修工人配合进行保养。其主要工作内容是检查、清扫、调整电气控制部位;彻底清洗、擦拭设备外表,检查设备内部;检查、调整各操作、传动机构的零部件;检查油泵,疏通油路,检查油箱油质、油量;清洗和更换油毡、油线，清除各活动面毛刺；检查调节各仪器仪表与安全防护装置；发现故障隐患和异常要予以排除，并排除泄漏现象等。

设备经一级保养后要求达到：外观清洁、明亮；油路畅通，油窗明亮；操作灵活，运转正常；安全防护、指示仪表齐全、可靠。保养人员应将保养的主要内容，保养过程中发现和排除的隐患、异常、试运转结果、试生产零件精度、运行性能以及存在的问题等做好记录。一级保养以操作工为主，专业维修人员配合并指导。

二级保养是以维持设备的技术状况为主的检修形式。二级保养的工作量介于中修理和小修理之间，既要完成小修理的部分工作，又要完成中修理的一部分工作，主要针对设备易损零部件的磨损进行修复或更换。二级保养要完成一级保养的全部工作，还要求润滑部位全部清洗，结合换油周期检查润滑油质，进行清洗换油。检查设备的动态技术状况与主要精度(噪声、振动、油温、油压、波纹、表面粗糙度等)，调整安装水平，更换或修复零部件，刮研磨损的活动导轨面，修复调整精度已劣化部位，校验机装仪表，修复安全装置，清洗或更换电机轴承，测量绝缘电阻等。经二级保养后要求精度和性能达到工艺要求，无漏油、漏水、漏气、漏电现象，声音、振动、压力、温升等符合标准。二级保养前后应对设备进行动静技术状况测定，并认真做好保养记录。二级保养以专业维修人员为主，操作工参加。

1.5.3 设备相关事故防范措施

(1)设备操作人员，必须经过技术培训，考试合格获得操作证方可操作。
(2)严格执行岗位责任制和设备操作、使用、检修规程等各项规章制度。
(3)认真做好维护保养和计划检修，及时消除设备隐患，使设备经常处于良好技术状态。
(4)对主要设备要严格管理，并开展状态监察和诊断技术工作，正确掌握设备技术状态。
(5)定期检测、调试设备的机电保护装置和防火、防爆、防雷等设施的有效性。
(6)企业应按某一时期或某类设备事故进行(专题规程)统计分析，摸清事故发生规律，找出设备使用、管理过程中的薄弱环节。

单元二 设备维修管理与故障处理

2.1 设备维修管理

2.1.1 概念

1.设备维修概念

设备技术状态劣化或发生故障后，为恢复其功能和精度，采用更换或修复磨损、失效的零件，并对局部或整机检查、调整的技术活动，称为设备维修。

2. 设备维修管理概念

设备维修管理，是指依据企业的生产经营目标，通过一系列的技术、经济和组织措施，对设备寿命周期内的所有设备物质运动形态和价值运动形态进行的综合管理工作。

2.1.2 班组长设备维修管理职责

(1)组织执行设备操作维护保养、修理规程，安排维护保养和修理计划，编制工时定额和物料消耗定额，组织填好修保记录和修保验收工作。

(2)根据设备运行小时(或公里)及设备技术状况，对需大修的设备做大修计划，并按规定时间上报上级主管部门。

(3)设备大修过程中，严格执行大修质量标准，检测关键部位的精度，保证大修质量符合标准规定。

(4)参与设备大修和验收工作，接收整理大修竣工资料并归档。

(5)自管大修设备，不超过大修费用指标。

2.1.3 设备维修管理方法

(1)班组长应以管为主，以干为辅。

①班组长对员工要以制度管理为主。

②班组长要有凝聚力，本人要做到"廉"和"公"。

(2)开好检修班前会议。

(3)检修后的质量确认。坚持"应修必修，修必修好"的原则，以安全生产为基础，认真做好设备检修质量确认工作，保证设备安、稳、长、满、优运行。

(4)试车时的安全确认。当所有项目检修完毕需进行试车前，必须组织人员撤出检修区域，并通知本区域检修负责人确认所有人员撤出，再进行安全装置的拔出、阀门打开等试车工作。

(5)设备检修完后做好记录。设备检修档案是班组对设备进行管理的重要资料，历次的检修档案真实地记载了每台设备不同运行时期出现的故障及故障原因、检修部位及检修方法，利用这些资料可以客观地评价每台设备的状况。完善的检修档案既有利于平时对设备的维护保养，又为设备的下次检修和购置新设备提供了参考和依据。

2.2 设备故障处理

2.2.1 设备故障的概念

设备故障，一般是指设备失去或降低其规定功能的事件或现象，表现为设备的某些零件失去原有的精度或性能，使设备不能正常运行、技术性能降低，致使设备中断生产或效率降低而影响生产。

2.2.2 设备故障分类

设备故障按技术性原因，可分为四大类：磨损性故障、腐蚀性故障、断裂性故障及老化性故障。

1. 磨损性故障

磨损性故障是由于运动部件磨损，在某一时刻超过极限值所引起的故障。磨损是指机械在工作过程中，互相接触做相互运动的对偶表面，在摩擦作用下发生尺寸、形状和表面质量变化的现象。按其形成机制又分为黏附磨损、表面疲劳磨损、腐蚀磨损、微振磨损四种类型。

2. 腐蚀性故障

腐蚀性故障按腐蚀机制不同又可分化学腐蚀、电化学腐蚀和物理腐蚀三类。

(1)化学腐蚀：金属和周围介质直接发生化学反应所造成的腐蚀。反应过程中没有电流产生。

(2)电化学腐蚀：金属与电解质溶液发生电化学反应所造成的腐蚀。反应过程中有电流产生。

(3)物理腐蚀：金属与熔融盐、熔碱、液态金属相接触，使金属某一区域不断熔解，另一区域不断形成的物质转移现象，即物理腐蚀。

在实际生产中，常以金属腐蚀不同形式来分类。常见的有8种腐蚀形式，即均匀腐蚀、电偶腐蚀、缝隙腐蚀、小孔腐蚀、晶间腐蚀、选择性腐蚀、磨损性腐蚀、应力腐蚀。

3. 断裂性故障

断裂性故障可分脆性断裂、疲劳断裂、应力腐蚀断裂、塑性断裂等。

(1)脆性断裂：可由材料性质不均匀引起；或由于加工工艺处理不当所引起，如在锻、铸、焊、磨、热处理等工艺过程中处理不当，就容易产生脆性断裂；也可由于恶劣环境所引起，如温度过低，使材料的机械性能降低，主要是指冲击韧性降低，因此低温容器(-20 ℃以下)必须选用冲击值大于一定值的材料，再如放射线辐射可引起材料脆化，从而引起脆性断裂。

(2)疲劳断裂：由于热疲劳(如高温疲劳等)、机械疲劳(又分为弯曲疲劳、扭转疲劳、接触疲劳、复合载荷疲劳等)以及复杂环境下的疲劳等各种综合因素共同作用所引起的断裂。

(3)应力腐蚀断裂：一个有热应力、焊接应力、残余应力或其他外加拉应力的设备，如果同时存在与金属材料相匹配的腐蚀介质，则将使材料产生裂纹，并以显著速度发展的一种开裂。如不锈钢在氯化物介质中的开裂，黄铜在含氨介质中的开裂，都是应力腐蚀断裂。又如氢脆和碱脆现象造成的破坏，也是应力腐蚀断裂。

(4)塑性断裂：塑性断裂是由过载断裂和撞击断裂所引起的。

4. 老化性故障

上述综合因素作用于设备，使其性能老化所引起的故障称为老化性故障。

2.2.3 设备故障阶段

随着时间的变化，任何设备从投入使用到退役，其故障发生的过程大致分三个阶段：早期故障期、偶发故障期和耗损故障期。

(1)早期故障期，亦称磨合期。该时期的故障率通常是由于设计、制造及装配等问题引起的。随运行时间的增加，各机件逐渐进入最佳配合状态，故障率也逐渐降至最低值。

(2)偶发故障或随机故障期。该时期的故障是由于使用不当、操作疏忽、润滑不良、维护欠佳、材料隐患、工艺缺陷等偶然原因所致，没有一种特定的失效机制主导作用，因而故障是随机的。

（3）耗损故障期。该时期的故障是机械长期使用后，零部件因磨损、疲劳，其强度和配合质量迅速下降而引起的，其损坏属于老化性质。

2.2.4　设备故障征兆

1. 设备性能故障征兆

（1）功能异常。指设备的工作状况突然出现不正常现象，这是最常见的故障症状。例如：①设备启动困难、启动慢，甚至不能启动；②设备突然自动停机；③设备在运转过程中功率不足、速率降低、生产效率降低；④设备运转过程中突然紧急制动失灵、失效等。这种故障的征兆比较明显，所以容易察觉。

（2）过热高温。①冷却系统有问题，缺冷却液或冷却泵不工作；②如果是齿轮、轴承等部位过热，多半是缺润滑油所致；③油、水温度过高或过低。设备过热现象有时可以通过仪表板、警示灯直接反映出来，但有时需要进行温度点检才能检查出来。

（3）油、气消耗过量。润滑油等消耗过多，表明设备有些部位技术状况恶化，有出现故障的可能，压缩气体的压力不正常等。

（4）润滑油异常。润滑油变质较正常时间要快，可能与温度过高等有关系。润滑油中金属颗粒较多，一般与轴承等摩擦有关，可能需要更换轴承等磨损件。

（5）电学效应。指电阻、导电性、绝缘强度和电位等变化。

2. 设备外观故障征兆

（1）异常响声、异常振动。

（2）"跑冒滴漏"。①设备的润滑油、齿轮油、动力转向系油液、制动液等出现渗漏；②压缩空气等出现渗漏，有时可以明显地听到漏气的声音；③循环冷却水等渗漏。

（3）有特殊气味。①电动机过热、润滑油窜缸燃烧时，会产生一种特殊的气味；②电路短路、搭铁导线等绝缘材料烧毁时会有焦煳味；③橡胶等材料散发出烧焦味。

2.2.5　设备故障处理方法

设备故障处理流程图如图 8-2 所示。

班组长在设备出现故障时的处理方法：

（1）班组长应第一时间赶到现场，向当班操作工了解设备故障发生的细节。

现场设备故障一般有两种情况：

第一种：虽然设备已出现异常，但是还在运行生产当中，随时可能导致设备停机或严重后果。处理方法：必须立即要求操作工启动备用设备，紧急替换在用设备，然后进行故障修复工作。如无备用设备，须立即把设备故障状况汇报给中控及主管领导，如果严重的、危及安全的应立即停机处理后再汇报。

第二种：设备发生故障已经停机或者损坏，甚至出现严重的事故。立即与中控取得联系，汇报造成停机的设备名称、设备故障等，在备用设备正常运行后，再进行故障修复工作。

（2）对故障设备进行检查，制定故障处理方案。

（3）组织人员对设备故障进行处理。

（4）故障处理完毕：停机的设备修复后尽快通知中控恢复生产，必须详细记录故障的五大要素(故障发生时间、故障现象、故障发生原因、故障修复责任人、故障修复结果)。

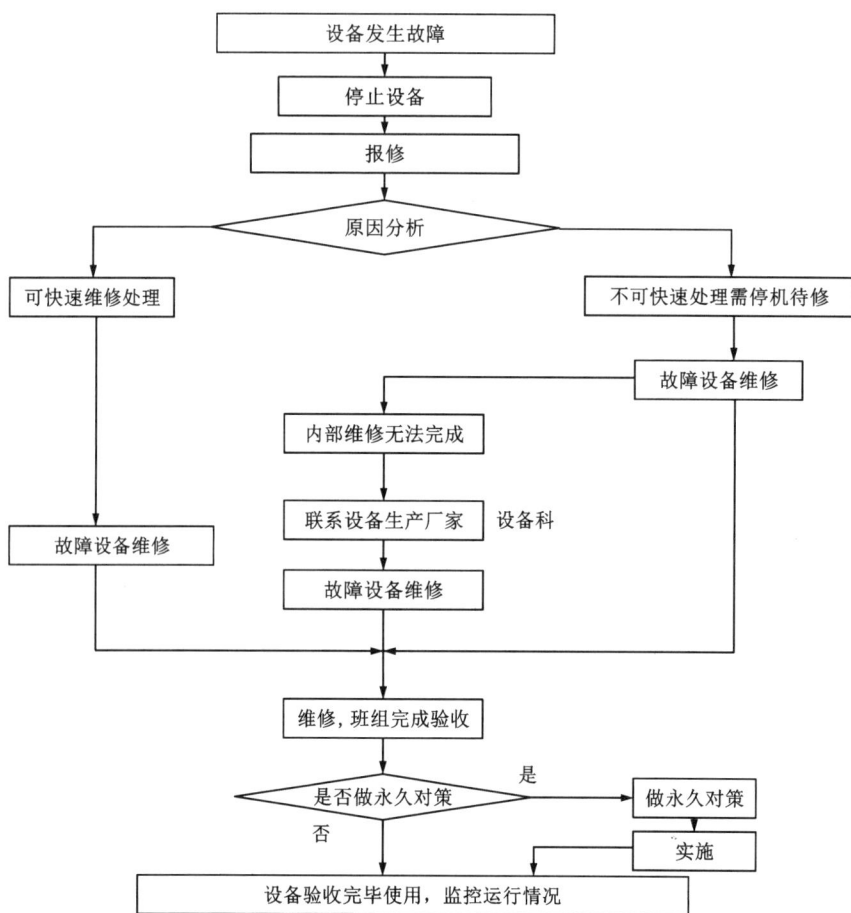

图8-2 设备故障处理流程图

单元三 生产工具管理

3.1 工具、刀具和量具的分类

3.1.1 工具的分类

在生产中使用的工具种类繁多。常用工具有切削工具、扳钳工具、风动工具、电动工具、焊切工具、锅炉工具等。

1. 切削工具

在生产过程中，用来切削加工各种零件以达到尺寸、形状、外观质量要求的工具，称为切削工具。切削工具种类繁多，按切削加工的方式不同通常又分为切刀类、钻头类、丝锥类、扳牙类、铣刀类、铰刀类、锪钻类、拉刀类、齿轮刀具类、磨具类等。

2. 扳钳工具

扳钳工具是各种扳手、手钳、虎钳的总称。

3. 风动工具

风动工具又称气动工具，是利用压缩空气作动力而用手来操纵的手工具的统称，它具有单位质量功率大、结构简单、使用安全等。

4. 电动工具

电动工具是带有电动机而用手来操纵的手工具的统称。它质量轻、携带方便、结构简单、操作容易、工效高。可减轻操作工人劳动强度，实现机械化操作。

电动工具按结构分可分为整体式和软轴式两类。目前多用将电动机和工作头装在一起的整体式电动工具，如电钻、电动扳手、电动螺钉旋具等。软轮式是将电动机和工作头分开，中间靠钢丝软轴连接传动，如固轴式电动砂轮、混凝土振荡器等。

电钻是车间中常用的电动工具，电钻又包括普通电钻、冲击电钻、吸附电钻、双速电钻、台架电钻、软轴电钻、万向电钻、角轴电钻、钻模电钻、手电两用台钻等多种。

5. 焊切工具

焊切工具主要是指电弧焊、气焊、气割，以及喷漆、喷灯等工具。在焊接车间、喷涂油漆及修理车间大量使用这些工具。

3.1.2　刀具的分类

1. 按工件加工表面的形式分类

刀具可分为：

（1）加工各种外表面的刀具，包括车刀、刨刀、铣刀、外表面拉刀和锉刀等。

（2）孔加工刀具，包括钻头、扩孔钻、镗刀、铰刀和内表面拉刀等。

（3）螺纹加工刀具，包括丝锥、板牙、自动开合螺纹切头、螺纹车刀和螺纹铣刀等。

（4）齿轮加工刀具，包括滚刀、插齿刀、剃齿刀、锥齿轮和拉刀等。

（5）切断刀具，包括镶齿圆锯片、带锯、弓锯、切断车刀和锯片铣刀等。

此外，还有组合刀具。

2. 按切削运动方式和相应的刀刃形状分类

刀具可分为：

（1）通用刀具，如车刀、刨刀、铣刀（不包括成形的车刀、成形刨刀和成形铣刀）、镗刀、钻头、扩孔钻、铰刀和锯等。

（2）成形刀具，这类刀具的刀刃具有与被加工工件断面相同或接近相同的形状，如成形车刀、成形刨刀、成形铣刀、拉刀、圆锥铰刀和各种螺纹加工刀具等。

（3）特殊刀具，加工一些特殊工件，如加工齿轮、花键等用的刀具。如插齿刀、剃齿刀、锥齿轮刨刀和锥齿轮铣刀盘等。车间大量使用这些工具。

3.1.3 量具的分类

1. 按结构性能分类

量具按结构性能可分为长度量具、角度量具、形位公差量具、表面质量量具、齿轮量具、螺纹量具等。

(1)长度量具是指在平面内对长度进行测量的量具。主要有卡尺类、千分尺类、指示表类，以及量块、线纹尺等，其中前三类是比较常用的三大量具，也称为万能量具，属于一般机加人员在车间现场使用的。量块、线纹尺等属于计量室内使用的高精度量具。长度类量具也包括光滑塞规、光滑环规、塞尺等这些极限类量具。长度量具除了这些标准的量具外，还有很多根据客户需要专门定制的专用量具，可对某一个或一类参数进行检测，如沟槽类卡尺等。

(2)角度量具是指在平面内对角度进行测量的量具。主要有角度块、直角尺、角度尺、各类分度头、正弦规等。其中比较常见的是万能角度尺、正弦规等。角度量块及各类分度头在计量室内作为基准使用的比较多。

(3)形位公差量具是指专用于形位误差测量的量具。主要有平晶、平尺、刀口形直尺、水平仪等。其中平晶和平尺是对平面度进行测量，刀口形直尺是对直线度进行测量。标准的形位公差量具比较少，检测参数也比较单一，经常需要专门制定一些专用的非标准量具进行检测。据好域安科技统计，每年在非标量具方面，收到形位公差量具的需求也是最多的。

(4)表面质量量具是指专用于测量表面粗糙度、坡度等表面几何参数值的量具。比较常见的是粗糙度比较样块。

(5)齿轮量具是指专用于测量齿轮几何参数值的量具。常用的有齿厚卡尺、公法线千分尺、齿厚规、渐开线样板、各种花键量规等。

(6)螺纹量具是指专用于测量螺纹几何参数值的量具。螺纹样板、量针、螺纹量规、螺纹千分尺等。

2. 按用途分类

量具按用途可分为：

(1)标准量具。指用作测量或检定标准的量具。如量块、多面棱体、表面粗糙度比较样块等。

(2)通用量具(或称万能量具)。一般指由量具厂统一制造的通用性量具。如直尺、平板、角度块、卡尺等。

(3)专用量具(或称非标量具)。指专门为检测工件某一技术参数而设计制造的量具。如内外沟槽卡尺、钢丝绳卡尺、步距规等。

3.2 工具、刀具和量具的管理

3.2.1 工具、刀具的管理

1. 工具、刀具管理的任务

工具、刀具的管理任务是按品种、质量及时地以齐备的工具供应生产，在工具、刀具的使用、储备、制造、采购等方面厉行节约、降低消耗、减少资金占用。其具体内容如下：

(1)对工具、刀具进行分类、编号、确定工具规格化。

(2)设计和编制车间自制各种工具、刀具的工艺规程。

(3)制定包括使用寿命、磨损、消耗、需求量、储备量等各种定额，并检查完成情况。

(4)制定需求计划，组织工具、刀具的采购发放工作。

(5)指导和检查生产现场工具、刀具正常使用。

(6)组织工具、刀具的登记和保管。

(7)修复业务、节约使用。

(8)其他有关工作。

工具、刀具在生产中肩负重要的任务，因此必须建立健全工具管理组织，明确职责范围，发挥作用。工具、刀具管理机构要根据企业的规模、生产类型和所生产的零部件及产品的复杂程度、精密程度，以及使用工具、刀具量的多少来确定。

2. 工具科日常管理工作

工具科日常管理工作包括：

(1)标准工具、刀具和专用工具的分类和编号。

(2)工艺装备的标准化。

(3)根据实际需要，设计各种专用工具、刀具，并制定生产工艺方法。

(4)制定工具、刀具的各种定额，如消耗定额、周转量定额、储备量定额等。

(5)编制工具、刀具需求计划和供应计划。

(6)按生产需要分配外购工具、刀具。

(7)组织领导工具科下属工具总库及车间工具室的具体业务。

(8)组织领导工具车间(工段、班组)安排生产自制工具。

(9)对生产车间、班组是否在正确使用工具、刀具方面进行监督、指导。

(10)工具、刀具的修理和刃磨的组织工作，翻新和改制废旧工具、刀具。

(11)制定有关工具、刀具管理的各项规章制度并实施。

(12)组织工具、刀具的统计、保管及其他有关工作。

(13)编制工具生产进度表，注意掌握工具在制品和储备量的情况。

(14)不断了解使用先进工具的厂内外信息，及时推广、应用新工具、新工艺、新技术。

为加强工具、刀具的保管、储备、发放等工作，工具科还应下设工具总库(中心工具库)，作为企业内使用各种工具、刀具的领发、保管、储存中心，经常掌握工具、刀具的使用、周转和储备情况，及时查出工具、刀具短缺、积压等问题，并组织处理解决。

各生产车间通常建立工具室、组，业务上受厂工具科领导，具体负责车间内所用工具、刀具的日常领发、借用、保管及报废处理等工作。

各班组可设工具组或工具管理员，负责本组内的工具、刀具收发、保管、回收工作，小组或工具员应将厂工具科(车间工具室、组)下达的工具、刀具消耗定额等作为班组经济考核的重要指标，并对工具、刀具进行定期检查、核对、盘点。为保证工具的制造质量和及时供应，企业要设立工具车间(工段、班组)负责自制工具的生产和各种工具、刀具的部分维修工作。

小型企业一般不单设工具科，而是厂技术科(生产科)或厂设备动力科负责，车间由于规模较小，仅设车间工具管理员，一抓到底。

总之，工具、刀具管理的组织机构要根据企业生产的实际和工艺特点、工作需要，因地制宜、合理设置。机构本身要体现集中领导、分级管理的原则，组织严密、认真负责，搞好工具、刀具的管理工作。

3.2.2 工具、刀具管理制度

工具、刀具管理制度举例如下：

1. 目的

(1)有效控制工具、刀具的请购，使用，损坏赔偿等事项，以降低成本。

(2)规范各类工具的保管、领用、以旧换新、移交、报废程序，以避免工具的超标领用及人员辞职或者调任时交接。

2. 范围

工具、刀具的领用、退库、交接、报废。

3. 职责

(1)部门相关的主管审核或批准工具、刀具的请购和领用。

(2)仓管员负责工具、刀具的请购、建账、发放、监督使用、损坏赔偿鉴定。并及时对需安全库存的物品提出请购。

(3)领用人员负责自己所领用工具、刀具的保管工作，正确使用、报损。

4. 内容

(1)请购。需求人员提单，由部门经理审批后，将申请单交给仓管员；仓管员提供给采购人员所需的品种及规格，统一采购，并跟踪交期。

(2)验收。必须由合格的供应厂商提供，必须有出厂合格证；所有进厂工具、刀具必须经过清点验收方可入库；验收合格的，仓库管理员须对实物与数量进行核对并及时将其分类登记入账后将其放于仓库指定位置；验收后出现问题的不得入库，及时通知采购人员更换或退货。

(3)领用。台账由仓管员建立，用于控制个人、班组工具、刀具的领用和损坏、遗失时的赔偿和超标准领用时的扣款，以及员工异动、离职时办理交接手续的依据。由领用人填写《工具、刀具领用单》，经科级主管以上审核、批准后使用人到仓库领用，并在《工具、刀具领用卡》登记。所有的工具、刀具必须遵循以旧换新的领用原则；旧的交回仓库后在《工具、刀具领用卡》由仓管和领用人共同确认核销。新领用的工具、刀具同样需要在《工具、刀具领用卡》登记。虽然超过使用年限，但是经修理后能保持原有精度的不能以旧换新。

(4)工具、刀具的日常管理及使用。

工具台账，主要登记工具往来明细，仓管员要及时、准确维护工具入库与发放，保证账物一致，要经常核对账物、做到准确无误，以便于季度和年终盘点。

各领用人保管好自己所领用的工具、刀具；个人领用工具原则上禁止外借，如因外借工具损坏或丢失，均由领用人照价赔偿；所有工具、刀具一律填写《领用单》办理领用手续，必须由各相关负责人签字方能生效。领出时由仓库管理员录入《工具、刀领用卡》，领用人签字生效；使用人应深入了解工具、刀具使用的方法，应加强保养，正确使用。

凡用于检验的工具、刀具，均应有公司检测部门鉴定的使用合格证，并应在校验鉴定的有效期内使用。各类工具必须按范围、按计划、按标准领用。

（5）报损与报废。

班组长要经常宣传爱护和节约使用工具，督促本班组严格遵守《工具、刀具管理规定》，并对报损的提出鉴定意见。报损时填写《报损单》，写明报损原因；报废工具由车间集中，填报《工具报损清单》，需经部门经理确认。具体报损手续如下：一般的钻头、铰刀、丝锥等正常消耗刀具在需要领新刀具时必须以旧换新，并在《工具领用卡》上核销；人为原因损坏和丢失工具、刀具时，由损坏责任人填写《损坏丢失单》，经组长和仓管员确认，部门领导审查同意，提出对应处罚措施，赔偿后，库房予以报损，在《工具领用卡》上核销（无法确认损坏责任人时，由领用人赔偿）。对于人为损坏的工具、刀具及超指标领用，仓管员有权监督责任人填写《工具、刀具异常损失登记表》。仓管员不按规定发放和不按实际情况监督责任人填写《工具、刀具异常损失登记表》，以及不按实际情况填写《奖励惩罚通知单》将受到相应处理，经过确认不可再用需报废的工具、刀具必须由仓管员保存一段时间后集中处理，处理时登记其处理情况并报主管审核批准。新旧刀具分开放置，可再利用的和报废的分开放置，并明确标识。

报损、报废流程：领用人申请→组长确认→仓管员确认→以旧换新，核销→登记暂存，建立报废账目（仓管员）→提交报废账目（仓管员）→部门主管审核→报废

（6）移交。

员工离开原工作岗位（含公司内部调动）须办理工具交回手续，在其填写"离职单"之前，由组长发给其"工具刀具量具移交表"一份，离职人员持表到仓库退还工具，仓管员确定移交数量，并在《工具、刀具领用卡》核销（如有工具不够数量，应在"工具刀具量具移交表"上签字时，注明缺少的工具及价格，并由（部门文员通知员工从其工资中扣除）。将"工具刀具量具移交表"附在"离职单"的后面，仓管员签字确认，由部门相应主管签核后，进入离职程序。

工具、刀具、量具交接流程：填写"工具刀具量具移交表"→组长确认→仓管员确认并签字→主管签核→离职。

（7）处罚与赔偿。

人为损坏及丢失工具、刀具、量具应作赔偿处理，按新、旧程度及使用时间，按折旧后的残值扣款，并依据公司和部门规定处罚。对损坏和丢失的责任者，应按其情节，给予适当的批评教育，对违反操作规程和屡教不改和严重责任者，应给予必要的行政处分（包括批评、警告、记过，直至开除）；私自拿出厂的一经发现，除全额赔偿外，情节严重者予以除名处理。

3.2.3　量具的管理

量具的管理的内容包括保养、保存、校验。

（1）保养：①使用后应将量具清洁干净；②将清洁后的量具涂上防锈油，存放于存储柜之内；③拆卸、调整、修改及装配等，应由专门管理人员实施，不可擅自进行；④应定期检查存储工业量具的性能是否正常，并做好保养记录；⑤应定期检验校验尺寸是否合格，以作为继续使用或淘汰的依据，并做校验保养记录。

（2）保存：①量具应在规定温度、湿度环境中保存，防止生锈；②量具3个月以上不使用时，应将电池取出，以防止电池液泄漏损坏量具；③量具保存时，应保持适当的距离，防止热

胀冷缩造成的损伤。

（3）校验：①量具的校验，应由专门的部门在规定时间进行检测；②量具的校验，应由内校员进行校验，内校员必须拥有内校员资格证；③量具校验合格，应张贴识别标签。

单元四　计量检测管理

4.1　计量检测管理的概念

在计量检测工作开展过程中，需要使用大量的计量设备，计量是否能够发挥设备原有作用，保证计量精确度，需要工作人员做好计量检测设备的管理工作。

4.2　计量检测管理的内容

1. 计量检测设备管理

计量检测设备管理是为了加强检测设备的监督管理，保障量值的准确可靠。

（1）计量标准器及检测计量设备应健全技术档案，计量技术档案包括检测计量设备使用说明书、监视和测量装置维护保养与操作规程。

（2）计量室应健全监视和测量装置台账。

（3）经检定合格的检测计量设备外检的应出具检定校准证书。

2. 计量检测人员管理

计量检测人员是计量检测实施的主体，在实际工作开展过程中，需要凭借较高的专业素质和实践操作经验，良好的计量检测能力，尤其是建立的计量标准和检测设备需要由具有丰富专业操作经验的人员操作。此类人员，必须经过不定期的专业教育培训和考核，能够熟练掌握设备的操作原理和操作规范，具有较高水平的操作能力。对计量检测设备的操作和保养有一个全方位的认知，经过考试合格方可上岗。

【学习小结】

设备管理是以企业经营目标为依据，通过一系列的技术、经济、组织措施，对设备的全过程进行的科学管理，包括设备安装与操作、设备维护与养护、设备维修与故障处理、设备维修工具管理等。通过对设备调整、使用、点检、维护、状态监测、故障诊断以及操作、维修人员培训教育，维修技术信息的收集、处理等的管理工作，不断改善和提高本单位设备使用率，为生产发展、技术进步、提高经济效益服务。同时，生产辅助班组在设备管理中要做到维护与计划检修相结合；修理、改造与更新相结合；专业管理与全员管理相结合；技术管理与经济管理相结合，从而使企业生产秩序正常，做到优质、高产、低消耗、低成本预防各类事故，提高劳动生产率，保障安全生产。

【课后拓展】

1. 作为一名即将上任的班组长，应具备哪些设备管理方面的基本知识？
2. 在解决设备检修过程遇到的具体问题时，应采取什么方法提高检修效率或检修质量？
3. 哪些设备可以进行改造，挖掘其潜力？哪些设备应该淘汰？

模块九

现场文明生产管理

单元一　8S 管理基础知识

案例引入

　　8S 管理凭借造就安全、明朗、舒适的工作环境，激发员工团队意识，提升员工真、善、美的品质，塑造企业良好的形象，进一步完善企业的优质、高效、降低成本、良性发展之路。

1.1　8S 管理认知

1.1.1　8S 管理的构成要素

　　5S 管理(整理、整顿、清扫、清洁、素养)起源于日本，提出了"安全始于整理、整顿，终于整理、整顿"的口号。

　　8S 管理指整理、整顿、清扫、清洁、素养、安全、节约、学习。

8S 管理适用于对企业办公室、车间、仓库、宿舍和公共场所的管理，包括对人、机、料、法、环的管理，对公共事务、供水、供电、道路交通的管理，以及对人员思想意识的管理。8S 管理不仅能够改善生产作业环境，而且能够提高生产效率、提高产品质量、提高服务水准、鼓舞员工士气等，是减少浪费、降低生产成本、提高生产力的重要手段。

8S 管理中，整理、整顿、清扫是进行日常 8S 管理的具体内容。清洁是对整理、整顿、清扫工作的规范化和制度化管理。素养是要求员工培养自律精神，形成开展 8S 管理的良好习惯。安全则强调员工在开展前 5S 管理的基础上，实现安全化作业。开展前 5S 管理的目的之一还是节约，减少浪费，降低成本。学习则是保持企业持续改善的必要条件。

表 9-1　8S 管理构成要素

构成要素	说明	概括
整理	区分必需品和非必需品，定期处置非必需品	要与不要，一留一弃
整顿	定位必需品，明确数量并准确标识，减少查找时间	合理布局，省时省力
清扫	保持岗位无垃圾、无灰尘、干净整洁	清除垃圾，美化环境
清洁	将整理、整顿、清扫进行到底，维持前 3S 成果，并使之制度化、标准化	形成制度，贯彻到底
素养	培养遵守规章制度、积极向上的工作习惯，形成文明作业和团队精神	养成习惯，文明作业
安全	清除事故隐患，保障员工人身安全，保证生产正常运行	规范操作，安全第一
节约	合理利用时间、空间和能源，发挥其最大效能	物尽其用，提高效率
学习	使企业持续改善、培养学习型组织	学习长处，完善自我

1.1.2　8S 管理与其他管理活动的关系

1. 8S 管理与现场管理

推行 8S 管理，目的在于创造良好的工作环境和提高员工的整体素质，即"人造环境、环境造人"。

推行 8S 管理能够消除工作环境的脏、乱现象，保持工作现场井井有条，不断提高工作质量和效率，激发员工的士气和责任感，提升企业的形象和竞争力。

推行 8S 管理的过程中，生产作业现场的基层管理者应以身作则。

8S 活动只有开始，没有终结，需要全员的共同参与。

2. 8S 管理与企业管理

8S 管理是现代企业管理的基础，追求利润和创造社会效益是企业永恒的目标，必须从质量、成本、服务、技术及管理这五个方面着手。

表 9-2　推行 8S 管理的作用

企业管理	说明	与 8S 管理的关系
质量	产品质量是企业核心竞争力的重要体现,是确保企业持续经营的重要手段	推行 8S 管理能够确保生产过程规范化、秩序化,为提高质量奠定基础
成本	在同等条件下,成本越低,产品竞争力越强	推行 8S 管理可有效降低各种浪费,提高生产作业效率,降低成本
服务	提高客户满意度,赢得更多客源的重要手段	推行 8S 管理能够提高员工敬业精神和工作积极性
技术	掌握高新技术是企业赢得更多竞争力的筹码	通过 8S 管理的标准化工作,可以积累并优化技术
管理	实现企业运作规范化和制度化的重要手段	推行 8S 管理可实现人、机、料、法、环的最优化

8S 管理活动能促使质量、成本、服务、技术及管理这 5 个要素达到最佳状态,从而实现企业的经营目标。

1.2　8S 管理的意义

开展 8S 管理的意义有:

1. 改善和提高企业形象

整齐、清洁的工作环境,容易吸引顾客,让顾客有信心;同时,由于口碑相传,会成为其他公司的学习对象。

2. 提高工作效率

良好的工作环境和工作气氛,有修养的工作伙伴,物品摆放有序,不用寻找,员工可以集中精神工作,工作兴趣高,效率自然会提高。

3. 改善零件在库周转率

整洁的工作环境,有效的保管和合理的布局,进行最低库存量管理,能够必要时立即取出有用的物品。工序间物流通畅,能够减少甚至消除寻找、滞留时间,改善零件在库周转率。

4. 减少直至消除故障,保障品质

优良的品质来自优良的工作环境。通过经常性的清扫、点检,不断净化工作环境,避免污物损坏机器,维持设备的高效率,提高品质。

5. 保障企业安全生产

储存明确,物归原位,工作场所宽敞明亮,通道畅通,地上不会随意摆放不该放置的物品。如果工作场所有条不紊,意外也会减少,当然安全就会有保障。

6. 降低生产成本

实施 8S 管理可以减少人员、设备、场所、时间等的浪费,从而降低生产成本。

7. 改善员工精神面貌，增强组织活力

人人都变成有修养的员工，有尊严和成就感，对自己的工作尽心尽力，并带动改善意识（可以实施合理化提案改善活动），增加组织的活力。

8. 缩短作业周期，确保交货期

由于实施了"一目了然"的管理，使异常现象明显化，减少人员、设备、时间的浪费，生产顺畅，提高了作业效率，缩短了作业周期，从而确保交货期。

1.3　8S 管理注意事项

开展现场 8S 管理，不是把它当作一项短期性活动来开展，更多的是要形成一种自上而下整体规划、设计推行，自下而上开展执行、反馈成果的工作，上下结合，同步推进的工作方式。在实施 8S 管理的过程中，为确保其顺利进行并取得预期的效果，需要注意以下几个方面：

1. 领导重视，全员参与

高层管理者应明确表达对 8S 管理的支持，通过内部宣传、培训等方式，使全体员工了解 8S 管理的重要性，明确各自的职责和任务，形成全员参与的良好氛围，并在日常工作中起到表率作用，推动员工积极参与。

2. 制定详细计划和标准

结合企业的实际情况，制定详细的 8S 管理实施方案，明确各阶段的目标、任务和责任人。同时，制定清晰的 8S 管理标准和要求，包括各项工作的具体规范、操作方法等，便于员工执行和检查。

3. 持续培训与指导

针对 8S 管理的各项内容，定期组织员工培训，提高员工对 8S 管理的理解和执行能力。在实施过程中，各级管理者应深入现场，为员工提供实时的指导和帮助，解决实际操作中遇到的问题。

4. 关注细节，注重实效

实施 8S 管理不是为了形式上的整洁美观，而是为了提高工作效率、减少浪费和事故，因此需要关注每个环节的改善和优化，注重实际效果的评价和反馈，从细微之处提升整体管理水平。

5. 定期检查与评估

建立定期检查的制度，对 8S 管理的执行情况进行检查和评估，并向员工反馈评估结果，鼓励优秀表现，针对不足提出改进意见并进行整改。

6. 坚持持续改进

在实施过程中，根据企业的实际情况和市场需求的变化，不断调整和优化 8S 管理方案，及时总结经验教训，实现持续改进和提升。

单元二　8S 管理实施方法

2.1　8S 管理各阶段实施要点

2.1.1　整理

（1）目的：腾出空间，空间活用，防止误送、误用，塑造清爽的工作场所。

（2）注意点：要有决心，不必要的物品应果断处置。

（3）实施要点：

①自己的工作场所全面检查，包括看得到的和看不到的。

②制定"要"与"不要"的判别标准。

③将不要的物品清除出工作场所。

④对需要的物品调查使用频率，决定日常用量及放置位置。

⑤制定废弃物处理方法。

⑥每日自我检查。

2.1.2　整顿

对整理之后留在现场的必要物品分门别类放置，排列整齐，明确数量，并进行有效的标识。

（1）目的：工作场所一目了然，去除找物品的时间和清理过多的积压物品。

（2）注意点：整顿是提高效率的基础。

（3）实施要点：

①前一步的整理工作一定要落实。

②流程布置，确定放置场所。

③规定放置方法，明确数量。

④划线定位。

⑤场所、物品的标识。

（4）三要素：

①场所：物品的放置场所原则上要 100% 设定，物品的保管要定点、定容、定量。

②方法：易于取用，不超出使用范围。

③标识：放置场所和物品一对一标识，现场和放置场所区分、标示放置位置，某些标示要全公司统一。

（5）三定原则：

①定点：放在哪里合适。

②定容：放置物品所需的容器。

③定量：规定合适的数量，定上下限或直接定量。

2.1.3　清扫

将工作场所清扫干净，保持干净、明亮的环境。

（1）目的：消除脏污，确保工作场所干净、明亮，减少工业伤害。

（2）注意点：责任化、制度化。

（3）实施要点：

①建立清扫责任区（包括室内、外）。

②执行例行扫除，清理脏污。

③调查污染源，予以杜绝或隔离。

④建立清扫基准，作为规范。

2.1.4　清洁

将整理、整顿、清扫进行到底，并且制度化；管理公开化，透明化。

（1）目的：维持上面 3S 的成果，并显现"异常"之所在。

（2）实施要领：

①前面 3S 工作实施彻底；

②定期检查，执行奖惩制度，强化执行；

③管理人员常常带头巡查，以表重视。

2.1.5　素养

通过早会等手段，提高全员文明水平，培养每位成员良好的习惯，并遵守规则做事。

（1）目的：培养具有好习惯、遵守规则的员工，提高员工文明礼貌水平，培养团队精神。

（2）注意点：长期坚持才能养成良好的习惯。

（3）实施要点：

①制定服装、仪容、识别证标准。

②制定共同遵守的有关规则、规定。

③制定礼仪守则。

④教育训练，新进人员强化 8S 教育、实践。

⑤推动各种精神素养提升活动。

2.1.6　安全

（1）目的：消除一切安全隐患，保证员工身心健康。

（2）注意点：一切工作均以安全为前提。

（3）实施要点：

①领导责任制。

②设立安全员并建立巡查制度。

③危险区域专门标识。

④安全生产培训制度。

⑤制定机器设备操作规程，明确岗位应知应会。

2.1.7 节约

(1)目的：不断减少公司人力、成本、空间、时间、物料的浪费。

(2)注意点：从点滴做起，培养全员成本控制意识。

(3)实施要点：

①树立节约理念，节约光荣，浪费可耻。

②定额制度。

③成本费用细化(原材料成本、工资费用成本、制造费用成本、管理成本)。

④实施全员成本管理，成本控制指标落实到每个人。

⑤时间也是一种资源，浪费时间就等于浪费生命。

(4)成本控制的基本原则：

①全面介入原则：指成本的全部、全员、全过程的控制。"全部"指对产品生产的所有费用要加以控制，不仅对变动费用要控制，对固定费用也要控制；"全员"指发动全部人员树立成本意识，参与成本控制，认识到成本控制的重要性和必要性后才能付诸行动；"全过程"指对产品设计、制造、销售过程进行控制，并将控制的成果在有关报表上加以反映，借以发现缺点和问题。

②例外原则：成本控制要将注意力集中在例外和非常规的情况，因为实际发生的费用往往与预算有差异，产生的差异不大，也就没有必要一一查明其原因，而只需把注意力集中在非正常的例外事件上，并及时进行信息反馈。

③经济效益原则：提高经济效益，以较少的消耗取得更多的成果。

2.1.8 学习

(1)目的：使企业得到持续改善、培养学习型组织。

(2)注意点：学习长处，完善自我，提升自己的综合素质。

(3)实施要点：

①学习各种新的技能技巧，才能不断地满足个人及公司发展的需求。

②与人共享，能达到互补、互利、共赢。互补知识面与技术面，互补能力，提升整体的竞争力与应变能力。

2.2 8S管理的推行步骤

2.2.1 成立8S管理推进小组

(1)成立8S管理推进小组，主导全公司8S管理活动的开展，生产厂长为推行主任，品管(QC)为主要推行员。

(2)公司生产各部门(或车间)必须指派一位员工负责现场8S管理或联络。

(3)各部门领导是本部门8S管理推进的第一责任人，8S管理要求全员参与。

2.2.2 规划8S管理的责任区域

公司8S管理推行委员会成立后,首先应明确划分各部门8S管理责任区域,确定8S管理责任人,并张贴公布。

2.2.3 确定8S管理方针及目标

方针:整理、整顿现场,提升人员素质,改进现场管理,增强企业竞争力。

目标:对内为营造一个有序高效的工作环境;对外为成为一个让客户信服的公司。

2.2.4 拟定8S管理实施办法

8S管理活动要求各部门制定部门8S管理计划及值日表。

8S管理的具体实施办法:

①每周、月度和年度8S管理评估严格按照《8S管理检查标准》由推行组织评分进行,评分采用百分制。

②根据月度和年度的评审结果,设立奖惩机制以提高积极性,对表现最佳的部门和个人,对提出良好建议并收到显著成效的小组和个人进行物质和精神上的奖励,对表现最差的小组和个人进行批评并发出整改报告督促其改进;同时,部门主管也要提交整改报告。

2.2.5 教育

(1)公司对管理人员、部门对全员教育以下内容:①8S管理的内容及目的;②8S管理的实施办法;③8S管理的评比及奖惩办法。

(2)新员工进行8S管理培训(必须进行的岗前培训)。

2.2.6 宣传

(1)召开员工大会时,由公司领导和各部门领导表达推行8S管理活动的决心。

(2)领导以身作则,定期或不定期地巡视现场,让员工感到被重视。

(3)利用公司板报、宣传画廊定期宣传介绍8S管理。

(4)现场张贴外购或制作的8S管理海报及标语。

2.2.7 8S管理巡回诊断与评估

(1)8S管理推进小组定期或不定期地巡视现场,了解各部门是否有计划、有组织地开展活动。

(2)8S管理问题点的质疑、解答。

(3)了解各部门现场8S管理的实施情况,并针对问题点开具《现场8S检查表》,责令限期整改。

(4)对活动优秀部门和员工加以表扬、奖励,对最差部门给予公布并惩罚。

单元三 8S 管理现场改善

3.1 红牌作战

3.1.1 红牌作战的定义

红牌作战指的是在工厂内找到问题点并悬挂红牌,让大家都明白并积极去改善,从而达到整理、整顿的目的。

3.1.2 红牌作战的特点

(1)必需品和非必需品一目了然,提高每个员工的自觉性和改进意识。
(2)红牌上有改善期限,一目了然。
(3)引起责任部门人员注意,及时清除非必需品。

3.1.3 红牌实施要点

1. 红牌的形式

(1)红牌尺寸:大约长 13 cm,宽 10 cm,将标牌涂上红色。
(2)红牌表单如表9-3所示。

表 9-3 红牌表单

责任单位: 编号:

项目区分		□物料 □产品 □电气 □作业台 □机器 □地面 □墙壁 □门窗 □文件 □档案 □看板 □办公设备 □运输设备 □更衣室 □厕所
红牌原因	问题现象描述	
	理由	
发行人		
改善期限		
改善责任人		
处理方案		
处理结果		
效果确认		□可(关闭) □不可(重对策) 确认者:

2. 红牌作战的对象

工作场所中不要的东西，需要改善的事、地、物，有油污、不清洁的设备，卫生死角，安全隐患等。

3. 实施要点

(1)不要让现场的人自己贴。

(2)不要贴在人身上。

(3)理直气壮地贴，不要顾及面子。

(4)红牌要挂在引人注目处。

(5)犹豫时，请贴上红牌。

(6)挂红牌要集中，时间跨度不可太长，不要让大家厌烦。

(7)可将改善前后的情况拍下来对比，作为经验和成果向大家展示。

(8)挂红牌的对象可以是：设备、搬运车、踏板、工夹具、刀具、桌椅、资料、模具、备品、材料、产品、空间等。

3.2　目视管理

3.2.1　目视管理的定义

目视管理是利用形象直观、色彩适宜的各种视觉感知信息来组织现场生产活动，达到提高劳动生产率目的的一种管理手法，也是一种利用人的视觉进行"一目了然"管理的科学方法。

3.2.2　目视管理的特点

(1)迅速快捷地传递信息。

(2)形象直观地将潜在问题和浪费表现出来。

(3)客观、公正、透明化，有利于统一认识，提高士气，上下一心地去完成工作。

(4)促进企业文化的形成和建设。

3.2.3　目视管理的要点

无论是谁都能判断是好是坏(正常还是异常)；能迅速判断，精度高；判断结果不会因人而异。

3.2.4　目视管理的级别

目视管理可以分为三个级别：

(1)初级级别：有标识，能明白现在的状态。

(2)中级级别：谁都能判断正确与错误。

(3)高级级别：管理方法(异常处置等)都列明。

3.2.5　目视管理的工具

目视管理的常用工具包括信号灯、标示牌、颜色板(杠、条)、操作流程图、样本、警示线等。另外颜色也可以作为工具使用，不同的色彩会使人产生不同的分量感、空间感、冷暖感、软硬感、时间感等。例如车间的色彩选择，高温车间应该以浅绿、蓝绿、白色等冷色调为基调，可以给人清新舒心之感。低温车间正好相反，用红、橙、黄等暖色调为基调，使人感到温暖亲切。

3.2.6 目视管理的方法

1. 以人为本的工作法

许多管理者大谈"以人为本"，在现场到底什么是以人为本？同样的工作在不增加多少成本的情况下让现场操作人员更加轻松、更加准确完成好就是真正的以人为本。

2. 高效率管理方法

对管理者来说，管理本身也许会带来优越感，但对被管理者来说却并不是一件快乐的事情。"尽量减少管理、尽量自主管理"这一符合人性要求的管理法则，只有在目视管理中才能发挥得淋漓尽致。实施目视管理，即使部门之间、全员之间并不相互了解，但通过眼睛观察就能正确地把握企业现场运行状况，判断工作的正常与异样，这就能够实现"自主管理"的目的。

3. 对错一目了然的方法

很多企业的管理制度只是停留在文件上，但不用看文件，在现场就能判断对错对现场管理来说是非常重要的。

3.3 看板管理

3.3.1 看板管理的内容

看板管理亦称"看板方式、视板管理"。在工业企业的工序管理中，看板管理是以卡片为凭证，定时定点交货的管理制度。"看板"是一种类似通知单的卡片，主要传递零部件名称、生产量、生产时间、生产方法、运送量、运送时间、运送目的地、存放地点、运送工具和容器等方面的信息、指令。一般分为：在制品看板，它用于固定的相邻车间或生产线；信号看板，主要用于固定的车间或生产线内部；订货看板（亦称"外协看板"），主要用于固定的协作厂之间。

3.3.2 看板管理的原则

在采用看板作为管理工具时，应遵循以下五个原则：

（1）后工序只有在必要时，才向前工序领取必要数量的零部件；需要彻底改变现有流程和方法。

（2）前工序应该只生产足够的数量，以补充被后工序领取的零件；在这两条原则下，生产系统自然结合为输送带式系统，生产时间达到平衡。

（3）不良品不送往后工序：后工序没有库存，后工序一旦发现次品必须停止生产，找到次品送回前工序。

（4）看板的使用数目应该尽量减少：看板的数量，代表零件的最大库存量。

（5）应该使用看板以适应小幅度需求变动：计划的变更经由市场的需求和生产的紧急状况，依照看板取下的数目自然产生。

3.3.3 看板管理的使用方法

1. 工序内看板的使用方法

工序内看板的使用方法中最重要的一点是看板必须随实物，即与产品一起移动。后工序来领取中间品时摘下挂在产品上的工序内看板，然后挂上领取用的工序间看板。该工序随后按照看板被摘下的顺序以及这些看板所表示的数量进行生产，如果摘下的看板数量变为 0，则停止生产，这样既不会延误又不会产生过量的存储。

2. 信号看板的使用方法

信号看板挂在成批制作出的产品上面。如果这批产品的数量减少到基准数时就摘下看板，送回到生产工序，然后生产工序按照该看板的指示开始生产。没有摘牌则说明数量足够，不需要再生产。

3. 工序间看板的使用方法

工序间看板挂在从前工序领来的零部件的箱子上，当该零部件被使用后，取下看板，放到设置在作业场地的看板回收箱内。看板回收箱中的工序间看板所表示的意思是"该零件已被使用，请补充"。现场管理人员定时回收看板，集中起来后再分送到各个相应的前工序，以便领取需要补充的零部件。

4. 外协看板的使用方法

外协看板的摘下和回收与工序间看板基本相同。回收以后按各协作厂家分开，等各协作厂家来送货时由他们带回去，成为该厂下次生产的生产指标。在这种情况下，这批产品的进货至少将会延迟一回。因此，需要按照延迟的回数发相应数量的看板，这样就能够做到按照 JIT 进行循环。

3.3.4 看板管理的实施步骤

（1）后工序的搬运工把所必需数量的领取看板和空托盘装到叉车或台车上，走向前工序的零部件存放场。这时，领取看板必须是在领取看板箱中积存到事先规定好的一定枚数时，或者规定好时间定期去领取。

（2）如果后工序的搬运工在存放场 A 领取零部件的话，就取下附在托盘内零部件上的生产指示看板（每副托盘里都附有一枚看板），并将这些看板放入看板接收箱。搬运工还要把空托盘放到前工序工作人员指定的场所。

（3）搬运工在取下每一块生产指示看板时，都换一块领取看板。在交换两种看板时，要注意仔细核对领取看板和同物品的生产指示看板是否相符。

（4）后工序作业一开始，就必须把领取看板放入领取看板箱。

（5）前工序生产了一定时间或者一定数量的零部件时，必须将生产指示看板从接收箱中收集起来，按照在存放场 A 摘下的顺序，放入生产指示看板箱。

（6）按放入该看板箱的生产指示看板的顺序生产零部件。

【学习小结】

推行 8S 活动是管理生产作业现场的重要手段。它通过整理、整顿、清扫、清洁、素养、安全、节约、学习活动，创造优雅的生产作业环境，形成良好的作业秩序和严明的工作纪律，从而减少浪费，提高生产效率。

对 8S 管理的认识不同，所产生的结果也不同。认为 8S 管理可有可无，不可能产生经济价值的企业，最终会失去市场；把 8S 管理当作是大扫除的企业，不能培养认真对待每件小事的员工，最终失去竞争力；把 8S 管理当作是基础工作并长期坚持的企业，能够在激烈的竞争中发展壮大，成为行业佼佼者。

【课后拓展】

企业推行 8S 管理的好处有哪些？

模块十

班组建设基础

【学习目标】

1. 识记班组建设的指导思想、原则和目标，掌握班组建设的主要思路。

2. 识记班组思想政治工作建设的目的、任务、主要内容，掌握搞好班组思想政治建设的方法。

3. 识记班组制度的特征、种类、作用，掌握班组制度建设实施及优化方法。

4. 识记流程的概念及班组流程优化的步骤及方法，劳动组织优化的原则及方法，掌握劳动定员和劳动定额的方法。

【职业能力目标】

1. 培养运用 SWOT 分析和重要性-紧迫性矩阵来编制班组建设行动计划并落实推进的能力。

2. 培养推进班组思政工作深入开展，提升团队凝聚力的能力。

3. 培养科学制定及修订班组制度的能力。

4. 培养运用 ECRS 法基于流程来优化岗位职能，科学优化劳动组织，并合理安排班组、工种工作的能力。

单元一 班组建设基础知识

案例引入

班组建设是提高生产企业竞争力、提高企业管理水平的客观要求和基础，加强班组建设，意味着提高员工的整体素质，优化班组团队绩效，最终建设一支有理想守信念、懂技术会创新、敢担当讲奉献的产业工人队伍，从而增强企业的核心竞争力，维护和树立企业良好的形象。

1.1 班组建设的原则

1.1.1 班组建设的原则

1. 服务企业发展目标原则

班组建设要坚持从实际出发，为实现企业发展目标而服务，全面加强班组建设，夯实班组基础工作，提高班组员工素质，不断提高企业竞争能力。

2. 以人为本，全面发展原则

班组建设要坚持以人为本，关爱员工、尊重员工，树立员工的主人翁意识；保障员工正当权益及劳动尊严，实现体面劳动；加强文化建设，以文化感染人；加强员工培训，促进员工的全面发展。

3. 继承与创新相统一原则

要多总结班组建设的工作经验，对于好的经验方法，要坚定继承，继续发扬。针对不足之处与生产实际需要，认真研究新方法，开辟新路径，最终解决新问题，使班组始终生机勃勃，保持战斗力。

4. 民主与集中相结合原则

在班组内，要做到民主集中，不仅维护班组长的管理权力，而且尊重员工的民主权利，积极鼓励、支持员工参与管理，树立"人人都是班组长"的全员自主管理意识。

某能源公司班组
建设之人本管理

1.2 班组建设的目标

1.2.1 目标设立的原则

开展班组建设，首先要设立合适的班组目标，而好的目标应当符合 SMART 原则，具体如表 10-1 所示。

表 10-1 SMART 原则

SMART 原则	阐述
S（specific）——明确性	明确是指要用具体的语言清楚地说明要达成的行为标准，班组长和员工能够很清晰地看到班组计划要做哪些事情，计划完成到什么程度。目标明确几乎是所有成功团队的共同特性
M（measurable）——衡量性	可衡量是指目标应该是明确的，而不是模糊的。应该有一组明确的数据，作为衡量是否达成目标的依据。如果制定的目标没有办法衡量，就无法判断这个目标是否实现

续表10-1

SMART 原则	阐述
A(attainable)——可实现性	目标要能够被员工所接受，目标拟定要上下沟通，要在组织和个人之间达成一致，不能利用权力把自己所制定的目标强压给员工，引起员工心理或行为上的抗拒
R(relevant)——相关性	相关性是指实现此目标与其他目标的关联情况。如果实现了这个目标，但与其他的目标完全不相关，或者相关度很低，那么这个目标即使实现了，意义也不是很大
T(time-bound)——时限性	时限性是指目标是有时间限制的。没有时间限制的目标无法考核，或使考核不公正，伤害工作关系，打击下属的工作热情，使预期的任务难以实现

总而言之，上表中的五项原则相互关联，缺一不可，当班组在制定总体目标或者员工绩效目标时，都应该遵循上述原则。

1.2.2　确定班组建设目标的步骤

班组长要从班组实际情况出发，以问题为导向，确定切实可行的班组建设目标。

首先，按照企业、车间等上级部门对班组建设的要求来确定班组建设在当前或未来的任务或工作要求。上级对班组建设的要求具有一定的战略指导性，能引导班组建设朝着正确方向前进。

其次，进行班组问题诊断，整理班组的问题清单，并与公司的要求相对照，做到上级要求与班组实际情况相结合。使用诊断工具是进行班组问题诊断的有效手段。从现场生产管理的角度出发，班组可以使用5M1E分析方法来整理班组问题清单，如表10-2所示。

表10-2　5M1E 分析方法

5M1E 分析方法	具体内容
人(manpower)	操作者对质量的认识、技术熟练程度、身体状况等
机器(machine)	机器设备、工夹具的精度和维护保养状况等
材料(material)	材料的成分、物理性能和化学性能等
方法(method)	加工工艺、工装选择、操作规程等
测量(measurement)	测量时采取的方法是否标准、正确
环境(environment)	工作场所的温度、湿度、照明和清洁条件等

5M1E方法涉及现场管理的各个方面，使用这种方法，可以分析班组成员状况，改进现场管理，改进产品或服务质量、解决现场问题等。

再次，根据班组建设的指导思想和原则，结合班组实际情况，提出重点工作确定班组建设目标。

最后，根据班组实际情况，就重点工作模块，如节能降耗、安全生产、班组文化建设、班组创新等方面设定具体目标，严格遵循SMART原则的要求，实现班组建设岗位有目标，人人有任务。

班组建设目标的制定，要发动班组成员全员参与，充分沟通，群策群力。只有这样，才能够做好班组问题的分析判断，形成建设性的意见和看法，才能创造性地解决问题，最终使班组成员自发、自愿地去实施班组建设计划。

5M1E方法分析班组
生产质量情况

1.3 班组建设的主要思路

1.3.1 做好班组态势分析

班组建设是一个发挥优势、弥补劣势、利用机会、化解威胁的过程。因此，开展班组建设，可以采用SWOT分析模型来分析班组的态势，如表10-3所示。

表10-3　SWOT分析模型

内部环境 ＼ 外部环境	机会(O)	威胁(T)
优势(S)	发挥优势，利用机会	利用优势，规避风险
劣势(W)	克服劣势，抓住机会	减少劣势，规避风险

SWOT分析模型是基于内外部竞争环境和竞争条件下的态势分析，一般通过分析组织（如班组）的优势(strengths)、劣势(weakness)、机会(opportunity)和威胁(threats)，明确哪些是组织能够做的或可能做的，指导形成决策性意见。其中，优势和劣势都是组织的内部因素，具体到班组而言，可以采用5M1E方法作为基本方法，分析班组在员工素质、技术水平等各个要素上的优势和劣势；而机会和威胁属于组织的外部因素，班组可以通过分析企业战略、班组建设要求、上级下达的生产运营目标等来明确班组面临的改进机会和可能遇到的威胁。在完成SWOT分析后，班组可提出具体、科学的建设计划。

1.3.2 有序推进班组建设

班组建设是一个持续的过程，建设优秀班组要清楚认识班组的优势、劣势、机会和威胁，既要目标明确，又要重点突出，有序地开展班组建设的活动。通常，班组可以利用重要性-紧迫性矩阵来推进规划。从重要程度和时间迫切度上可以将重要性-紧迫性矩阵分为四个象限：紧急重要型、紧急非重要型、重要非紧急型和非紧急非重要型。重要性，就是将拟解决的问题对于价值创造的重要程度作为一个维度；紧迫性，就是将解决这个问题的时间紧急程度作为一个维度。通过矩阵将拟解决的问题或者工作归纳为不同类型，如图10-1所示。

对于紧迫性高-重要性强的，应该迅速落实，优先处理；对于紧迫性高-重要性弱的，应该着手准备；对于紧迫性低-重要性强的，应该进行精细管理；对于紧迫性低-重要性弱的，应该保持现状，避免占用过多精力。总而言之，通过重要性-紧迫性矩阵分析，可以明确班组建设工作的重点，从而有序推进整个班组建设。

图 10-1　重要性-紧迫性矩阵

1.3.3　多措并举、重点突出

班组建设工作，事务繁杂，多措并举的同时要重点突出，重点工作如下：

（1）加强规章制度建设。制度建设是做好班组建设工作的基本保证，是班组建设工作实现规范化管理的必要条件。

（2）民主选举，竞争上岗。以公平、公正、公开的原则进行班组长的选拔，通过民主选举或竞聘的方式，选拔出素质高、技术精、作风正、得民心的班组长，重点培养，加强班组长队伍建设，引领队伍。

（3）正确搭建班组构架，明确成员职责。班组是企业"最小"的生产单位，搭建科学合理的班组架构，明确班组成员具体职责，有利于建立系统、完整的岗位生产标准。

（4）建立班组绩效管理体系。科学的绩效管理体系能够将班组的生产运营目标转化为详细、可测量的标准，能为制定和执行员工激励机制提供参考标准。一个生产班组的绩效管理体系可涵盖产品质量合格率、员工出勤率、生产现场 5S 考核、团队凝聚力、安全生产、产量等指标，将个人绩效与班组的整体绩效挂钩，培养员工与班组荣辱与共的归属感、认同感和使命感。考核体系制定颁布后，要严格执行，根据考核情况实施，做到奖罚分明，充分发挥正负激励的引导作用。

（5）强技能、提素质。深入开展班组学习竞赛活动，以赛促练，如岗位练兵、技能比武、技能培训等活动。奖励表彰技能标兵，对技能娴熟、改进工艺、提高质量、节约成本有一定贡献的员工，通过宣传栏宣传、加薪、发奖金等鼓励，形成爱学、敢拼的良好风气，促进班组整体技能水平的提高。

（6）打造特色班组文化，抓好精神文明建设。班组长要把创特色、搞亮点、树样板作为班组文化建设工作的总抓手，从班组实际情况出发提炼本班组特色的文化理念，将其外化为班组标语、愿景、文化墙、手册等内容，激发班组工作热情，以文化赋能，在班组的生产全过程中开展精神文明建设。

某"明星班组"建设经验

单元二 班组思想政治工作

2.1 班组思想政治工作的目的及任务

重视思想政治工作是我党的优良传统和政治优势,更是新时期企业落实国家政策、推进产业工人队伍建设的重要举措。要搞好班组思想政治工作,必须明确班组思想政治工作的目的、任务,最终掌握有效开展班组思想政治工作的方法。

2.1.1 班组思想政治工作的目的

班组思想政治工作的目的,简而言之就是启发和提高员工的思想觉悟和认识能力,培养一支有理想守信念、懂技术会创新、敢担当讲奉献的产业工人队伍,最终实现高效完成班组生产运营任务的目的。

2.1.2 班组思想政治工作的任务

班组思想政治工作的任务可以概括为以下几点:

(1)引导员工主动落实国家路线、方针、政策。通过思想政治工作,加强员工对党和国家的路线、方针、政策的理解和认识,将个人发展与国家工业发展和技术进步的制造强国战略目标结合,有效指导生产实践活动。

(2)提高职工思想政治素质,提高班组团队战斗力。通过班组思想政治工作,加强班组队伍思想建设,提高员工的思想政治素质,发扬党特别能战斗的优良传统和吃苦耐劳的优良作风,提高团队的整体竞争力和战斗力。

(3)增强员工的责任感和主人翁意识。通过营造一种和谐、充满活力的劳动光荣氛围,增强班组员工的主人翁意识和责任感,发挥主观能动性,以饱满的姿态完成企业生产经营任务,将个人成长与企业发展结合起来。

某矿集团公司思想
政治工作成效

2.2 班组思想政治工作的内容

班组思想政治工作的内容及要求如表 10-4 所示。

表 10-4 班组思想政治工作的内容及要求

内容	要求
习近平新时代中国特色社会主义思想和党的二十大精神	要坚持尊重劳动、尊重知识、尊重人才、尊重创造，并把大国工匠、高技能人才纳入加强国家战略人才力量建设的范围。新时代新征程上，要深入学习贯彻习近平总书记重要讲话精神和党的二十大精神，深刻认识和大力弘扬劳模精神、劳动精神、工匠精神，汇聚起亿万职工群众团结奋斗的磅礴力量，充分发挥工人阶级在全面建设社会主义现代化国家中的主力军作用
爱国主义教育	在企业开展爱国主义教育是工人阶级先进性的体现。随着工业生产的科技化、智能化发展，新时代产业工人也迎来了职业发展的春天，通过爱国主义教育，增强广大职工的民族自尊心和自豪感，激励职工艰苦奋斗、精进技能、创造价值，走技能成才、技能报国之路，成为实施制造强国战略的有生力量
集体主义教育	社会主义现代化强国的建设，要依靠工人阶级和广大群众，依靠整个社会的集体力量。通过集体主义教育，可以使职工树立全心全意为人民服务的思想，正确处理好国家、集体和职工个人三者之间的利益关系，坚持国家利益和集体利益高于职工个人利益的正确思想，个人利益服从国家和集体利益
共产主义道德教育	通过培养职工的共产主义道德，使职工在劳动中团结互助，遵守劳动纪律，勤恳劳动，自觉地在自己的工作岗位上努力钻研，争取成为技术能手，为全面建成社会主义现代化强国持续发挥自己的光和热。开展职工的批评与自我批评，是培养共产主义道德的重要方法之一
社会主义法治教育	通过社会主义法治教育，可以使职工树立守法光荣、违法可耻的理念，在生产活动中自觉遵守法律法规和企业规章制度。对职工进行社会主义法治教育，要与共产主义道德教育有机结合，紧紧围绕生产展开
形势教育	形势教育包括国际形势和国内形势教育。讲形势一定要实事求是，要及时将国内国外经济发展双循环的新格局、国家工业发展和产业工人发展的新形势与企业发展战略、班组的具体任务结合起来，凝心聚力，用科学的世界观、人生观、价值观武装班组员工的头脑
吹风鼓劲的宣传教育	班组在开展生产经营活动之前，应进行思想摸底，统一认识，确保员工明确目标，树立典型，进行吹风鼓劲，使班组能上下齐心，出色地完成生产经营任务

2.3 班组思想政治工作的开展

2.3.1 各部门联动协作，加强领导

班组处在生产第一线，也是思想政治工作的第一线。班组的思想政治工作薄弱，士气就受影响，队伍就没有战斗力。企业党、团、行政部门都要提高思想认识，联动协作，经常深入班组，做到思想政治工作进车间，入班组，到个人。

某矿业集团联系班组制度

2.3.2 建立健全班组思想政治工作制度，规范管理

企业应根据生产经营的实际情况和班组业务的不同，加强班组思想政治工作制度的建设。落实责任制，按照班组内部岗位的不同，明确班组思想政治工作的不同任务标准，量化班组思想政治工作的具体内容，通过指标分解，把思想政治工作融入生产管理中，有针对性地开展"一人一思政"。建立班组思想政治工作信息分析反馈制度，推行"日观察、周汇报、月分析"，及时掌握员工思想动态，发现问题，及时解决。推行思想政治工作监督评价及反馈制度，为班组思想政治工作制定一定的考核标准和激励政策，促使员工主动、自发地参与到班组思想政治工作中来。

某厂某班组思想政治工作制度（节选）

2.3.3 与班组文化建设紧密结合，丰富思想政治工作形式

开展班组思想政治工作，要加强与班组文化建设的结合，创新思想政治工作载体，丰富思想政治表现形式，润物无声，在生产任务完成过程中浸润思想政治工作。企业也要与时俱进，充分发挥现代信息技术在班组思想政治工作中的作用，创新思想政治工作载体，线上线下共同打造思想政治工作平台。同时，结合班组特色文化和生产运营实际情况，寓教于文、寓教于乐，比如安全型班组可重点开展安全教育主题活动，举办《安全生产法》等知识竞赛等。

2.3.4 充实一线班组党的力量，夯实班组思想政治工作的基础

通过宣传党的政治主张和深入细致的思想政治工作，提高党外群众对党的认识，不断扩大入党积极分子队伍，做好班组共产党员的发展工作。尤其是要充分发挥班组长思想引领的作用，激励员工向先进看齐，艰苦奋斗，在自己的岗位干出业绩。同时，企业要合理调整共产党员分布，关键岗位最好配置党员，充分发挥党小组和党员在班组思想政治工作中的重要作用。

某矿业集团班组建设成效

单元三 班组制度建设及实施

3.1 班组制度建设认知

3.1.1 班组制度概念与特征

班组制度是针对班组生产活动和管理活动所制定的一整套规章、规程、程序、准则和标准的总称。其一般具有以下特征：

合法性。所有规章制度的制定都必须建立在符合国家现行法律规范、政策的基础上，不能与之相冲突。

普适性。每种制度都有自己特定的适用范围，在这个范围内，所有同类事情均须按此制度办理。班组制度的普遍适用性就是针对班组而言的。

相对稳定性。制度一旦制定，为保证其权威性，在一定时期内是不能轻易变更的。但是这种稳定性是相对的，当制度已经不再适用现实情况，应及时进行修订。

排他性。原则或方法一旦形成制度，与之相抵触的原则、方法均不能实行。

3.1.2 班组制度的分类

1.班组管理制度

班组管理制度是用来约束班组全体成员工作活动和作业行为的规范。主要的班组管理制度包括生产管理制度、质量管理制度、设备管理制度、安全管理制度、学习考核制度、绩效考核制度等。

2.技术标准与规程

技术标准与规程是指涉及某些技术标准、技术规程的规定。包括各类技术标准、生产工艺流程，包装、保管、运输、使用和处理等要求。这些规范在一定程度上体现了产品生产、服务等运营活动内在的规律性要求。

3.行为规范

行为规范是在生产活动中根据班组的需求、成员的好恶、价值判断而逐步形成和确立的班组崇尚、引领及禁止的行为要求。包括班组文化所要求的行为举止、文明礼貌规范、和谐班组行为规范等。

4.业务规范

业务规范是对生产运营过程中出现的活动进行总结所制定的作业处理规定。包括安全规范、操作规范、服务规范等。

3.1.3 班组制度体系

班组制度体系就是各种系统化班组制度的总和，可以分为班组外部制度和班组内部制度。班组外部制度是班组制度建设的"生态环境"，一般由上级制定，是班组制度建设的依据。班组内部制度是班组根据外部制度以及班组的实际情况建立的内部管理制度。

班组外部制度有：班组设置与班组长配备制度，车间或事业部与班组的职能界定，车间主任或事业部部长与班组长的职责、权限规定，班组长培养选拔任用制度，班组长考核与激励约束制度，班组长待遇与薪酬制度，班组长工作环境建设制度，班组长培训与成长通道建设制度，后备班组长选拔培养制度等。

班组内部制度有：班前会制度、交接班制度、班组岗位责任制度、班组长轮值制度、班组安全事故处理制度、班组安全检查制度、班组环境保护制度、班组质量标准化管理制度、现场安全文明生产制度、班组节能降耗成本管理制度、班组设备保养维修制度、班组质量管理制度、班组绩效考核制度、班组物资管理制度、班后会制度、班组培训与技能竞赛制度、班组创新制度、班组劳动纪律、班组激励制度、班组行为准则等。

3.2　班组制度的作用

1. 为班组健康发展提供制度保障

班组是企业最基本的生产单位，主要依靠制度组织、安排各种生产活动，没有严格的班组制度，就谈不上班组的存在和健康发展。

2. 实现班组有序化运作

班组制度是实施班组管理的具体措施，班组要实现有序化的高效运作，就必须有标准可依，有程序可循。加强班组制度建设，可以合理利用人力、物力、财力资源，进一步规范班组管理，确保办事有依据，检查有标准，工作有秩序，保证生产经营活动顺利、平稳、流畅进行。

3. 规范员工行为

班组成员的各种工作活动行为，都必须受到班组制度的约束。建立科学、合理的班组规章制度能够规范指引员工的行为，培养良好的工作作风，提高工作效率，保证工作质量，从而打造高效团队。

4. 提供考核和纠纷处理的依据

班组规章制度具有法律补充的作用，可以为解决劳动纠纷和绩效考核提供有力依据。例如，如果在作息考勤、奖金分配等经常存在争议的模块建立具体细化的管理制度，就可以做到有章可依，有据可循，减少争议，强化激励。

5. 推动企业文化建设

文化与制度是一种互相蕴含的关系，文化中蕴含着制度，制度中体现了文化。班组规章制度是推广企业文化及班组文化的重要载体。开展班组制度建设，就要善于用文化元素来丰富制度内涵，推动企业文化及班组文化与班组制度的融合，使制度建设与文化建设共同发展。

某矿集团班组
制度建设

3.3　班组制度的优化

1. 制度问题诊断

从班组的宗旨和使命、班组生产任务的变化、企业的流程变化、工艺水平的变化、班组人员素质的变化等方面进行分析，及时发现现行制度中存在的问题。

2. 分解制度修订的任务

根据班组员工能力、素质、技术差异等进行科学分工，将优化制度的任务分解到个人头上，组织员工开展调查、收集数据并分析，充分发挥员工的能动性，结合实际工作提出修订建议。

3. 完善制度内容

在调查、分析的基础上，各模块对现行制度需要补充、修订的部分进行完善和修订工作，按照制度范本要求进行撰写。

4. 组织讨论，民主决议

发挥民主管理的作用，对与员工切身利益相关或涉及班组整体运营的制度，要组织员工内部讨论，征求意见，民主决议。

5.上报与审核批准

经过班组集体讨论确定,将新的班组制度上报上级部门(车间、分厂或企业)审核,获得批准后方可实施。

6.跟踪评估、持续优化

制定实施过程要建立监督与评估机制,定期跟进评估制度在实际工作中的执行情况,根据执行情况和反馈效果进行持续优化,以确保班组制度的生命力。

单元四　班组流程优化及劳动组织优化

4.1　班组流程优化

4.1.1　流程概述

1.流程的概念

流程可以总结为是一组为内部客户或外部客户创造价值的活动规范,也是企业各项工作的业务模式。

2.班组流程的分类

班组流程分类如表 10-5 所示。

表 10-5　班组流程分类

类别	诠释
管理流程	班组建设与管理的所有过程
工艺流程(加工流程或生产流程)	班组在生产过程中,通过一定的生产设备、按照一定的顺序对原材料或半成品连续进行加工,最终实现成品产出的方法与过程。也指产品从原材料到成品的制作过程中各要素的组合
作业流程	完成一个作业的所有活动的组合

4.1.2　流程设计步骤

1.确定目标

通过细化数量、质量、时间、成本等指标来明确内外部客户需求,并将需求进一步转化成流程的关键目标。

2.确定流程 SIPOC

SIPOC 是一代质量大师戴明提出的组织系统模型,是流程管理和改进的常用工具之一。

供应商（supplier）——向核心流程提供关键信息、材料或其他资源的组织。之所以强调"关键"，是因为一个公司的许多流程都可能会有为数众多的供应商，但对价值创造起重要作用的只是那些提供关键东西的供应商。

输入（input）——供应商提供的信息和资源等。通常会在 SIPOC 图中对输入的要求予以明确，通过过程变化成输出。

流程（process）——使输入发生变化成为输出的一组活动，组织追求通过这个流程使输入增加价值。如果不增值的，应该想办法消除。

输出（output）——流程的结果即产品。通常会在 SIPOC 图中对输出的要求予以明确，例如产品标准或服务标准。输出也可能是多样的，但分析核心流程时必须强调主要输出甚至有时只选择一种输出，判断依据就是哪种输出可以为顾客创造价值。

顾客（customer）——接受输出的人、组织或流程，不仅指外部顾客，而且包括内部顾客，例如材料供应流程的内部顾客就是生产部门，生产部门的内部顾客就是营销部门。对于一个具体的组织而言，外部顾客往往是相同的。

SIPOC 优点突出，能展示出一组跨越职能部门界限的活动，不论一个组织的规模有多大，SIPOC 图都可以用一个框架来勾勒其业务流程，如图 10-2 所示。

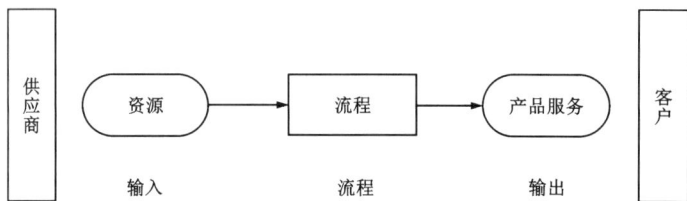

图 10-2　SIPOC 框架图

3. 进行流程主体设计

（1）流程主体设计的三个"明确"。一是明确流程中谁是流程的供应商，谁是流程作业的执行者，谁是客户；二是要明确参与者的责任，落实到具体岗位；三是要明确各个参与者的主要作业任务或活动。

（2）流程描述。通过一系列特定的流程符号和文字说明，清晰地展示流程的活动要求以及各环节之间的相互关系。

（3）流程配套设计。充分利用先进的信息技术，实现与流程配套的设计，优化流程。

（4）流程实施。流程实施是一个循序推进管理和技术相结合的过程，尤其是涉及产品质量、安全生产的流程，一般要经过试运行、优化调整后才能实施和推广。流程实施步骤如图 10-3 所示。

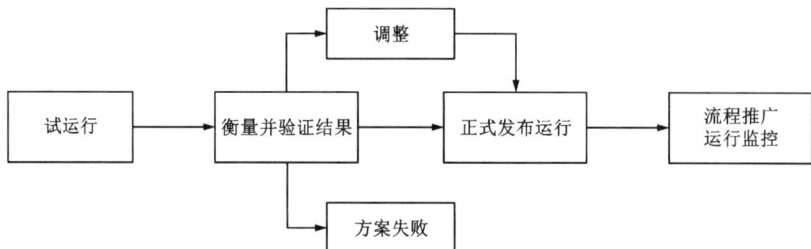

图 10-3　流程实施步骤

4.1.3 绘制流程图

1. 绘制原则

以客户为导向；以流程为中心；以人为本的团队式管理；简洁，便于计算机化、试运行。

2. 主要符号

流程图主要符号如图 10-4 所示。

符号	说明		说明
▭	准备作业（作业需求来源）	◇	决策作业（核准或审查）
▭	计算机作业程序	⬇	连接符号（必要程序）
▱	单据凭证	⬇	连接符号（可选择性）
▱	统计或明细分析报表	End	流程终结符号
▽	人工操作	▭	转（接）其他作业流程

图 10-4 流程图主要符号

3. 流程图的绘制步骤

(1)初步确定流程的作业活动项目，理顺工作过程。

(2)界定流程范围，确定参与该作业活动的部门或岗位，以及相应职能。

(3)绘制流程图，参考流程设计原则，将作业活动用标准的图形和符号表示出来，理解和分析流程的准确性。

(4)流程说明，用文字说明各项作业活动的标准。

▶【案例】

某氧化铝企业矿石制样班的流程，如图 10-5 所示。

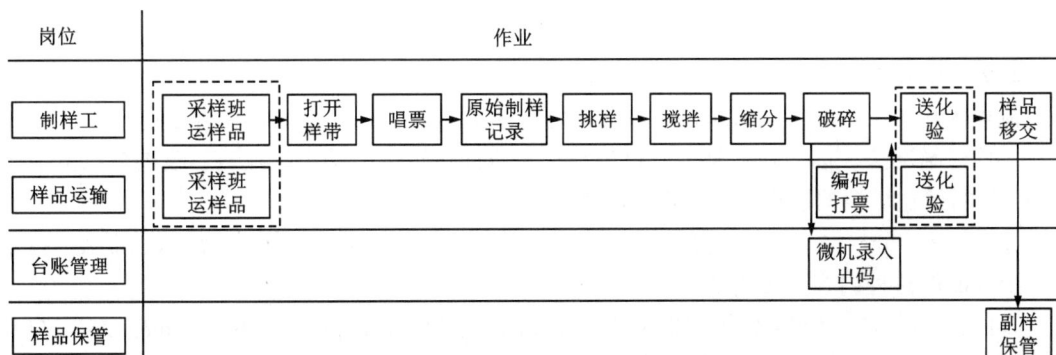

图 10-5 某氧化铝企业矿石制样班的流程

4.1.4 班组流程优化

1. 问题诊断

针对班组现有流程的运行情况进行调研,分析研究流程中存在的问题。班组作为生产运营终端,流程优化应该侧重于业务流程优化。具体步骤和方法如下。

(1)步骤。首先,确定目标,明确流程的责任边界,确定流程从原料投入到成果产出的整个过程。其次,分析现有流程特征及存在的问题,如人员配备、时长、逻辑顺序、工序、设备、检测等方面。最后,提出评估建议,评估流程现存的问题,并提出具体的优化建议。

(2)方法。流程问题的诊断方法主要有以下三种。

①作业时间成本分析法。作业时间成本分析法即分析流程中各项作业所花费的时间,通过时间分析找出在流程中浪费时间的环节和相应的成本。

②流程波动分析法。流程波动分析法即通过产品质量与标准质量或目标规格的偏差,分析流程波动带来的质量成本问题。

③鱼骨图分析法。借助鱼骨图,可通过5M1E方法,从人、机器、材料、方法、测量、环境这六个方面寻找流程问题出现的原因。例如,某年全国有色行业班组长竞赛,使用鱼骨图分析"设备故障抢修质量好坏"的原因,如图10-6所示。

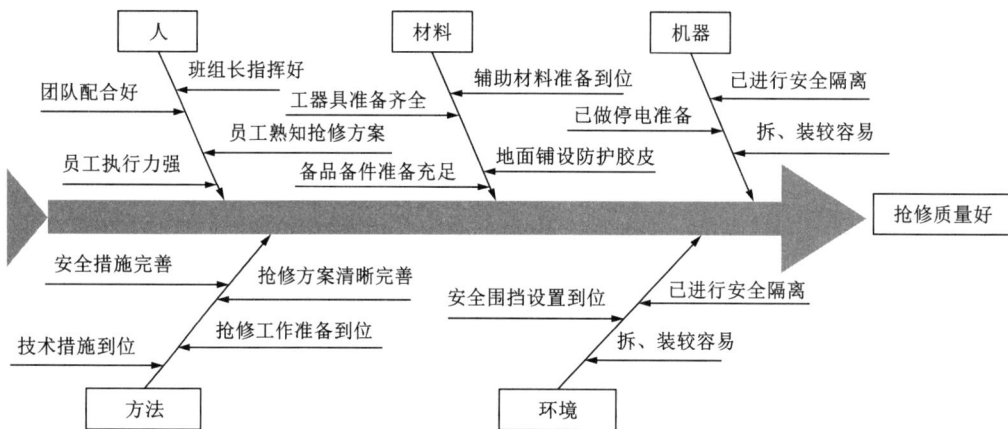

图10-6 鱼骨图分析

2. 流程优化的工具和方法

流程优化的工具和方法有很多,各有特色和侧重。常用的优化工具和方法有:

①标杆瞄准法。标杆瞄准是指通过与在相关方面表现突出的组织比较,改进自己的业务活动、不断精益求精的过程。它有助于流程的可视化和流程开发。

②7方落实分析法。7方落实分析法即检查计划、部门、岗位、制度、绩效、报表、技术这7个方面的流程内容是否落实。

③ESIA分析法。ESIA分析法即清除(eliminate)、简化(simplify)、整合(integrate)、自动化(automate),可以减少流程中非增值的活动,调整流程核心增值活动。ESIA分析法的使用如表10-6所示。

表 10-6　ESIA 分析法

清除（E）	简化（S）	整合（I）	自动化（A）
过量的产出	表格	活动	脏活
活动间的等待	程序	团体	累活
反复加工	沟通	顾客	乏味的活
不必要的运输	物流	供应商	数据采集
过剩的库存			数据分析
缺陷、失误			数据传输
重复活动			
反复检查			
跨部门协调			

3. PDCA 流程循环管理

PDCA 循环又称戴明环。基于 PDCA 循环的流程管理通过不断循环进行梳理、落地、反思和优化，可以让流程优化工作更加系统化、条理化和科学化。

某厂某工段PDCA
现场管理

4.2　劳动组织优化

劳动组织即根据企业需求，按照分工与协作的原则，正确处理劳动者之间以及劳动者与劳动工具、劳动对象之间的关系，建立有效的劳动生产体系的方式。主要内容包括：科学合理配置岗位，明确岗位职责；科学合理地定员、定额；改进和完善劳动组织形式；科学组织多机床管理；合理安排工作时间和工作轮班；做好工作场地组织管理等。

4.2.1　劳动组织优化的四要素

"人"，指班组成员。人的管理包括质量和数量的管理。例如，当班组员工素质较低时，应缩小岗位职责划分的范围，以免员工难以胜任岗位工作，丧失工作信心；反之，当员工素质相对较高时，若工作范围太窄，员工容易缺乏成就感，因此班组在业务流程重组的过程中，要扩大此类员工的职责范围并进一步丰富工作内容。

"机"，指技术与设备。技术与设备的改进对于生产组织、岗位设置都十分关键，是提升现场生产力的重要部分。首先，技术与设备的先进与否，直接影响各个岗位的工作量。其次，技术与设备的革新也直接影响了岗位工作范围的变化。例如，随着生产企业设备向着大型化、自动化发展，很多企业车间原来由多人承担的工作开始整合到一个岗位，出现了"区域工""大工种"。

"法"，指班组管理必需的各种规章制度，包括人力资源政策等。例如，若采取扁平化管理，那么组织管理层次必须有所减少，同时工作责任和工作内容也会有所扩展，不可避免地会引起员工劳动强度的增加，引发员工的抵触，因此需要配套出台一些相应的激励政策来鼓舞员工。

"流"，指业务(生产)流程。业务流程重组和优化的核心就是谋求更多的产出。通常，业务(生产)流程越长，劳动组织优化的难度就越大，流程越短，劳动组织优化的难度就越小。因此，在劳动组织的过程中，一名合格的班组管理人员，应该着重考虑如何根据各类业务流程的优化创造性地开展工作。

挂牌作业计时计奖制

4.2.2 劳动组织优化的四原则

1.以提高全员劳动生产率为基本出发点

结合生产运营任务的变化，将岗位进行拆分整合，培养一专多能的"多面手"员工，同时尽量均衡各个岗位的工作量，提高全员劳动生产率。

2.以流程为基础，强化精益管理

要以流程为基础，细化各个岗位的核心职能，明确工作产出，引导企业减少不必要的作业，消除不符合作业流程和没有价值的作业，强化精益管理。

3.精简效率原则

追求高效、精简、统一，尽量减少生产辅助、生产服务岗位的人数，要以事定岗，以岗定人，科学配置，避免出现"看的人比干的人多"的问题。

4.持续性原则

劳动组织的优化，要持续推进，贯穿于整个生产管理的过程，及时发现问题并不断改进，科学合理利用企业的人力资源。

4.2.3 以流程为基础优化岗位职能

1.流程在岗位优化中的作用

班组是价值创造活动中生产运营的基层单位，流程是价值创造活动的规范。以流程为基础开展岗位优化，不仅有助于抓住价值创造这个核心要求，还有助于明确岗位职责和岗位之间的工作关系，建立作业流程与作业活动相互促进、持续优化的工作方式。具体而言，流程在班组岗位优化中具有以下作用。

(1)明确班组内部岗位的主要作业活动及岗位职责。

(2)明确岗位之间各项作业的分布情况。

(3)确定各项作业所需的时间和人力，以均衡岗位之间的工作量。

(4)为确定完成各项作业所需要的知识、技能、经验提供依据。现代生产企业大多具有流程化作业的生产特征。因此，基于流程开展岗位优化是切实可行的。班组在通过流程优化来推进岗位优化的同时，要注意通过岗位优化反向使班组各项作业活动顺利落实并改进现有绩效。

2.分析现有工作流程，确定岗位核心职能

基于流程来确定岗位核心职能，就是要细化到工作流程的各个环节，明确各个岗位的作业任务，通常可以采用流程图表示法和表格表示法。

(1)流程图表示法。流程图表示法就是通过流程图来表示不同岗位的主要作业任务。以某电解铝企业电解班各岗位的核心职能为例，如图10-7所示。

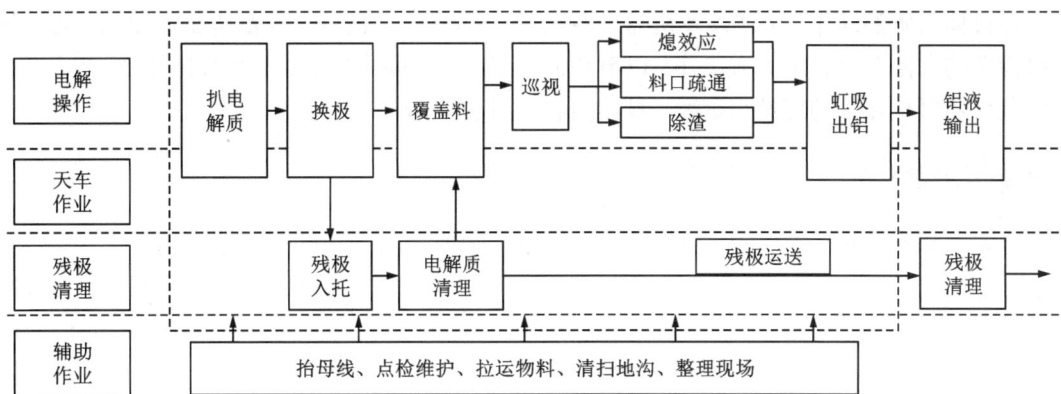

图 10-7 某电解铝企业电解班各岗位的核心职能流程图

通过图 10-7 可以看到电解操作、天车作业、残极清理、辅助作业之间的工作关系，各岗位职责清晰、分工明确。其中，电解工主要负责扒电解质、换极、巡视、熄效应、料口疏通、除渣作业；布料工主要负责覆盖料作业；出铝工主要完成虹吸出铝、铝液输出作业；天车工需要配合电解工、布料工和出铝工作业；残极清理工要完成残极入托、电解质清理、残极运送、残极清理等作业。班组管理人员不仅能通过流程图来分析梳理岗位的核心职能及岗位之间的工作关系，还能进一步明确哪些作业需要岗位之间相互配合。

（2）表格表示法。表格表示法就是以绘制表格的方式来罗列岗位的核心职能，如表10-7 所示。

表 10-7 岗位核心职能表

岗位名称	核心职能
电解工	扒电解质、换极、巡视、熄效应、料口疏通、除渣作业
布料工	覆盖料作业
天车工	配合电解工、布料工和出铝工作业
残极清理工	残极入托、电解质清理、残极运送、残极清理等作业

从表 10-7 可看出，表格表示法虽然对于核心职能的描述比较全面，但不能像流程图表示法那样展示岗位之间的工作关系，以及岗位之间需要配合完成的作业活动，因此，在实际生产运营中，管理人员一般会将二者结合使用。

3. 运用 ECRS 分析法优化岗位设置

基于流程开展岗位优化可运用 ECRS 分析法。经过流程分析后，可明确岗位的核心职能，对于不创造价值或重复的工序、操作等，要尽量取消。结合技术发展、工艺水平变化等现实情况，对于无法取消又必要的工作，可以进行工序合并，扩大员工的工作职责范围，为员工提供更多的工作种类，丰富工作内容。经过取消、合并后，可以通过改变工作程序，将岗位之间的工作关系进行重排，重新组合工作的

先后顺序，以消除重复，形成最佳的顺序，达到改善工作的目的。例如，前后工序的对换、手的动作改换为脚的动作、生产现场机器设备位置的调整等。最后，本着精简的原则，可以采用最简单的方法及设备来完成工作，以节约人力成本、时间成本等，提高整体绩效。

此外还可优化劳动定员与定额，具体内容参考模块六。

【学习小结】

首先，要抓好思想政治工作建设，培养一支有理想守信念、懂技术会创新、敢担当讲奉献的产业工人队伍；其次，要完善班组制度建设，明确班组制度建设的内涵和作用，并在实施过程中持续优化；最后，要优化班组流程管理及劳动组织。班组流程优化包括问题诊断、使用 ECRS 等工具进行优化、实现 PCDA 流程循环管理三个主要步骤。优化劳动组织要发挥流程对于岗位优化的作用，科学合理进行劳动定员、定额。

【课后拓展】

案例分析1：以下是某位班组长提出的班组建设计划，对此说一说你的看法，以及你认为应该怎样制定班组建设行动计划？

班组建设计划(节选)：

(1)明确岗位职责，保证完成领导交办的各项工作。带领班组成员围绕各项质量管理目标开展工作，确保各项质量管理目标顺利完成。此外，对自身分管的工作制定详细的实施计划并按时完成，及时进行查漏补缺，对存在的问题结合实际提出合理化的解决方案。

(2)加强班组团队建设。作为班组长，首先应恪尽职守、大胆管理，在日常工作中多与员工沟通交流，对每位员工的思想动态、工作能力做到心中有数，以便做到适才适用、因势利导，提高工作效率。以人为本，及时处理员工提出的合理化建议或各种疑难问题，以调动员工的工作积极性，从而增强班组凝聚力。

(3)质量管理及安全方面：结合自身的优势，加强对岗位员工的技术指导和培训，在保障各项检查工作正常进行的同时，确保安全生产零事故。

案例分析2：因管理不善，某公司各车间闲置了大量有故障的水泵，为了降本增效，公司决定将故障水泵集中起来并进行修理。为此，公司从各车间抽调了一批检修工，成立了专门的维修班组开展这项工作。班组成立后建立了相应的工作流程。流程实施后，各项作业的作业人数、作业时间、作业次数、作业班制如图10-8所示。

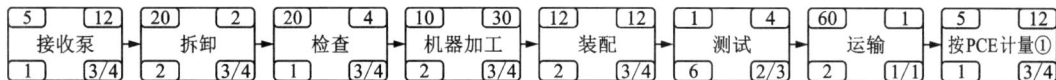

图10-8　各项作业的流程结构分析图

注：PCE 为 Price Cost Expected，预期单件成本

思考：

1.将上图转换为流程优化的表格表示法。

2.分析各项作业所配备的人员的工作量，并分析上述配备是否合理。

3.针对各项作业提出新的优化建议。

模块十一

新时代企业班组建设

【学习目标】

1. 通过本模块的学习，熟悉班组管理建设基础、班组长角色及领导职责。
2. 理解卓越型班组的内涵及主要建设任务。
3. 掌握学习型、创新型和技能型班组建设的内涵及重点。

【职业能力目标】

1. 培养完成班组管理基础工作并胜任班组长岗位要求的能力。
2. 培养制定班组建设行动计划并创新卓越型班组基础建设的能力。
3. 培养构建班组长的职业发展通道并制定职业发展规划的能力。

单元一　卓越型班组建设

案例引入

卓越型班组具有的优质特征是：①主动掌握系统改善知识的员工。②尽善尽美和团队合作的氛围。③明确、持续改进的目标。④可视化管理。⑤跨部门改善小组。⑥持续自主改善活动的开展。⑦按精益思想布置的现场。

建设卓越型班组的主要任务如下：

（1）创建学习型班组。创建学习型班组，就是以学习型组织理论为指导，积极开展"创建学习型组织，争做知识型员工"活动，经常组织员工学习理论和业务知识。创建学习型班组的根本目的是提升班组"系统思考能力"，转换心智模式，这是提升班组成员创新能力和技能水平的发源地、动力源。在创建学习型班组的过程中，必须建立完善且具有激励性的员工学习制度，充分肯定和尊重员工的学习热情、学习成果和劳动创造，形成以学习推动工作、以工作促进学习的良好氛围。

（2）创建创新型班组。创建创新型班组，就是以创新文化为指导，以提高班组成员面向问题的创新思维、创新方法为主线，通过创新活动推动企业技术进步和改善各项经济技术指标。创新型班组在日常工作中要注重分析生产运营中出现的问题，及时提出改进措施和合理化建议；要在技术攻关活动中积极开展集成创新和引进消化吸收再创新，通过技术革新、发明创造、"小改小造"等活动，引导和鼓励员工立足本职、岗位创新；要把增强员工创新意识、提高员工创新能力作为重要着力点，把争创创新型班组作为"创先争优、建功立业"劳动竞赛的重要内容，以"创建创新型班组，争做创新型员工"等活动为载体，不断提升班组创新能力，努力为员工施展聪明才智创造条件。

（3）创建技能型班组。创建技能型班组，旨在通过开展班组员工岗位技能培训和形式多样的岗位技能竞赛，强化班组员工在岗学习，从而使班组在根本上建立本质安全的生产运营体系并发挥高质量、高效率的运营能力。技能型班组要广泛运用导师带徒、轮岗锻炼、轮值参与、案例分析、课题攻关等方式带动员工提升技能，按时参加技能鉴定，同时建立员工职业发展通道和相应的激励措施，使其在各种技术比武、比赛中领先。技能型班组要把培训、练兵、比武有机结合起来，让先进生产技术和先进操作方法被更多的职工所掌握。

总之，创建学习型、创新型、技能型班组是建设卓越型班组的重点任务，也是打造新时代高绩效班组的主要途径，完成上述任务具有十分重要的意义。

单元二　学习型班组建设

学习型班组是指以提升全班组成员的学习力为发展理念和核心竞争力的班组，其是一个能使班组内的全体成员全身心投入并有持续增长的学习力的班组。

开展学习型班组建设，就是要在有限的时间内最大限度地促进班组摄取知识、创造知识、分享知识，并把知识转化成现实生产力。总结我国工业企业学习型班组建设的先进经验，建设学习型班组需要做好以下工作。

1. 创建学习制度，推动全员学习

建立和执行必要的制度才能确保结果与目标相一致，在制度建设的基础上开展多种形式的全员学习才能保障学习型班组建设的成效。学习型班组在企业培训制度的基础上建立了更加具体的制度，这种制度的表现形式不一，主要形式包括以下几种。

（1）确立制度

班组建立学习制度主要有四个作用：一是明确学习目标；二是明确学习方式；三是规范学习资源管理；四是确定考核激励方式。上述四个作用是建立学习

型班组的基础。

（2）确立规矩

在班组中，一些规矩往往深入人心，具有实操性。它可能是墙上的口号，也可能是班组的内部默契，总之是班组成员共同遵循的行为规范。

案例1　　　案例2

（3）提出学习要求

在建设学习型班组的过程中，有的班组要求将学习与争当先进班组相结合，力求通过学习解决生产实际问题。

2. 优选学习内容

学习型班组在确定班组学习内容的过程中，不是简单地完成上级下达的学习任务，也不是简单地完成如"学习角""读书室"的建设活动。其通过精心选择，确立本班组的学习内容，从而搭建起高效的班组培训体系。其特点表现如下。

（1）深入调研

开展班组学习需求分析是提高组织学习效率的第一环节，在调研的基础上明确企业发展的技能要求和班组成员当前技能的缺口，对于制定和实施学习计划并最终提升班组的技能水平，以及增加智力资本价值具有十分重要的意义。学习型班组在这个方面做得到位，抓得实在，因此能够充分发挥班组成员的学习热情，维持班组成员的学习热度。

（2）抓住重点

在学习过程中，抓住重点才能练成绝活。实践表明，在生产实践中，我们日常使用的知识技能只是所有知识的20%，其中关键工艺、工序所要求的核心技能需要经过长期的磨炼才能够掌握，只有抓住这个"牛鼻子"，我们才可以使学习

案例3　　　案例4

成为做好本职工作的牵引力量，也才能在打造学习型班组的道路上迈出坚实的步伐。

（3）突出安全

安全重于泰山，没有安全保障，其他各项发展都无从谈起。学习型班组在突出安全主题的同时，不仅重视班前会、集中学习、岗位检查、岗位抽查等多种安全教育学习活动，还通过学习努力提高班组成员素质，力求实现本质安全。

3. 注重知识管理工作

（1）加强实用知识学习。实用的知识源自实践，源自对知识的体验，只有完成从大脑存储到知识存储的过程，其才能被他人学习和模仿。知识萃取是将生产实践中的实用知识、技术精华、绝技进行提炼总结的过程，是班组知识管理的主要工作。学习型班组之所以较其他班组有着超强的能力，是基于对成功经验的有效分析和总结，其在掌握通用知识的基础上，进一步"扩张"班组的知识版图。

（2）建立知识库。散落的珍珠只有串成项链才会更有价值。在对知识进行分类的基础上，建立知识库是学习型班组完成知识体系从主观到客观，从碎片化到整体化、系统化的过程，也是其进一步提升知识价值的过程。

（3）开展知识分享。把知识库的实用知识、实用技能学好、用好是学习的过程，但由于每个人的认知水平不同，在对知识的学习和利用过程中，其对于知识的感受也会有所不同。因

此，提高班组成员整体的能力水平必须注重知识分享，只有每个人都将自己的经验与他人的知识相结合，才能不断提升价值创造能力。知识分享越深入，知识价值就体现得越充分；知识分享越广泛，班组整体的创新能力就越高。

4. 采用多种形式开展全员学习

采用多种形式开展全员学习是学习型班组的重要经验，常见的学习形式包括以下几种。

（1）师父带徒弟。这是比较传统的学习形式。学习型班组在建立师徒结对时既继承了师父带徒弟学艺的传统，也有一些时代特点，表现在以下方面：一是优选带教师父。班组安排既懂理论知识又有实践经验的高级技师或优秀技术人员作为带教师父，通过一对一的帮助和实际操作指导，培养各层次员工的独立操作能力。二是按照循序渐进的原则逐步扩展技能。例如，徒弟在熟练掌握一种设备操作技能后再发展其他设备操作技能，力求一专多能。三是带教师父对徒弟每阶段的学习效果进行即时检测，使徒弟熟练掌握关键设备的启停操作、故障判断、事故处理等方面的知识。四是带教师父必须在学习和生活上关心徒弟，使他们成为班组完成生产任务的新生力量。

（2）晨会学习制度。这种学习形式比较常见，一般是在每天晨会期间，由一位班组成员牵头，组织一个技术专题的探讨，班组成员集体研究工作中遇到的问题，共同探讨新项目难题等。例如，中国兵器工业集团内蒙古第一机械制造(集团)有限公司大成装备公司四车间第二作业区对此深有体会，其认为晨会学习是班组攻坚克难的试验场，是"师父带徒弟"的好课堂。

（3）建立"学习角"。这是建立学习型班组的规范化体现。学习型班组的做法是，根据员工需求，购买书籍资料、报纸杂志和专业期刊，使"学习角"成为每位班组成员进修提高、工作之余休息的"加油站"。还有的班组结合企业改革和发展实际，利用"职工之家"开展员工读书活动，不断丰富读书自学活动内容，创新读书自学活动方式，将读书自学与员工素质教育紧密地结合起来，鼓励和引导员工学习和掌握现代科学技术知识。

（4）建立班组学习专栏墙报。这种学习形式即班组通过每期墙报向班组成员提供必需掌握的相关生产知识。

（5）开展"每周一题，每日一课"活动。这种学习形式可以让培训的课程与生产实际紧密结合起来，做到"干中学，学中干"，使员工带着问题学，掌握解决问题的方法后快乐工作。

（6）开展全员技术培训。这种学习形式即班组聘请企业内部专家或外部专业人员为班组成员开展培训，开展内外交流。

（7）走出去参加专业培训和技能竞赛。这种学习形式是指员工离开工作岗位到企业外部学习专业知识或与外部同行开展技能竞赛。

学习型班组往往将上述学习形式与班组业务紧密结合，注重灵活多样、行之有效，还有的学习型班组将学习与员工的"比武竞赛"相结合，激发员工的学习能力、创新能力，成效十分显著。

5. 注重平台建设

为学习活动创造条件建立员工学习和交流的平台是建设学习型班组的重要内容。学习型班组注重平台建设，为班组员工创造了良好的学习环境和工作条件。

6.学习型班组与普通班组学习特征比较

采用 PDCA 循环进行行为对比(见表 11-1),可以看出学习型班组与普通班组在学习活动中存在的明显差异。学习型班组在构建学习型组织方面能够分析员工的培训需求,并通过制度保障等方式激励员工学习,其将学习与工作相结合,通过学习培养人才,通过人才培养促进工作质量的提升,同时在工作中评估员工的操作技能,通过技能和产出确定优胜员工。学习型班组的学习活动是一个持续、循环的过程,这一点与普通班组相比有着很大区别。因此,学习型班组的高级技术工人、高技能人才所占的比例较普通班组要高。

表 11-1　学习型班组与普通班组学习特征比较

项目	学习型班组	普通班组
计划	(1)建立学习制度 (2)完成上级要求的学习任务 (3)根据工作需要确定学习内容 (4)以问题为导向,确定学习需求	(1)没有建立学习制度 (2)完成上级要求的学习任务
实施	(1)干中学,学中干 (2)通过多种形式开展学习 (3)萃取并分享、使用知识 (4)鼓励个人成才	(1)主要以集体学习为主 (2)学习内容与实际工作缺乏联系
检查	(1)职业资格考试 (2)劳动竞赛 (3)班组岗位抽查	疏于检查
处置	(1)注重技能提升与业绩改善 (2)注重学习气氛的保持与提升	注重是否掌握应知应会

单元三　创新型班组建设

3.1　创新型班组建设方法

班组是执行企业生产工艺、工序的基层组织,员工对于设备、工序非常了解。因此,班组在过去、现在、将来都是创新不可缺少的。如果没有班组的介入,一些重大技术发明将难以落地,已经投入使用的设备、工艺也将难以完善。

在我国,班组一直积极投身于创新活动中,从开始的"小改小造"到班组工作法研究,再到工装设备和工艺改进,班组创新活动的范围不断扩大,创新的层次不断提高。近年来,在各级政府和工会的推动下,班组创新已经成为各类企业势不可挡的潮流。

创新驱动进步，创新提高生产力，创新提升竞争力。创新型班组在创新活动中往往发挥着先锋的作用，其或借助于企业搭建的劳模工作室开展创新，或在班组内部推动全员创新，或支持装备改造、技术优化，体现明显的时代特征。从国内的实践来看，建设创新型班组需要做好以下工作。

1. 为班组创新提供良好的氛围

在良好的外部环境下，能否真正激发班组持续的创新激情，关键在于企业能否提供良好的创新氛围。企业把创新纳入班组建设中，甚至让创新成为班组建设的重要组成部分是十分重要的。实践表明，企业注重小的革新改造，班组在创建中的"小改小造"就比较多；企业注重工艺改进，班组在工作法优化方面的投入就比较多；企业把技术改造作为战略重点，班组在装备改进方面就会有比较明显的表现。

战略在班组中的导向性作用固然重要，但更为重要的是，班组必须制定更好的创新激励政策，良好的激励政策必将为班组创新营造良好的环境。

2. 打造创新工作室

创新工作室是深入班组技术创新活动的有效载体，目的是发挥劳模和工匠人才的作用，使劳模精神、劳动精神、工匠精神在这个平台上发挥功效。创新工作室的功能体现在三个方面：其是解决生产技术难题的"攻关站"；其是推动企业技术创新的"孵化器"；其是培养高技能人才的"练兵场"。在中华全国总工会的推动下，创新工作室创建活动方兴未艾。

怎样使创新工作室得到进一步的发展？某集团党校经过认真研究认为，创新工作室发展的道路依然漫长，随着其承担的任务逐渐增多，要想使其得到健康发展，还要满足以下几个条件。

（1）要有出色的专家团队。劳模也要学习，背后要有专家团队做业务指导，日日新，日益精，日日深入，其仅靠内部的培养和交流是不健康的。

（2）要有稳定的资金保障。创新工作室可分为三个档次：公司级、省级、国家级。每个档次都要有适当的奖励资金，以使这些技术骨干享有尊严和地位。

（3）要有广泛的群众基础。创新工作室中的技术业务精英要深入基层，带动身边的人爱技术、学业务。

（4）要有良好的社会氛围。创新工作室的发展要符合潮流，与时俱进。

3. 推进全员创新

在班组创新活动中，没有哪一种创新活动与全员创新相比更有意义。全员创新是指班组全体成员参与创新，其不仅有利于成员树立创新意识，还有利于班组推动全面创新。如果说全民创新能够使国家获取永不枯竭的智慧力量，那么班组的全员创新将"链接"员工的头脑，使企业获得源源不断的竞争力。

4. 在探索中谋求突破

创新是一个专业水平、工作韧性与智慧、勇气相结合的过程。很多具备专业水准的人没有实现创新，往往是由于部分素质的缺乏。创新型班组在创新的过程中需要攻坚克难，特别是很多班组在掌握的信息不全面、所受的训练不充分的情况下，创新的难度是可想而知的。当我们将研究的镜头对准班组时，发现勇于探索、谋求突破是创新型班组的基本特征。创新

型班组敢于打破现状、破坏平衡，在不平衡中谋求新的平衡，体现出不同寻常的特点。

5. 以自主研发促进装备改进

装备是制造业的骨骼，研发新的装备，改造原有的装备，不仅能够体现班组的创新精神，还是大到国家、小到企业和班组生命力及健康水平的体现。

从班组的角度看，班组是设备的操作者，也是设备的责任人，其对于自己所操作的设备是否好用、哪里可以改进十分了解。因此，创新型班组往往把装备优化作为班组革新的重要内容。相关案例表明，有的班组充分发挥高技能人才密集的特点，开展"高精尖"的研究，在研究的基础上提出装备优化方案；有的班组则从实践中寻找优化装备的路径，一招解决问题。通过对装备的优化改造，设备效能明显提升，成本明显下降，员工劳动强度明显降低。

6. 打造精品以满足客户需求

客户包括外部客户和内部客户。外部客户是公司价值实现的关键，其是否满意是公司能否立足于市场、能否扩大市场份额的关键。内部客户是企业效率和运营成本的决定性因素，也是各个生产作业环节能否有效衔接的决定性因素，内部客户满意与否决定了公司产品成本的高低和产品质量的优劣。

创新型班组关注内外部客户不断变化的需求，其将客户需求作为班组生产和服务的出发点和落脚点，在服务客户的过程中不是被动地等待上级的推动，而是竭尽全力帮助和服务客户，为客户创造价值，从而使班组的各项工作从被动响应向主动性革新的方向发展。

客户意识是创新型班组的重要思维方式，具有客户意识的班组在工作中表现出以下特征。

（1）主动了解客户需求，并想方设法予以满足。

（2）站在客户的立场对问题进行分析，并愿意付出额外的时间和精力去满足客户的需求。

（3）关注下道工序的满意度，积极为下道工序达成目标创造条件。

（4）改进工艺和设备，优化流程，力求提供高品质的产品和服务。

7. 用"小改小造"累积价值

"小改小造"是基层班组创新活动最为普遍的形式。"小改小造"之所以最为普遍，与我国长期以来在企业开展"五小活动"（小发明、小革新、小改造、小设计、小建议）或者"六小活动"（小核算、小革新、小改进、小建议、小经验、小创造）密不可分。虽然每项改进创造的价值有限，但往往积少成多，很好地遏制了企业曾经严重存在的"跑冒滴漏"现象，更体现了广大员工爱岗敬业、谋求发展的主人翁意识。

3.2　创建创新型班组需要处理的关系

创新的过程虽然需要运用各种创新思维和创新方法，但在企业内部，班组并非可以超出自己的职责边界开展创新活动。由于每一次创新的成功都意味着旧的平衡被打破，并且需要建立新的平衡，班组在创新活动中需要处理好以下关系。

1. 处理好班组创新与企业及客户之间的关系

班组创新是以企业使命为导向的创造性活动，其目的是通过创新产品、流程与技术为客户创造价值。处理好班组创新与企业及客户之间的关系，有助于确保班组创新活动的正确方向。作为有色金属企业班组，虽然大部分班组并不与外部客户发生直接的工作关系，但依然存在大量的内部客户关系（如下游班组），班组要在创新活动中对这些关系予以考虑，否则就会在进行局部创新或优化时增加系统整体的运营成本。班组创新与企业及客户之间的关系如图 11-4 所示。

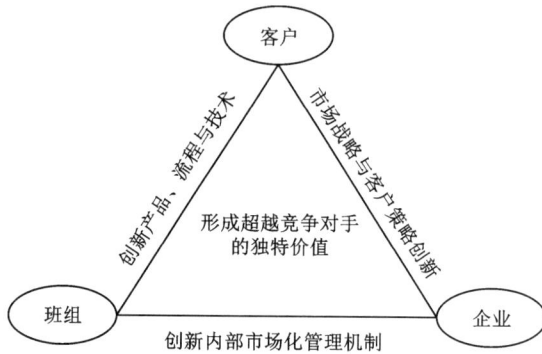

图 11-4 班组创新与企业及客户之间的关系

2. 处理好不同层级之间创新责任的关系

不同层级拥有不同的创新责任，一般而言，企业中高层拥有系统性的创新责任，具体表现是开展制度创新、机制创新或技术创新，其创新的成功决定了公司整体的发展，对整个组织均会产生影响；公司各个层级均具有对现有生产运营进行改进的责任；就班组而言，其更主要的责任是在运营层面进行技术、流程等方面的创新。不同层级的创新责任如图 11-5 所示。

图 11-5 不同层级的创新责任

3. 处理好创意与创新之间的关系

创意与创新不同，创意一般停留在具有新颖特征的意图层面，还不能成为具有使用价值的产品或技术，而创新具有新颖、有价值、可实现的特点。因此，开展班组的创新活动，既要面对班组的实际问题，充分发挥大家的积极性，让大家提供各种思路和创意，又要形成新颖、有价值和可以实施的方案。为此，必须处理好创意与创新之间的关系，确保各种创新方案最终都能落到实处，为企业创造新的价值。

单元四 技能型班组建设

4.1 创建技能型班组的目标和思路

1. 创建技能型班组的目标

创建技能型班组的目标：通过创建活动，使班组建设制度更加完善，机制更加健全，管理更加规范；员工队伍整体素质得到普遍提高，员工技术技能进一步增强；班组在企业生产经营中的地位得到提升，作用得到发挥；知识型、技能型班组呈集群性、规模性发展，基层班组特色团队建设形成规模。

2. 创建技能型班组的思路

创建技能型班组的思路：以加强班组建设为基础，以调动员工积极性、主动性、创造性为手段，以全面提升员工队伍整体素质为着力点，以优质、高效完成生产运营各项任务为目标，有计划、分步骤地开展技能型班组创建活动，通过不断完善评价体系和工作标准，促进员工岗位成才、岗位奉献，培养造就一流的员工队伍。

4.2 创建技能型班组的主要任务

1. 认识技能提升的重要意义

开展技能型班组建设是新时期产业工人队伍建设的重要任务，是实现"中国制造"向"中国创造"的基础，是企业向社会提供高质量产品、实现高效率运营的先决条件，拥有高技能是劳动者获得就业保障、取得职业发展的根本路径。企业要充分认识到开展技能型班组建设的意义，使技能型班组建设成为一项班组建设的长期工作任务，不断深入地开展下去。

2. 建立鼓励提升技能的班组制度体系

制度对于班组开展技能提升活动具有重要的约束作用。企业要通过制度明确班组知识学习必须达到的课时和频次，确保班组提升活动不走过场、不流于形式，使技能型班组的建设真正落到实处。

3. 创新班组提升技能的形式

企业要通过多种形式提升员工岗位技能和综合素质。企业要定期开展班组员工岗位技能脱产培训，如参观学习、内部培训和拓展训练等；开展形式多样的岗位技能竞赛，如技术比武和劳动竞赛等；强化班组成员日常在岗学习，坚持做中学、做中练，广泛运用"师父带徒弟"、轮岗锻炼、轮值参与、案例分析和课题攻关等日常学习的方式或方法。

4.建立班组高技能人才的激励机制

企业要开展学习之星评选、设立学习积分制、荣誉授予、物质奖励和技术等级评定等活动，充分调动员工学习的积极性，并建立高技能人才建设体系，设立首席员工、技能大师、金牌工人等，通过加强练兵、专业培训和资格评定，做好高技能人才队伍的培养、评价、激励和技术推广工作。

4.3 班组技能考核

考核对于班组建设的各项工作都具有十分重要的引领作用。因此，把班组学习与技能考核相结合具有十分重要的意义。技能考核，即对班组成员技能水平进行考核论证，明确班组成员经过学习和实践所达到的知识技能水平。由于考核结果往往与激励措施相结合，所以技能考核是激发员工主动学习、推动班组持续学习的重要推动力。

4.3.1 明确考核标准

技能考核一般包括两种方式：一是标准通过式考核，如国家职业资格考试、特殊工种上岗证考试；二是淘汰式考核，如运动员选拔的考核。技能型班组把上述两种技能考核方式具体化，从而使班组技能考核更具有可操作性。

1.以国家职业资格标准为依据

国家职业资格标准是在职业分类的基础上，根据职业(工种)的活动内容，对从业人员工作能力水平的综合性规定。它是对从业人员进行职业教育培训和职业技能鉴定及用人单位考核录用人员的基本依据。

国家职业资格标准反映了从业人员通用的技能水平，是行业对于职业技能水平的通用性标准。达到国家职业资格标准往往意味着员工拥有了"通行证"，不过由于企业发展水平有高有低，技术工艺水平有先进有落后，技能型班组在班组内部进行技能考核时会制定与本班组技术装备水平相一致的考核标准。

2.以应知应会为依据

应知应会是指企业以生产工艺要求、设备操作要求、安全规程为依据，对员工技能进行考核。技能型班组对班组成员技能掌握程度要求更高，对其所具备的特有知识技能也更加重视。

4.3.2 得到员工认同

无论以什么标准进行技能考核，都需要取得员工的认同，只有得到员工的认同，员工才具有责任感，才愿意投入时间和精力提高自己的知识技能水平。在方式上，有的班组采用把应知应会贴在墙上的方式，有的班组则采用员工写保证书的方式。

案例

4.3.3 强化考核机制，激励成才

由于岗位绩效考核的战略导向和价值导向有差异，有的企业比较注重结果，员工的知识技能状况并未纳入考核的范畴，这种在一定程度上有所缺失的考核体系却为技能型班组的发

挥创造了空间。

技能型班组并非将考核作为目的，其更多的是将考核作为手段。其认为考核的最终目的应该是引导员工提升知识技能。考核与奖励相结合，就是要增强这种手段的力度，"不能为了考核而考核"是很多技能型班组的共识。因此，技能型班组在班组建设的过程中，一是比较注重技能考核，把考核作为确认员工实际技能所达到水准的依据；二是强化激励，营造学习气氛，激发大家学习成才的积极性。

1. 强化考核机制

（1）定期考核。定期考核往往以周、月度、季度为期限，是班组知识技能考核的基本形式。

（2）不定期考核。不定期考核往往与班组现场管理相结合，是在员工生产作业的过程中对员工进行考核的方式。有时候发现员工违章、违规作业也会触发知识技能考核机制。

案例

除上述考核方式外，有的班组以员工的绩效达标情况为依据，分析员工在知识技能方面的熟练程度，即对员工的能力进行考核。其对知识技能水平较高的员工予以肯定，对存在问题的员工立即提出改进建议，这样做有效激励了员工的学习，践行了考核旨在促进员工发展的理念。

2. 激励成才

如何根据考核结果对员工进行激励是促进员工主动学习、自觉成才的重要环节。

只考核无激励，考核就会流于形式；只强调激励而疏于考核，则会出现滥竽充数的情况。

案例

【学习小结】

追求卓越是高效班组的本质特征，只有以使命为驱动力，以辛勤的付出和智慧的劳动为基础，才能缔造班组业绩的持续辉煌，起到不可替代的标杆引领和带动辐射作用。

【课后拓展】

一、请对下列问题进行简要回答。

（1）从班组实际出发，请你思考怎样建设卓越型班组？其目标、思路和重点工作应该是什么？

（2）如果班组成员中有人认为"班组学习不应该整天读书念报"，你会怎么看？

二、请对下述案例进行分析。

徐班长为某厂维修车间钳工班班组长。只有大专文凭的他勤于学习，不断进取，自学了《破碎机械》《筛分机械》《颚式破碎机》等多种机械专业方面的书籍，成为维修新型 H7800 破碎机的行家里手。该厂的振动筛激振器在平日润滑中需要补加稀油润滑油，但员工在岗位操作中由于各种原因不能按时补加，使激振器磨损导致润滑油泄漏，激振器轴承抱死。对此，他经常深入工作现场，查找原因，提出用润滑脂来代替稀油润滑油，并在激振器里面加了一块挡圈防止润滑脂外泄，从而减少了润滑脂的使用量，仅此一项创新就使班组全年节约成本

14 万元。此外，他与班组的焊工经过多次试验发现，将 506 焊条与不锈钢焊条加热至 280℃，放置在密闭容器中自然冷却 2 h 后再进行交叉焊接，并将原有的间隔参数由 200 mm 优化至 80 mm，对焊接质量的改进效果非常明显，焊点再未开焊过，从而降低了非计划停车的次数，降低了消耗，备品备件节约率达到 100%，同时大幅提高了设备运行效率。

思考：

1. 班组长在班组创新中应该发挥什么作用？

2. 怎样从班组生产的点滴引领班组创新？

模块十二

班组绩效管理

【学习目标】

1. 掌握制定班组绩效管理体系的方法。
2. 掌握有效惩罚的基本流程和策略。
3. 掌握塑造特色班组文化的方法。

【职业能力目标】

1. 培养熟练运用班组绩效管理的方法制定班组绩效管理体系的能力。
2. 培养熟练运用各种激励手段进行员工激励，并对问题员工进行有效惩罚与处置的能力。
3. 培养推动特色班组文化建设的能力。

单元一　班组绩效管理基础知识

案例引入

1.1　绩效管理概述

1.1.1　绩效

绩效是现在很多企业管理者和员工都非常关注的一个词，目前在实际应用中人们对绩效的理解，一般有以下几种。

1.绩效是完成工作任务

这种观点源于早期人们对于绩效的理解，主要是针对一线生产工人或体力劳动者而言的。对于大部分一线工人或体力劳动者来说，他们的工作相对比较简单，工作的核心就是"做何种工作""工作怎么做"或者"怎样把工作做得更好"等问题，因此完成所分派的生产任务就是衡量他们绩效的标准。但是随着工业现代化、数字化的发展，用传统的对体力劳动者的评价标准来评价这部分员工的绩效已经不再适应现实环境。

2.绩效是工作产出或工作结果

从考核的内容上划分，人们通常将考核分为道德考核、能力考核、态度考核和绩效考核四种。这种观点认为，绩效考核通常是指工作的结果或表现情况。但由于这种理解比较重视产出，容易营造结果导向的企业文化，因此比较适合于具体操作者、销售人员等基层人员。

3.绩效是行为/过程

这种观点认为，绩效是员工在完成工作过程中所表现出的一系列行为特征，绩效是人们实际采取的行动，而且这种行动可以被他人观察到。根据这一定义，绩效只包括与组织目标有关的行动或行为，能够用个人的熟练程度或胜任能力来评估，比较适合于职能部门及其员工。

4.绩效是结果与行为的统一

在对比绩效是产出/结果、绩效是行为/过程这两种观点的优缺点的基础上，人们认为将绩效定义为产出/结果或行为/过程都是片面的，鉴于结果与行为是不可分割的，因此就有了"结果+行为"的统一，也就是绩效是结果与行为的统一，既要看你做了什么，还要看你是如何做的，正确的行为必将有正确的产出，适合于有一定规模、较规范的企业。

5.绩效是"做了什么"+"能做什么"

相比较于体力劳动者而言，这种观点更适用于知识工作者。它不仅注重当前的实际收益，也关注预期收益。从某种意义上来说，把员工个人潜力和个人素质一并纳入了绩效考评。对于现代创新型企业，这种观点更加全面，更关注员工发展，也更适合企业长足发展，但容易导致学历主义，且主观性不易避免。

综上所述，可以将绩效定义为：绩效是以工作目标和工作任务相一致为基础的工作行为和工作产出。

1.1.2　绩效考核

从理论上讲，绩效考核是指对照工作目标或绩效标准，通过科学客观的考评方法，对员工的履职情况、工作任务完成情况、行为取得的实际收益和员工的发展情况等方面进行综合考核和评定，并且将评定结果反馈给员工的过程。

在现代企业管理中，绩效考核的结果直接决定晋升、奖金、培训等机会的分配，是激励员工努力工作的重要手段，但同时也是一个难点，在实践中多数班组长和员工并不喜欢绩效考核。究其原因，大致可以概括为：第一，考核本身的性质就决定了它不是件让人愉悦的事情，员工和管理者之间容易产生不满与对抗；第二，过度强化考核、依赖奖惩制度，导致考核成了扣发奖金的代名词，削弱员工主观能动性；第三，考核容易唯结果论，往往从管理者到员工都陷入轻培养过程的误区，从而影响员工素质和能力的提高；第四，因为利益的驱使，员工之间可能产生不良竞争，要警惕出现"劣币驱逐良币"的效应。因此，在实际绩效考核过程中，采取合适的方式方法是非常重要的。

1.1.3　绩效管理

　　具体来讲，绩效管理是对组织和员工的行为与结果进行过程管理的一个综合体系，是一系列发挥个体的潜力、提高其绩效，并通过将员工的个人目标与企业发展目标相结合以提高组织绩效的过程。这是员工与上级之间一个双向互动的沟通过程，从事前计划、事中过程管理、到事后考核实现全过程把控，形成了三位一体的动态跟踪管理系统。绩效管理将班组长和组员一同纳入动态管理过程中，由于双方改变了态度和立场，员工提高自己、改进工作的主观能动性更强，班组长关注全过程，能及时发现、处理问题，帮助员工正确评价、积极改进工作，发生冲突的情况大幅度减少。

　　综上所述，绩效管理是现代企业班组管理中不可缺少的一环。正确认识绩效管理可以帮助班组长有效地利用绩效管理工具和方法改善管理水平，从而提高员工工作能力，实现班组团队绩效水平的整体提升。

1.2　班组绩效管理的原则与方法

1.2.1　班组绩效管理的原则

1. 目标要明确，以实现生产运营目标为导向

　　进行绩效管理的最终目标是优化管理，实现组织的目标和要求。目标引导行为，所以目标一定要清晰。班组作为企业生产一线的最小单位，其基本使命就是顺利开展生产活动，实现生产运营的目标，其所有管理活动的开展都应该围绕这一目标进行。

2. 考核标准要量化，具有高操作性

　　在进行绩效考核时，考核的标准一定要客观，这就需要将绩效考核进行量化。例如，某铜业股份有限公司某冶炼厂 A 班组为完善考核标准，先后三次对班组的考核标准进行修改。新标准以目标管理为主线，注重实效性和可操作性，起点要求高，在班组各岗位生产工作任务完成情况和安全、指标方面都有明确的规定。

3. 岗位责任要明晰

　　一般而言，班组的绩效目标和工作任务是上级下达的，分配到班组内部的各个岗位都会有具体应承担的职责和任务，这就决定了岗位考核的内容和指标。以岗位责任为基础，考核内容清晰明了，员工才能有目标地高效完成生产任务。

4. 重在沟通，提高认识

　　绩效沟通是绩效管理的重要载体。班组长在绩效管理的各个环节中一定要注意持续沟通，使员工愿意接受绩效目标，出现新问题、新困难，帮助协调解决，及时反馈考核结果，提高认识，增强理解。

5. 与利益挂钩，以激励为支撑

　　绩效管理不与薪酬、晋升等利益挂钩，那么必然不能推行下去。在绩效管理的过程中班组长要坚持原则，严格按照绩效考核制度执行，要在考核的基础上公开表扬、肯定绩效好的员工，及时对绩效较差的员工进行纠偏和辅导，同时要根据考核结果对员工进行奖励，努力使班组形成积极向上的氛围。

1.2.2 班组绩效管理的方法

绩效管理方法主要有目标管理法、平衡计分卡法、关键业绩指标法及行为定位等级评价法等。

1. 目标管理法

目标管理法是员工参与管理的一种形式。在班组绩效管理中,由车间主任、班组长、组内员工协商,确定员工在考核期内应达到的考核目标、要完成的主要工作及其效果,并由班组长及车间主任定期审定目标完成情况并向下反馈。

目标管理的关键是要将组织的总目标分解成各部门、各班组、各班组成员的具体目标,员工通过自我管理,对工作中的成绩、不足进行对照总结,经常自检自查,不断提高效益。在生产运营目标实施过程中,车间主任、班组长应全程监控,定期开展检查,畅通信息反馈渠道,及时向下级通报进度,便于互相协调。工作中出现新问题、新困难要帮助下级解决,当出现不可控因素时,及时汇报、调整修改原定目标。目标管理法适用于一些相对长期性、过程性的主要工作任务完成情况的管理,适合战略和目标明确、管理规范的成熟型企业。

2. 平衡计分卡法

平衡计分卡法从财务指标、客户、内部运营流程、学习与成长等角度将组织的战略落实为可操作的衡量指标和目标值。重视长期目标与短期目标的平衡、财务指标与非财务指标的平衡、领先指标与滞后指标的平衡、组织内部与外部的平衡、结果性指标和动因性指标的平衡、客观性测量和主观性测量的平衡等。平衡计分卡法既是绩效管理工具,又是战略管理工具,适用于较大型的、综合性的、规范的企业。

3. 关键业绩指标法

关键业绩指标(KPI)法,也就是在班组绩效管理中,首先要明确组织的战略目标和业务重点,找出关键业务领域的关键业绩指标,再根据车间级关键业绩指标建立班组级关键业绩指标和各岗位员工的关键业绩指标,并确定相关的要素指标,分析绩效驱动因素,确定评价指标体系。关键业绩指标法不仅是一种绩效管理的手段,更是一种战略实施的工具,适用于流程明确、产出便于量化的企业。

4. 行为定位等级评价法

行为定位等级评价法,又称行为锚定等级评价法,指的是通过制定行为定位等级评价表格将员工典型工作行为的绩效水平加以量化,并以具体工作行为的事例描述其特征。其本质是获取关键事件和要素,建立绩效评价等级。行为定位等级评价法维度清晰,考评结果更加准确、公平、公正。但管理成本较高,在针对某些复杂工作任务时,容易重结果而忽略过程,仅适合于对某些员工的考核。

1.3 班组绩效管理流程

绩效管理流程是管理者与员工持续改进业绩的一个循环过程,包括制定绩效计划、实施绩效计划、绩效考核评价、绩效反馈面谈及绩效结果的应用五个环节。

在班组生产运营过程中,接到上级生产指令后,班组先将生产运营任务进行分解、细化成具体的岗位任务或目标,班组长和员工应共同参与绩效计划的制定。制定并下达绩效计划后,班组长和员工要按照计划开展工作,在这一过程中班组长要履行指导监督的责任,及时发现问题并进行调整,保持全程的沟通。绩效考核作为绩效管理的核心环节,是按照事先确定的工作目标及衡量标准对员工实际工作完成的绩效情况进行考察。班组长可以根据班组的实际情况和具体需要进行月度考核、季度考核、半年考核和年度考核。绩效考核结束后,班组长应该组织员工进行面谈,通过面谈及时沟通工作绩效的结果,共同分析,将绩效考核的结果充分发挥,与激励体系相结合,鼓励员工进步,调整绩效计划,优化下一个循环,如图 12-1 所示。

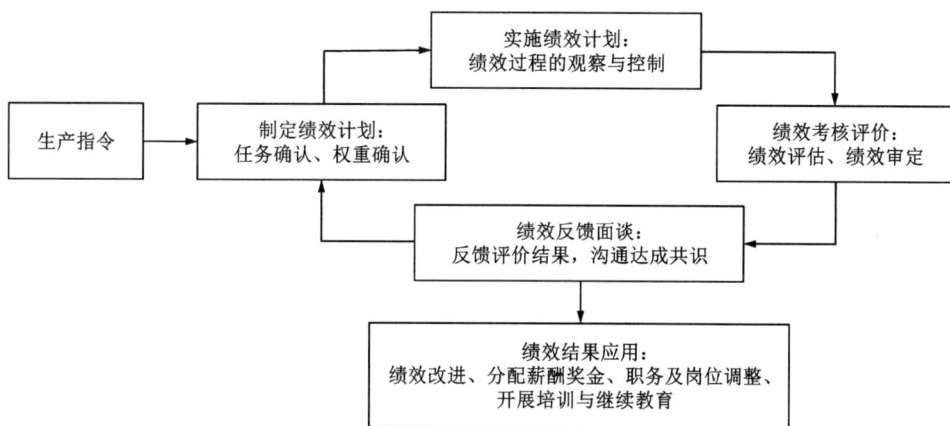

图 12-1　绩效管理流程

1.3.1　制定绩效计划

1. 确定班组绩效目标

第一,牢记使命,完成生产运营任务。班组的使命就是班组工作的"初心"。例如,某班组设立的初心是"以最低的成本为内外部客户提供最高质量的产品或服务"。在这个使命的驱动下,班组长应熟知自己的责任范围,了解自己的工作任务,并带领班组积极完成生产运营任务。

第二,遵循 SMART 原则,制定目标。在目标确定过程中要掌握方法,按照 SMART 原则,与员工一起科学制定班组绩效目标。目标要具体且有可度量性,绩效考核切中特定的工作指标,绩效指标是数量化或者行为化的,在付出努力的情况下可以实现,避免设立过高或过低的目标。

第三,服从组织目标,有序开展工作。班组绩效目标的确立应该建立在有利于公司总目标和分厂、车间目标完成的基础上。班组长在确立各项绩效目标时,必须将分厂、车间下达的目标放在首要位置考虑,并且按照任务的轻重缓急,运用重要性-紧迫性矩阵工具进行排序,有组织、有步骤地安排好各项工作。

第四,横向对标,持续改进。主动与优秀班组进行比较与评价,在对比中找差距,学经验,调目标,精方法。班组在对标的过程中,要从生产管理的各个环节入手,发现原料、能耗的差距和管理的不足，从而明确班组自身持续改进的目标，推动工艺优化和设备改造，提高产品质量和运营效率，逐步推进班组建设工作的全面提升。

2. 分解岗位目标，确定考核内容

上级主管部门下达工作任务和绩效目标后，班组长应该将其分解到班组内部的各个岗位，明确班组内部各个岗位应达到的目标和承担的任务，这个过程称为岗位目标分解。具体可以分为四个步骤：

（1）目标分析。针对下达的班组绩效目标和工作任务，班组长应该从运营目标、工作任务、存在问题、能力要素等方面开展具体分析，如表 12-1 所示。

表 12-1　目标分析具体内容

分析角度	具体内容
运营目标	分析上级下达的各项运营指标，对比本次考核周期与上次考核周期的各项指标具体变化情况，将其列为重点关注
工作任务	分析工作任务，量化完成各项任务所需要的时间，明确各项任务完成结果
存在问题	在新的考核周期内，要聚焦和解决上一考核周期所存在的问题，重点放在安全生产、质量、工艺指标、能耗、成本等方面，同时要明确改进方法
能力要素	根据问题分析提炼班组在新的考核周期需要提升的能力要素，提升可持续的发展能力

（2）目标分解。以目标分析为依据，根据岗位职责、工序要求、设备职责、安全职责等，对各个岗位分别分解生产经营指标和工作任务，对职责相同的班组也可以按分工情况进行具体分解。

（3）制定绩效考核责任书。绩效考核责任书一般包含考核时间、标识信息、考核细则内容、班组长签字、员工签字等。在日常生产运营中，绩效考核责任书一般多以表格的方式呈现，实例如表 12-2 所示。

表 12-2　电解一车间出铝工岗位绩效考核责任书

考核期：2018 年 1 月 28 日—2018 年 2 月 27 日

编号	绩效指标	指标定义/公式	权重	考核标准	评估频率	信息来源
1	生产任务	按时完成上级布置的工作任务			每月	工作检查记录
2	设备维护	按要求完成设备日常维护和保养工作			每月	设备维护检查记录
3	操作规程	操作规程的执行情况			每月	工作检查记录
4	质量体系	按质量体系要求填写生产记录、工艺卡片、生产日报表、交接班记录等文件			每月	体系文件检查记录
5	卫生清洁	工作现场和休息室的卫生清洁工作			每月	清洁情况统计表

续表12-2

编号	绩效指标	指标定义/公式	权重	考核标准	评估频率	信息来源
6	工作纪律	违反公司各项工作纪律次数			每月	纪律统计表
7	临时工作	完成领导布置的各项工作任务			每月	工作记录

班组长签字：　　　　　　　　　　　　员工签字：

注：表中"权重"及"考核标准"由班组根据实际情况自行确定。

（4）进行绩效目标沟通。班组长在制定绩效目标时要提前与员工沟通，就当月、当季度等阶段内具体岗位的目标和考核内容，以及实现目标的措施、步骤和方法进行充分的沟通交流。

1.3.2　实施绩效计划

1. 绩效监督

班组长和员工通过沟通共同制定了班组绩效计划，确定了岗位考核内容，签订了绩效合同，接下来就需要班组长持续监督绩效计划的实施情况，以确保绩效计划顺利执行。一般而言，班组长的监督工作包括：巡视生产现场，了解员工作业行为和对安全规程的遵守情况，记录重要行为事件；分析系统数据，跟踪作业进度、工艺及设备状况，记录重要数据，及时发现问题；定期面谈，了解员工遇到的问题，及时帮扶；按照绩效合同定期检查员工的工作进展，考察员工绩效是否达到目标；多渠道了解员工工作情况和思想动态，倾听共事员工或客户对其工作情况的反馈；监控工作的产出及质量。

2. 绩效辅导

计划实施过程中的绩效辅导，是针对员工绩效完成情况和实现过程中遇到的困难、问题等及时进行辅导和帮助。班组长要收集绩效信息加以分析，对员工的绩效优点要进行强化，对员工的不足进行提醒、及时纠正错误行为。相应地，在生产过程中，员工也需要获得信息反馈。如，工作内容是否有所变动？进度是否需要调整？在计划实施过程中及时沟通与反馈，能够扩大员工的信息渠道，打造一个开放的工作环境，激发工作热情，激励员工改善工作绩效。

1.3.3　绩效考核评价

1. 绩效考核的控制

在绩效考核评价前，提前组织绩效考核动员工作和绩效考核培训工作，可减少考核评价中的摩擦。绩效考核评价时，绩效考核人员应该坚持客观公平、择优、促进协作、分级负责的原则，严格遵循班组绩效考核评价的制度和流程。班组绩效制度应对班组绩效考核结果的公示时间、方式、内容、流程等进行明确规定。

2. 考核常见问题及解决方法

绩效考核中的常见问题及解决方法如表12-3所示。

表 12-3 绩效考核常见问题及解决办法

常见问题		具体阐述	解决办法
主观偏见	晕轮效应	在绩效考核过程中,考核者如果对被考核者的某一绩效要素的评价较高,就会导致他对该人所有的其他绩效要素也评价较高;反之,亦然	在考核时,要用同一个考核要素对所有被考核者同时进行考核
	近因效应	一般来说,最近或最后留给他人的印象往往是最强烈的,这就是所谓的近因效应。考核者往往可能只注重被考核者近期的表现和成绩,并用此来代替其在整个考核期的表现情况	在业绩考核期间,坚持绩效考核记录,用作最后考核的依据
	个人喜恶	考核者如果带着个人喜好对被考核者进行评估,最终可能会得出对被考核者有失公允的评价	实行小组评议,或者在评议前与考核人员沟通,提醒他们注意
	趋中效应	又名居中趋势,它是指考核者出于害怕承担责任、不愿得罪人等心思可能对全部被考核者给出既不太好又不太坏的评价,从而使得大多数员工的考评结果都趋于取中间值,或全部简单地被评为"一般",表现极好或极差的只是少数	组织好考核者的培训,统一思想,消除顾虑
考核标准	标准不明确	有些企业制定的考核标准过于模糊,生搬硬套、难以准确量化,容易导致不全面、非客观公正的判断,考核结果缺乏依据,难以服众	修改标准,明确定义,量化指标
	标准不一致	标准一致性即在对同一岗位、同一工作内容进行考核时应统一标准,同时防止出现"过严"或"过松"的现象,保持考核前后的一致性和公平性	加强考核结果的保密性,实施强制分布

1.3.4 绩效反馈面谈

1. 绩效反馈面谈的目的

第一,把绩效考核评价的结果反馈给班组员工,让员工充分了解企业的期望和自己的实际绩效。第二,员工和班组长对绩效考评的结果进行沟通,帮助员工认识到在本考核期内自己的进步以及存在的不足,探讨绩效未达标的原因,给予员工细心指导。第三,协商制定下一个考核期内的绩效目标和绩效标准。

2. 绩效反馈面谈的流程

(1)前期准备。第一,绩效面谈一般由班组长进行,面谈之前,班组长必须准备绩效计划表及绩效计划变动表、谈话内容记录表等资料,同时仔细研究考核结果,列出一张谈话内容的清单,内容包括需改进的方面和表现突出的方面。第二,班组长要提前对比上一周期的考核记录,记录下从上一次考核到这一次考核中员工的进步与退步,并列出改进的要点及要改进的目标。第三,班组长提前摸清每个员工的行为特点,针对性开展沟通工作。例如,如果班组长知道这个员工非常消极或者情绪化，必须提前准备如何应对这些情况。第四，班组长提前约定面谈的时间和地点，给员工留出反思时间和自我评估的心理准备时间，提高绩效面谈的效率和针对性。

（2）面谈实施。第一，班组长在面谈时要列举具体事实，明确指出员工做得好的、合格的和不合格的事项，不要泛泛而谈。例如，简单一句"你的工作做得不好"式的面谈就属于无效面谈。第二，班组长要确保员工充分理解面谈内容。面谈时，班组长要对绩效指标进行清晰地阐述，确保员工能充分理解谈到的绩效指标，对自己不合格的内容没有质疑。第三，班组长要公平公正，对事不对人，谈话时不要夹带个人情绪、进行人身攻击。第四，班组长要发挥员工自身的主动性来确定改进意见。谈完情况后，建议班组长"先"询问员工自己对于改进绩效的看法和想法。第五，班组长要适时提出建设性建议。如果班组长非常了解员工的情况，而且员工在引导之后依然不能提出切实可行的改进意见，班组长应该及时为员工提出建设性的观点，帮助其制定改进计划。

（3）设立目标。班组长要根据生产任务的变化、员工的岗位责任等帮助员工确立下一个绩效周期的目标，并且引导员工思考如何去做才能达成目标。

（4）面谈总结。在面谈后，班组长要回顾整理本次面谈的情况，包括面谈所取得的结果、出现的问题，以及对该员工新的认识，以便在今后的面谈中能运用这些经验。

3. 绩效反馈面谈的技巧

（1）策略选择。在绩效反馈面谈中，班组长应该针对不同类型的员工采取不同的面谈策略，具体如表 12-4 所示。

表 12-4　绩效反馈面谈策略

类型	特点	面谈策略
贡献型	该类员工工作业绩好，工作态度好，是创造良好班组业绩的主力，是需要重点维护的	在政策允许范围内予以科学合理且对等的奖励，并提出更高的目标和要求
冲锋型	该类员工工作业绩好但工作态度不稳定，时好时坏，性格鲜明，能力强，但难驾驭，喜欢用批判的眼光看待周围事务	对于此类员工一不能放纵，二不能管理过度。通过良好的沟通建立信任，改善其工作态度；同时在绩效计划实施过程中加强辅导
安分型	该类员工工作业绩一般但工作态度好，工作兢兢业业、认认真真，服从意识强，指哪打哪，可就是工作业绩提不高	明确不能以工作态度代替工作业绩，必须按规定予以考核，要制定明确的绩效改进计划作为绩效面谈的重点
堕落型	该类员工不仅工作业绩差而且工作态度差，会找尽借口、办法来替自己开脱、辩解，或干脆自觉承认能力不足工作没做好	对于此类员工要重申工作目标，帮助找出差距，制定清晰明确的计划并严格考核，按章处理

（2）注意倾听技巧。有效的倾听是沟通的必要手段，面谈前要准备好环境，排除干扰，以开放的态度积极倾听，站在对方的立场，要听清对方的全部内容和信息，不要听到一半就心不在焉。注意倾听对方的情感色彩并适当进行反馈，不要打断对方的发言，可以适当记录关键词，以帮助集中注意力，注意结合视觉辅助手段和肢体语言。

（3）注意谈话技巧。在绩效评估面谈中，班组长要精确地描述具体行为，不能模糊。要运用含蓄的表达，委婉地指出员工问题，以免过于直接使员工产生排斥。着重关注近期的问题和将来的可能，不要执着于过去的问题。注意开放式问题和封闭式问题的结合，多提开放式问题。具体如表12-5所示。

表12-5　谈话对比

谈话	示例
模糊的谈话	"今年你的工作做得很好。"
精确的谈话	"今年，你使班组的设备利用率提高了5%，投诉减少了50%。"
直接的谈话	"你与你的同事相处得很不好，他们对你的评价很低。"
委婉的谈话	"你在工作中可以适当地与同事一起交流，他们会对你的工作产生帮助。"
关注过去	"你过去三年的电流效率保持得很好，但现在不行了。"
关注近期	"我上周看了看年度预算，发现你比平时做得差了点。"
开放式问题	"现在将人均电解槽数提高一些有什么困难？"
封闭式问题	"将人均电解槽数提高一下有困难没有？"

1.3.5　绩效考核结果应用

目前绩效考核结果主要应用在四个方面：绩效改进、薪酬奖金、职务及岗位调整、培训与再教育等。第一，绩效改进是绩效管理过程中的一个重要环节。在现代绩效管理理念中，通过绩效考核不仅要评估员工工作业绩，而且要更注重员工能力的不断提高以及绩效的持续改进。因此，绩效改进工作是科学的绩效管理的关键所在。第二，绩效考评结果能够为薪酬、奖金分配提供切实可靠的直接依据。因此，进行薪酬分配和奖金调整时，应根据员工的绩效表现，运用考评结果，建立考核结果与薪酬奖励挂钩的制度，做到不同的绩效对应不同的待遇。第三，绩效考评结果可以为员工的职务调整、岗位调整等提供科学依据。第四，绩效考评结果还可以为企业对员工进行全面教育培训提供科学依据。分析绩效差的原因，针对员工缺乏完成工作所必需的技能和知识这一点，及时组织培训，帮助员工提升能力和知识储备。

综合而言，绩效管理作为一种以绩效为导向的管理思想，它不仅关注结果，更关注过程，通过循环不断推动绩效改进，对于组织的持续发展具有重大意义。

某铜冶炼厂：打造
绩效管理新引擎

单元二 员工激励与惩罚

2.1 激励的概念

激励，就是企业通过设计合理的奖惩形式，营造出和谐的工作环境和工作氛围，依靠各种信息沟通工具和手段，激发员工的发展需求或动机，引导员工提高工作积极性、主动性和创造性，从而实现企业目标和员工个人目标的系统性活动。激励是一种手段，它为实现组织目标而服务，也是一个过程，它贯穿于整个工作过程中，不断强化员工行为，持续发挥激励的作用。

某集团班组激励成效

2.2 员工激励机制设计的六要素

具体而言，员工激励机制设计主要考虑以下六个要素，如表 12-6 所示。

表 12-6 员工激励机制设计主要考虑的六要素

要素	内容
激励目标	明确班组激励活动需要实现的目标是什么，是提高产出，还是实现质量提高，是改变班组员工的工作态度，还是提高员工的技能等。不同时期，目标不同，班组所需要使用的激励工具也不尽相同
激励对象	明确班组激励活动的指向对象。班组激励对象一般就是班组员工，但不同的特点的员工需要的激励方式与手段也不一样。班组长可以按照工作态度和工作业绩将员工分为四类，贡献型、冲锋型、安分型、堕落型。根据其特点及不同的工作任务设计激励活动。如能力不能满足岗位需要，就着重设计能力激励；如果工作态度不佳，则需要考虑行为激励、目标激励等
激励物	明确班组激励过程中具体用什么物品来调动员工工作积极性，如薪酬、保险、休假、表彰、培训，还是制度、文化渲染、人文关怀等
激励时机	确定班组激励手段的实施时间和场合。有些激励适合在任务开始前进行，有些可以贯穿于任务实施的全过程，而有些更适合生产任务完成后，要具体情况具体分析
激励频率	确定班组在一定时间内进行激励活动的次数，是连续进行还是间断实行。不同的员工，不同的任务，所要求的激励频率高低也会不同，激励频率与激励效果之间并不是完全的简单的正相关关系
激励程度	确定激励量的大小，统一标准，要有据可依、适量可行。激励量过大或激励量不足都不利于激励机制发挥作用

2.3　员工激励的主要维度

2.3.1　考核激励

考核激励是班组绩效管理中最常用的手段，无论什么情况，都要将员工的薪酬待遇、职称、晋升、荣誉等与其业绩直接挂钩，奖勤罚懒。根据考核结果对那些表现特别突出的员工实施物质奖励和精神奖励，最大限度地激发员工工作热情。同时绩效考核结果的有效运用能使企业的薪酬体系更加公平化、客观化。

2.3.2　思想文化激励

思想文化激励是指班组通过班组经验、优秀传统、思想政治工作等手段对员工实施激励。思想引领方向，思想文化激励在高绩效班组中占有重要位置，也是具有优秀文化传承的高绩效班组的典型经验。

2.3.3　学习培训激励

学习培训激励主要以构建学习型班组为手段，提高班组成员文化素质，掌握应知应会，在班组内部，班组长可以根据企业内部的有关规定，对员工的知识、技能和能力提升进行学习指导和培训，敦促员工提升技能，使员工感受到自身价值的提升，逐步成长为高技能人才，为今后进一步的发展创造条件。

中国新工人

2.3.4　劳动竞赛

劳动竞赛是一种最为有效的激励手段。劳动竞赛是在充分发挥员工自尊心、荣誉感的基础上，开展劳动产出、技能比赛和技术革新竞赛，并根据竞赛结果实施精神奖励和物质奖励，是中国特色班组建设活动的重要特征，能够极大地激发员工的积极性、主动性和创造性。

2.4　有效惩罚

在通过奖励手段正向激励员工提高工作绩效的同时，也要针对问题员工适当采取惩罚手段，以负激励的方式促进员工改变工作态度，改进工作方法，努力提升绩效。

2.4.1　惩罚班组问题员工的流程

惩罚班组问题员工要遵循班组的规章制度，合理、合法、合情。

1. 调查研究，查找问题

班组长要做好调查研究，收集一手信息，查找日常管理中存在的问题。首先，分析班组管理制度，确认是否存在制度漏洞；其次，要对工作流程进行分析，查找流程中是否存在缺陷与不足导致问题爆发；最后，要进行自我反省，分析班组长自身的行为方式，以便确定是否因为自身原因导致员工出现问题。

2. 分析问题，对症下药

针对查找的问题，整理分析，进行归类，分类处理，对症下药。分析员工问题主要从工作态度、工作能力、工作认知这三个方面进行。首先，对员工的工作态度进行分析，要分析员工是否存在缺乏工作意愿、工作态度消极的问题以及原因；其次，要对员工的知识、技能进行分析，如是否掌握岗位所要求的应知应会的知识，是否具备完成工作所要求的工作技能等；再次，员工对于班组所规定的行为禁忌是否了解，是属于明知故犯还是不甚了解。通过上述分析，可以帮助班组长明确应当解决的问题，形成具有针对性的问题员工行为干预措施。

3. 常开座谈，监控帮扶

班组长应该关注问题员工，抓住一切机会进行教育帮扶，多召开班组座谈会，鼓励发言，畅所欲言，开展互帮互助，随时监控改进效果，如果能够使问题员工有所改正，相比重新招募、培训新员工，进行帮扶所付出的代价要小得多。

4. 及时止损，按规处罚

对于问题员工，班组长采取帮扶措施后依然无效的，要及时进行科学合理的惩罚，如扣除奖金、纪律处分等。一般而言，违反企业规章制度的纪律处分包括批评、警告、严重警告、记过、记大过、降级、撤职、留用察看、开除等。按照具体情况，把握适度适中的原则，对于情节严重，屡教不改，不适合岗位工作的员工，应当依法解除劳动关系。

2.4.2　问题员工的处理策略

处理班组的问题员工，惩罚并不是最终目的，而是为了让被惩罚者以及同一组织的人由此加强认识、提高警惕的一种激励手段。针对问题员工处理，要讲究方式方法，具体问题具体分析，如表 12-7 所示。

表 12-7　问题员工的处理策略

问题类型	表现形式	解决方案
员工越级报告	有些员工依仗自己的人脉资源，或不满班组长的处置，喜欢越级向车间主任或者更高一级领导直接汇报工作	1. 自我反省，及时与上级沟通，达成共识； 2. 对于对自己有意见的员工，要开诚布公地进行谈话，商讨解决办法。若是自身问题，有则改之，无则加勉； 3. 严格按章办事，一视同仁，以身作则，帮助问题员工端正思想，纠正陋习； 4. 屡教不改者，按章惩罚，警示他人，净化团队
员工不服管理	有的员工因工作业绩突出就沾沾自喜，认为自己或别人更有资格晋升班组长，所以不服气，不愿意服从班组长的管理，甚至可能故意为难，影响班组团结	1. 保持大度，讲究方法，创造机会多与问题员工接触； 2. 先扬后抑，看似表扬实则话中有话，给予身份提醒； 3. 拔高其业绩指标，设置更高的目标，给予更大的挑战； 4. 给予其更大的展示平台，满足其表现欲； 5. 对于屡次挑战、破坏制度的人，毫不手软落实纪律处分等惩罚手段

续表12-7

问题类型	表现形式	解决方案
员工违纪	员工因态度、能力不足等原因在工作中违纪	1.态度坚决，需要采取纪律处分时不能手软，不能拖延； 2.公平公正，一视同仁，切不可偏颇； 3.处分适当，以"治病救人"为目的，不可太过严厉或宽容； 4.组织谈话，作出说明，对员工讲清楚处分缘由、依据及后果
员工失意	员工因为病患、感情、家庭、工作挫折等问题而萎靡不振，工作效率低下，失去工作激情	1.调查了解清楚员工失意的具体原因； 2.加强关爱谈话，针对失意原因给予关心，真诚地进行交流与沟通； 3.对于因为工作挫折而失意的员工，在肯定其以往成绩的前提下，适时指出其不足，帮助分析原因，商讨修正计划，实施帮扶； 4.对于因个人失意而造成的工作失误，违反规章制度的员工，按章实施惩罚
员工无法沟通	有些员工因为个人性格，或对班组长的管理不满，误解班组长对自己有偏见，从而拒绝沟通	1.班组长要胸怀宽广，真正倾听员工的心声，让问题浮出水面； 2.开展班组文化建设的集体活动，创造沟通的氛围和时机； 3.经过帮扶依然无法沟通的员工，可以通过调岗等方式进行再分配

2.4.3 弱化惩罚手段的消极影响

好的管理者应该注意惩罚与教育相结合，在实际运用中，要有一定的技巧来避免惩罚带来的消极影响，尽量发挥通过惩罚手段激励员工改进工作行为的作用。

1.明确惩罚的行为

在班组绩效管理中，奖励什么行为、惩罚什么行为是十分明确的。惩罚什么样的行为就是希望在工作过程中员工中能少出现或杜绝类似行为的发生。班组长应该利用班组会议、绩效面谈等机会，加强相关制度的学习与教育，明确告知员工要惩罚的行为，倡导真正应当塑造的行为，促进员工修正工作行为。

2.把握惩罚的时间

及时性是有效惩罚的一个重要指标。假设以下有两种情况，第一种：你因故绩效考核不达标，你的班组长按照规定当即对你进行处置；第二种：你因故工作失误绩效考核不达标，可是你的班组长迟迟未进行处理，拖到一个月后才处理。你认为哪一种能让你警醒，刺激你修正自己的行为呢？毫无疑问是第一种。从行为主义心理学角度来看，延时的强化效果是递减的，如果时间间隔太久，其负激励效果已经基本没有了。

3.选择惩罚的方式

在班组管理中，惩罚的方法有很多种，一般而言，根据具体事件、不同岗位对象，按章行事就会有不同的选择。除了收入以外，解雇、降职、批评、取消培训等都是常用的方法，需要具体情况具体分析。

（1）掌握惩罚的强度。把握好惩罚的强度，这是很重要的一环。针对不同的员工，惩罚的强度应当有所不同。而这个"度"，要以制度为依据，尊重事实，对事不对人，保持公正，不能厚此薄彼。

（2）奖惩结合，晓之以理。班组长在批评和惩罚员工的同时，要肯定员工的某些成绩和优点，做到奖惩结合，善用正激励和负激励，将奖励夹在惩罚之间，或者将惩罚夹在奖励之间，晓之以理，把褒贬、奖惩有机结合起来，引导、督促员工朝目标修正自己的行为，提高个人绩效及班组绩效。

严格考核奖惩是班组
建设的有效手段

单元三　塑造特色班组文化

3.1　企业文化和班组文化概述

3.1.1　企业文化的概念

现代管理学中，企业文化就是企业在其经营过程中所形成的组织成员共同信仰的经营哲学、行为准则和价值观念的总和，是企业核心竞争力的重要体现，是企业生存和发展的灵魂。

3.1.2　班组文化的概念

班组文化是班组成员在长期工作实践中所形成的共同价值观和行为特征。影响班组文化的因素主要有企业文化、价值观念及行为方式。

企业文化是企业的主文化，班组文化是企业的次文化或亚文化。班组文化建设是企业文化建设的具体反映，优秀的企业文化要靠优秀的班组文化来体现，同时优秀的班组文化也检验、充实、丰富着优秀的企业文化。

3.1.3　班组文化的功能

1. 指导功能

班组文化对班组运营的指导功能，是指班组文化可以为班组完成生产任务及实现班组绩效目标，确定正确的指导思想和决策方向。

2. 激励功能

班组文化以人为本，强调尊重每一个人，使每个员工都能感受

班组文化助力发展

到自己在组织中的存在价值。根据马斯洛需求理论，自我实现是人的最高精神需求，满足员工的自我价值实现需求将会极大地激励其工作积极性、主动性和创造性。在以人为本的班组文化氛围中，班组长关爱员工，成员之间互相帮助、关系融洽，能够持续增强班组员工的集体感与归属感，激励员工振奋精神、努力工作。

3. 导向功能

导向功能，就是班组文化对班组长及班组成员起引导作用，它强调通过企业文化的塑造来引导企业成员的行为，文化对班组成员的导向是潜移默化的，它不仅仅影响班组的每个员工价值取向和行为取向，而且通过个体，对整个班组的整体心理、思想、价值取向等起导向作用。

4. 凝聚功能

班组文化是班组凝聚人心的黏合剂。任何一个优秀的班组必定是一个团结的团队，有着强大的凝聚力，而文化就是这种凝聚力的核心。

5. 约束功能

在班组管理中，班组文化的约束功能主要是通过完善班组制度和道德规范来实现的。班组制度一旦制定，班组长和员工都必须遵守和执行，显而易见这是外部约束的一种。同时，班组文化建设又通过班组精神的感染，形成道德规范的约束倾向，人们一旦违背了这些道德规范的要求，会产生内疚感，也会受到班组舆论的谴责。

3.2 塑造特色班组文化

3.2.1 特色班组文化内涵

1. 安全第一的作业文化

安全是企业发展的基础和核心，安全第一的作业文化，本质是安全，核心是人，重点在于坚持以人为本，关爱和保护员工，将班组安全视为"头等大事"。通过教育、宣传等多种手段，提高每一个员工的安全素养和员工安全意识，规范员工安全生产行为，帮助员工建立"安全第一，我要安全，我能安全，我会安全"这一安全观念，实现安全发展。

在安全第一的作业文化中，安全生产制度完善，除了班组长主要负责安全外，班组还要设置专职安全员每天对班组的每个岗位进行事前、事中、事后的定期和不定期检查。同时定期举行各种安全教育培训，开展丰富多彩的安全文化活动，如开展安全娱乐活动、安全知识竞赛、评选安全之星、举行安全比赛（如安全技能、逃生与救援技能等）等，将安全相关指标纳入关键绩效考核。

2. 大胆改革的创新文化

大胆改革的创新文化是班组技术、工艺创新的催化剂。在国家创新创业战略的感召下，班组长首先要鼓励全员参与，每个员工都能在工作过程中思考，激发自己的创造性，同时建立有效的激励机制，要允许创新的试错，宽容对待失败者，保持创新的活力。班组创新文化的繁荣需要环境的滋养，一忌工作过度，超负荷地运转必然压缩员工的思考时间，扼杀掉其创造性和欲望。二忌忽视团队作用，一个人的智慧是有限的，一个合格的班组长要经常性组织集体讨论来刺激员工头脑风暴，寻求更具有创造性的观点、方案。

某钼业集团检验
包装班创新发展

积极创建学习
型班组文化

3. 追求进步的学习文化

追求进步的学习文化是学习型班组的重要特征，倡导的是全员学习，营造班组浓厚的学习氛围，将工作与学习有机结合起来，工作学习化、学习工作化，全过程学习。在班组学习文化建设中，一般会建立健全相应的激励机制，对班组成员的学习进步给予支持。

4. 团结友爱的和谐文化

班组和谐文化就是建立在尊重、沟通、理解的基础上的。具体来说，主要体现在以下三个方面。

(1)沟通协作。对于一个优秀班组而言，岗位职责清晰但岗位之间协作明确，成员乐于合作，是班组顺利开展工作的基本要求。不仅如此，为突破运营瓶颈，在实际生产过程中，还可以经常见到班组与班组之间的通力协作。

(2)"亲情"感染。关爱员工，强化职工"家人"观念，积极打造职工小家，形成"上班是工友，下班是朋友"的关系，让员工在和谐中感受到了班组的温暖，从而提高了员工的工作积极性和主动性。

(3)帮扶助力。对在工作中偶犯错误的员工，要及时谈心谈话，因势利导，帮助员工改正。班组要勤开座谈会或举行班组活动，畅所欲言，相互学习，共同进步。

5. 高效运营的成本绩效文化

班组作为基层的生产运营单位，实现高效运营主要体现在降低运营成本。研究发现，高绩效班组的成本效益文化体现在以下三个方面。

(1)以达成绩效目标为标志的绩效管理文化。其包括量化绩效指标、根据绩效目标完成情况和个人遵章守纪情况对员工实施奖惩。

(2)成本效益的逻辑文化。例如，有的班组以"产品（服务）消耗作业，作业消耗成本"为逻辑，开展流程优化，减少不必要的作业，减少无谓的浪费；还有的班组通过标准量化活动，发现班组生产作业过程中主要的浪费现象，计算改进所带来的成本节约，实行"精准降耗"，取得成功后将改进成果标准化，从而形成了量化—改进—标准化的思维逻辑。

(3)成本效益的义利文化。班组可以通过完善制度、降本增效活动等途径，引导员工树立正确的成本意识，要让班组全员理解和接受班组成本管理的意义和内涵，让他们意识到"成本"这个词离普通员工并不远，它与每一位员工息息相关，每个岗位的成本共同组成了公司的总成本，只有降低作业成本，才能降低总成本，才能最终体现班组存在的价值。

3.2.2 塑造特色班组文化的具体措施

1. 分析班情，提炼班组特色

塑造特色鲜明的班组文化，要结合班组自身的业务性质、工作特点、员工结构等具体情况来进行具体分析，提炼出班组特色，凸显班组优势，为班组文化建设的具体推进指引方向，奠定基调。有的班组可以突出"家文化"建设，营造温馨的氛围，打造和谐班组；有的班组可以突出"活力文化"建设，使班组充满生机活力；有的班组可以重点抓好创新文化建设，锐意进取，不断突破；有的可以创建"学习型班组"，营造持续学习的氛围。

2. 文化建设与思想政治工作相结合

我国企业班组文化建设有着党政工团齐抓共管的良好传统，这是企业开展班组文化建设的组织保障体系。思想政治是企业文化发展的根本保障，为企业文化建设指引了方向。从纵向来看，责任分解，层层落实，厂党委领导协调、党支部具体指导，班组长学经验、学方法、严考核。从内容来看，以主旋律为中心，坚持不懈地对员工进行爱国、爱党、爱厂和敬业精神教育，加强人生观、道德观、价值观教育，以及艰苦创业精神、企业精神教育，提高员工思想道德素质，成为班组文化建设的重要组成部分。文化建设与思想政治工作相结合，互相促进，是建设特色班组文化的重要举措。

3. 树典范，发挥榜样作用

在班组文化建设中，要充分发挥榜样的引领作用。一方面，在班组内选拔一批表现突出的员工作为"楷模"，在工作中通过他们言行举止的示范感召人、鼓舞人、带动人，营造特色鲜明的优秀班组文化。另一方面，创建标杆班组，树立标尺，各班组之间对标先进，推动自身班组文化的建设。

4. 班组文化与班组制度相融合

在现实中人们总倾向于将班组制度和文化完全割裂开来，实际上，班组制度本身包含于班组文化之中，制定和完善班组制度就是建设和提升班组文化。

5. 丰富文化表现形式

随着时代的发展，班组文化的表现形式越来越丰富，从工作场所延伸到工作场所外，从线下可视化手段拓展到线上数字化载体，这些活动创造了宽松、和谐的班组氛围，培养了员工的集体责任感，形成了一种积极向上、和谐的人际关系。

班组文化是电解甲班发展的推动力

【学习小结】

绩效管理是管理者与员工持续不断改进业绩的一个循环过程，从制定绩效计划、实施绩效计划、绩效考核评价、绩效反馈面谈到绩效结果的应用，就是一个 PDCA 循环。设计班组激励机制要考虑六个要素：激励目标、激励对象、激励物、激励时机、激励频率、激励程度，围绕考核激励、思想文化激励、学习培训激励、劳动竞赛等维度开展。塑造特色班组文化，要分析班情提炼特色，树立典范，发挥榜样作用，将班组文化与班组制度结合起来，丰富文化表现形式。

【课后拓展】

案例分析 1：某加工班 A 班组有甲、乙、丙三名员工，在上次绩效考核完成后，班长李强组织了绩效面谈，对他们进行考核结果反馈，并及时安排了绩效辅导。现在一个考核周期过去了，经过跟踪统计，李强发现自面谈后他们的绩效状况如图 12-2 所示。针对图中所呈现的问题，请你谈谈李强应该如何有针对性地开展绩效管理工作？

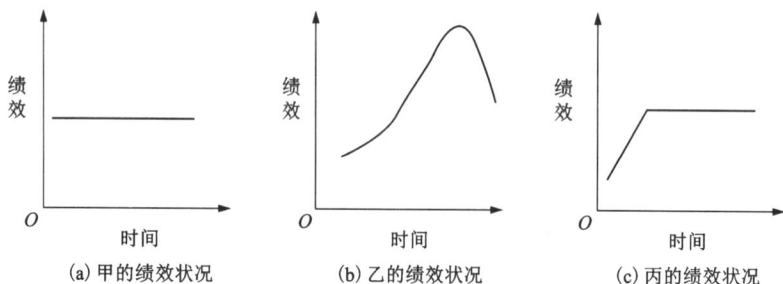

(a) 甲的绩效状况　　　(b) 乙的绩效状况　　　(c) 丙的绩效状况

图 12-2　三名员工的绩效状况

案例分析2： 小张是电解班组的一位成员，为人老实，工作认真，从不迟到、早退、旷工，但有时会不按照班组的工艺流程操作，刚开始班组长发现后扣了他绩效分，强调说要按流程操作，但小张的行为并没有改变，接二连三地违反流程操作，虽然未造成事故，但影响不好，也留下了不服从管理的印象，于是班组长从重惩罚了小张。

思考： 如何解读小张这种"犟"而不服从组织的行为？班组长的管理方式是否恰当？针对这种不当行为到底应如何处理呢？

参考文献

［1］ 王瑞祥.现代企业班组建设与管理［M］.北京：科学出版社，2016.

［2］ 韩建国.班组长现场管理知识［M］.北京：中国劳动社会保障出版社，2013.

［3］ 有色金属工业人才中心.有色金属企业班组现场生产管理：冶炼分册［M］.北京：国家开放大学出版社，2020.

［4］ 朱守宇，蔡春久，等.数据治理：工业企业数字化转型之道［M］.北京：电子工业出版社，2020.

［5］ 赵兴峰.企业数据化管理变革：数据治理与统筹方案［M］.北京：电子工业出版社，2016.

［6］ 钟声，张宏丽.Excel 电子表格与数据处理一本 Go［M］.北京：电脑报电子音像出版社，2012.

［7］ 姚小凤.生产现场精细化管理全案［M］.北京：人民邮电出版社，2015.

［8］ 中国质量协会.质量专业理论与实务［M］.北京：中国人事出版社，2014.

［9］ 中国质量协会.QC 小组基础教材［M］.3 版.北京：中国社会出版社，2005.

［10］ 中国就业培训技术指导中心.企业人力资源管理师(四级)［M］.4 版.北京：中国劳动社会保障出版社，2020.

［11］ 林友，卢萍.安全系统工程［M］.3 版.北京：冶金工业出版社，2022.

［12］ 中华人民共和国安全生产法(2021 修订版)［S］.

［13］ 国家安全生产监管总局令第 80 号.生产经营单位安全培训规定［S］.

［14］ 孙莉莎，贾丽.生产安全事故应急救援与自救［M］.北京：中国劳动社会保障出版社，2018.

［15］ 中国法制出版社.安全生产法律法规全书［M］.北京：中国法制出版社，2019.

［16］ 有色金属工业人才中心.有色金属企业班组建设［M］.北京：国家开放大学出版社，2020.

［17］ 乔明翰，马长俊.煤炭行业优秀班组经验选编：班组建设与班组管理［M］.徐州：中国矿业大学出版社，2021.

［18］ 彭万忠.怎样做好现代班组建设与管理工作［M］.北京：中国言实出版社，2011.

［19］ 吴拓.班组管理一本通：轻松成为优秀班组长［M］.北京：化学工业出版社，2020.

［20］ 孙宗虎，王瑞永.通用管理流程设计与工作标准［M］.北京：人民邮电出版社，2012.

［21］ 王佳锐.班组现场绩效管理：实战图解版［M］.北京：人民邮电出版社，2015.

［22］ 付亚和，许亚林.绩效管理［M］.上海：复旦大学出版社，2008.

［23］ 唐雪梅.员工激励机制设计［M］.成都：西南财经大学出版社，2015.

［24］ 向亚云.如何做好现代班组文化建设与管理工作［M］.北京：中国言实出版社，2011.

图书在版编目（CIP）数据

工业企业生产现场管理／孙海身，祝丽华，唐守层
主编. —长沙：中南大学出版社，2024.8
ISBN 978-7-5487-5780-1

Ⅰ. ①工… Ⅱ. ①孙… ②祝… ③唐… Ⅲ. ①工业
企业管理－生产管理 Ⅳ. ①F406.2

中国国家版本馆 CIP 数据核字（2024）第 072764 号

工业企业生产现场管理
GONGYE QIYE SHENGCHAN XIANCHANG GUANLI

孙海身　祝丽华　唐守层　主编

□出 版 人	林绵优
□责任编辑	史海燕
□责任印制	唐　曦
□出版发行	中南大学出版社
	社址：长沙市麓山南路　　邮编：410083
	发行科电话：0731-88876770　传真：0731-88710482
□印　　装	湖南省汇昌印务有限公司

□开　　本　787 mm×1092 mm　1/16　□印张 15.25　□字数 387 千字
□互联网+图书　二维码内容　字数 51 千字
□版　　次　2024 年 8 月第 1 版　　□印次 2024 年 8 月第 1 次印刷
□书　　号　ISBN 978-7-5487-5780-1
□定　　价　45.00 元